L'ART
DE GREFFER

LES ARBRES, ARBRISSEAUX ET ARBUSTES FRUITIERS
FORESTIERS, ETC.

PAR

CHARLES BALTET

HORTICULTEUR A TROYES

DEUXIÈME ÉDITION ENTIÈREMENT REFONDUE

ET SUIVIE

D'UN APPENDICE

SUR LE

RÉTABLISSEMENT DE LA VIGNE PAR LA GREFFE

Avec 127 figures dans le texte

PARIS
G. MASSON, ÉDITEUR
LIBRAIRE DE L'ACADÉMIE DE MÉDECINE
120, Boulevard Saint-Germain, en face de l'École de Médecine

M DCCC LXXX

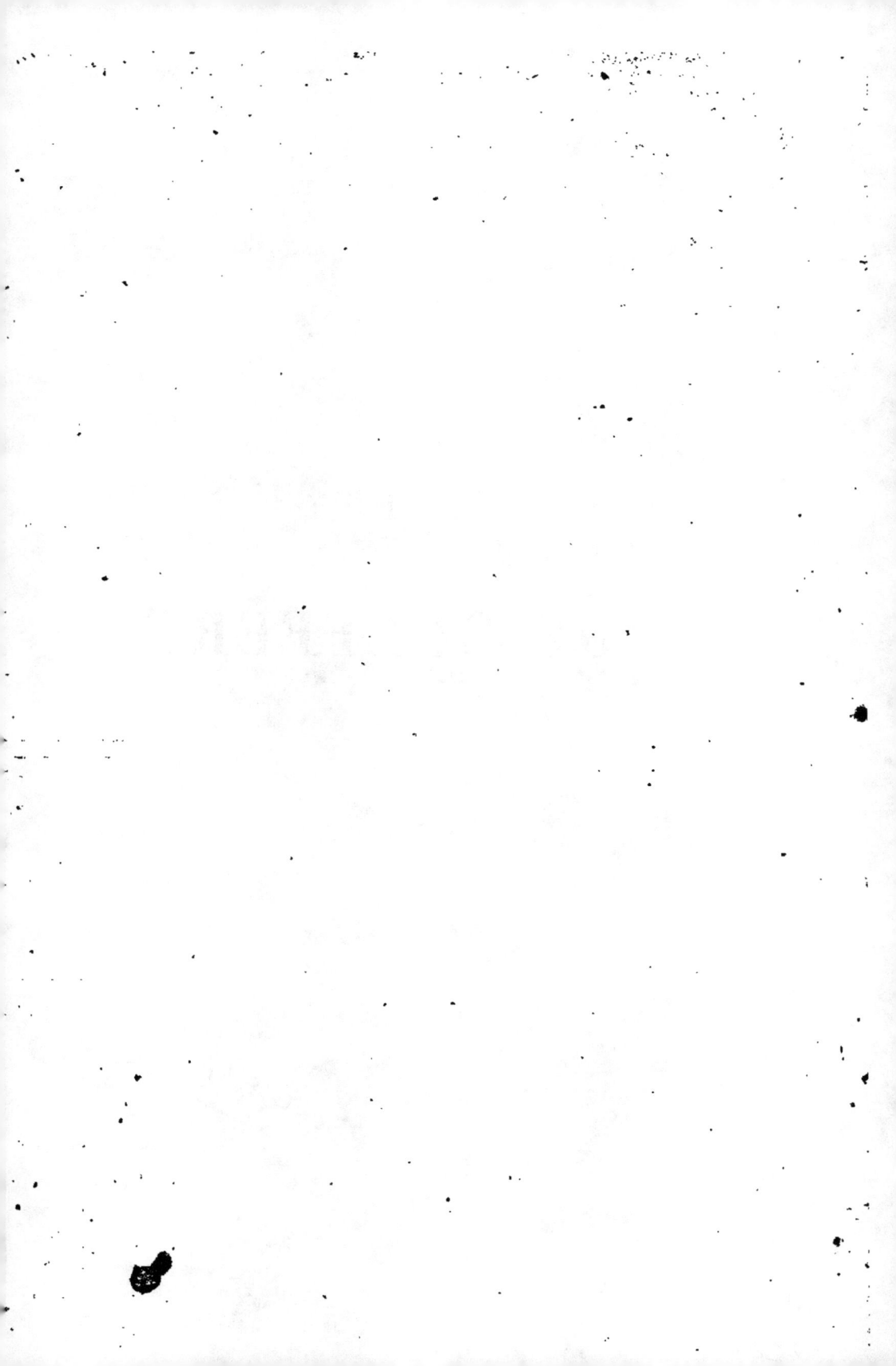

L'ART

DE GREFFER

L'ART
DE GREFFER

LES ARBRES, ARBRISSEAUX ET ARBUSTES FRUITIERS
FORESTIERS, ETC.

PAR

CHARLES BALTET

HORTICULTEUR A TROYES

DEUXIÈME ÉDITION ENTIÈREMENT REFONDUE

Avec 127 figures dans le texte

ET SUIVIE

D'UN APPENDICE

SUR LE

RÉTABLISSEMENT DE LA VIGNE PAR LA GREFFE

PARIS

G. MASSON, ÉDITEUR

LIBRAIRE DE L'ACADÉMIE DE MÉDECINE

120, Boulevard Saint-Germain, en face de l'Ecole de Médecine

M DCCC LXXX

PRÉFACE

La première édition de l'Art de greffer a été accueillie avec faveur. Les pépiniéristes, les amateurs, les sociétés agricoles et horticoles l'ont encouragée ; les étrangers en ont fait la traduction.

Nous avons étudié les critiques, toutes bienveillantes, qui en ont été faites, et nous en avons tenu compte dans cette seconde édition. A la suite d'épreuves concluantes, quelques passages ont été retouchés. La nomenclature des arbres et des arbustes à propager par la greffe s'est augmentée d'espèces telles que : Alaterne, Bourgène, Broussonetier, Charme, Chionanthe, Daphné, Épine-Vinette, Figuier, Gattilier, Grenadier, Groseillier, Idésie, Jasmin, Micocoulier, Noisetier, Osmanthe, Planère, Plaqueminier, Platane, Saule, Tulipier, Weigelie, etc.

La Vigne a été l'objet de développements nouveaux et de dessins inédits. Compromise aujourd'hui par un ennemi souterrain qui étend ses ravages, la viticulture cherche dans le greffage un moyen d'échapper au fléau qui la menace d'une destruction générale.

Les chapitres *Application du greffage par approche pour l'entretien des arbres formés* et *pour le grossissement des fruits* ont été supprimés. La théorie du premier, exposée par des arboriculteurs, n'a pas été confirmée par les faits. L'autre est une opération trop minutieuse, d'un résultat incertain.

Nous avons cru devoir également passer sous silence les erreurs commises, à propos de la greffe, par d'anciens auteurs en renom ; nous avons préféré y substituer quelques données historiques plus précises, et indiquer la Famille botanique des végétaux soumis au greffage.

La classification des divers systèmes de greffes reste la même ; nous sommes heureux de nous rencontrer ici avec deux maîtres,

André Thouin (1) et M. Elie-Abel Carrière (2),
du Muséum d'histoire naturelle.

Le greffage n'a certainement pas dit son
dernier mot dans ses applications à la multiplication des végétaux, à leur construction,
à leurs productions utiles ou simplement
ornementales ; toutefois il nous paraît difficile
d'inventer actuellement un système de greffage qui n'ait pas encore été prévu. Ainsi,
parmi les procédés introduits dans cette édition, la *Whip-graft*, populaire en Angleterre,
rentre dans la « greffe anglaise », la *Kiri-
tsugi*, des jardiniers japonais, est une « greffe
dans l'aubier. »

Au siècle dernier, dans un ouvrage agro-
nomique (3) de valeur, Liger affirmait que,

« La greffe est le triomphe de l'art sur la
nature. »

De nos jours, M. Pierre Joigneaux, dans un
livre (4) non moins digne de figurer au pre-

(1) *Monographie des greffes.* — 1821.
(2) *Guide pratique du jardinier multiplicateur.* — 1856.
(3) *La nouvelle Maison rustique.* — 1775.
(4) *Le Livre de la ferme et des maisons de campagne.*
2 vol. gr. in-8°, avec figures. — G. Masson.

mier rang des bibliothèques, prétend que :

« En arboriculture, les praticiens sont maîtres de la situation. »

Désirant nous conformer à cet éloge des hommes et des choses, nous avons visité les principaux établissements d'horticulture où sont fabriqués, par milliers, des arbres, des arbrisseaux, des arbustes, au moyen du greffage. Nous y avons recueilli des observations que les combinaisons ou le hasard avaient amenées sur ce genre de travail. Elles sont consignées scrupuleusement dans ces pages, et nous adressons nos plus sympathiques remercîments à nos confrères, à leurs chefs de culture, aux employés à la greffe qui nous les ont si généreusement fournies.

Nos lecteurs y gagneront plus d'un secret de métier que le praticien n'a pas toujours le loisir de livrer à la publicité.

CH. B.

L'ART
DE GREFFER

I. — DÉFINITION ET BUT DU GREFFAGE.

DÉFINITION DU GREFFAGE. — Le greffage est une opération qui consiste à souder un végétal ou une portion de végétal à un autre qui deviendra son support, et lui fournira une partie de l'aliment nécessaire à sa croissance.

L'opérateur se nomme *greffeur*; l'opération, dans son ensemble, *greffage*; et le travail terminé constitue une *greffe*. Le végétal qui reçoit la greffe doit être pourvu de racines; il est destiné à puiser la nourriture dans le sol, et à la transmettre à la partie greffée. On l'appelle *sujet*.

Nous citerons quelques exceptions où le sujet, privé de racines, est une simple bouture; mais il est planté de manière à en être bientôt pourvu.

L'autre végétal, ou le fragment de l'autre végétal, que l'on greffe sur le sujet, devra posséder au moins un bourgeon ou un œil; et se trouver en bon état, c'est-à-dire ni desséché ni moisi, ni pourri ni pénétré d'humidité étrangère. On lui a donné le nom de *greffon* ; on l'appelle vulgairement *greffe*.

Il semblerait que le greffon fût en quelque sorte une bouture communiquant au sol, et continuant sa végétation normale par l'intermédiaire du sujet.

Tout en unifiant leur existence, le sujet et le greffon conservent chacun une constitution propre, leurs couches ligneuses et corticales continuent à se développer sans que les fibres et les vaisseaux de l'un viennent s'entremêler avec les fibres et les vaisseaux de l'autre. C'est en quelque sorte l'unité fédérative laissant aux intéressés leur autonomie. Il y a contact intime, soudure, vie commune ; il n'y a ni fusion ni alliage. Aussi n'est-il pas rare que la juxtaposition des deux parties greffées entraîne une rupture nette au point de contact, par suite du volume des branches, de la violence des vents, ou de tout autre accident.

Pour compléter cette définition, ajoutons que le végétal, ou plutôt le fragment de végétal soudé à un autre, conserve ses qualités originaires, ses propriétés caractéristiques. Il produira soit un branchage pyramidal, buissonneux ou retombant, soit un feuillage vert, pourpre, argenté ou panaché ; la fleur viendra blanche, rose, lilas ou pourpre, simple ou double, rare ou abondante ; le fruit, gros ou petit, vert, jaune ou rouge, mûrira promptement ou se gardera jusqu'à l'année suivante, exactement comme son type et sans être influencé par le voisinage ni par le contact de plusieurs sortes dissemblables groupées sur le même sujet.

On pourrait dire : le greffon commande, le sujet obéit ; celui-ci plonge ses racines dans le sol et apporte à celui-là plus ou moins de vigueur ou de faiblesse en respectant, chez lui, ses principes essentiels. Il est donc permis d'affirmer qu'un simple bourgeon rudimentaire, un œil porte en lui les qualités typiques de son espèce et ne les modifie pas même dans les milieux que lui procure le greffage.

Presque tous les végétaux dicotylédonés peuvent être soumis au greffage. Jusqu'ici les plantes monocotylédonées ont été essayées sans succès. Serait-ce parce que leur structure, où manquent la couche cambiale et le parenchyme cellulaire, n'offre pas la moindre prise à l'agglutination de fragments ainsi rapprochés? Or, sans cette liaison intime, le greffage est impossible.

BUT DU GREFFAGE.

Le greffage a pour but :

1° De changer la nature d'un végétal, en modifiant le bois, le feuillage, la floraison ou la fructification qu'il était appelé à donner ;

2° De provoquer l'évolution de branches, de fleurs ou de fruits sur les parties de l'arbuste qui en étaient privées ;

3° De restaurer un arbre défectueux ou épuisé, par la transfusion de la sève nouvelle d'une espèce vigoureuse ;

4° De rapprocher sur la même souche les deux sexes des végétaux monoïques, afin d'en faciliter la fécondité ; tels sont l'Aucuba, le Ginkgo, l'Idesia, le Pistachier ;

5° De conserver, de propager un grand nombre de variétés de plantes ligneuses ou herbacées, d'utilité ou d'agrément, qui ne peuvent être reproduites par aucun autre procédé de multiplication.

Sans le greffage, nos vergers ne posséderaient pas d'aussi riches collections de fruits pour chaque saison ; nos forêts seraient privées de bon nombre d'essences importantes ; et nous n'éprouverions pas le plaisir de rencontrer dans nos parcs une aussi brillante série d'arbrisseaux indigènes ou exotiques.

Nous pourrions même citer l'exemple de végétaux qui, étant greffés, sont plus vigoureux qu'à l'état franc de pied, c'est-à-dire non greffés ; le Pavier, le Ragouminier, le Sorbier, le Libocedrus, le Sapin noble, et la majorité de nos arbres fruitiers sont dans ce cas. D'autres y acquièrent plus de rusticité, sans doute par l'effet du changement des racines ; tels sont le Bibacier, l'Osmanthe, le Photinia; d'autres encore y modifient leur forme buissonnante ou érigée.

Si maintenant on considère que le greffage est facile à pratiquer, qu'il n'implique qu'une légère fatigue corporelle et développe la passion du jardinage, on conviendra que c'est là une opération utile et agréable.

II. — CONDITIONS DE SUCCÈS DU GREFFAGE.

L'habileté de l'opérateur compte pour beaucoup dans le succès du greffage. Mais il est d'autres conditions essentielles à la réussite, et qui sont en quelque sorte les bases du greffage. Telles sont l'affinité entre espèces, la vigueur des deux parties, leur état de sève, leur rapprochement intime, la saison, la température. Si la science ne peut formuler ces conditions d'une manière précise, le tact du greffeur doit y suppléer.

AFFINITÉ ENTRE ESPÈCES. — Les lois d'affinité spécifique sont presque inconnues. Les observations déjà faites ont été entreprises au point de vue pratique, plutôt que sous le rapport purement scientifique, comme on l'a fait pour la fécondation des végétaux. Les faits acquis aujourd'hui ne peuvent être que l'objet d'une constatation; aucune théorie ne saurait encore en être déduite. Il est admis que ces lois d'affinité ont une corrélation avec les familles natu-

relles, quelque extrême que soit la diversité
dans les caractères extérieurs. Les genres qui
peuvent être rapprochés par la greffe doivent
appartenir à la même famille botanique. Il ne
s'ensuit pas cependant que tous les genres,
toutes les espèces d'une même famille, puissent
être greffés l'un sur l'autre ; mais, répétons-le,
les espèces à rapprocher par la greffe doivent
être de la même famille.

L'explication des sympathies et des antipa-
thies dans le greffage d'espèces différentes manque encore ; on n'explique pas davantage pourquoi certains genres peuvent être greffés, celui-ci
sur celui-là, sans que la réciproque soit possible. Exemple : dans les Pomacées, le Pommier ne réussit pas sur le Poirier ; et nous avons
vu des Poiriers vivre pendant quelques années
sur le Pommier. Le Poirier adopte le Cognassier, même l'Aubépine, pour sujet ; ceux-ci ne
rendent pas le même service à leur allié. Le
Sorbier, l'Azerolier, le Néflier, le Cognassier,
si dissemblables entre eux et avec l'Aubépine,
sympathisent tous les quatre avec elle. Parmi
les Rosinées, le Pêcher et l'Abricotier se greffent
difficilement l'un sur l'autre, tandis que tous
les deux réussissent sur l'Amandier et sur le
Prunier. Tous les Cerisiers se soudent au Mahaleb ; lui, ne se soude à aucun Cerisier. Le Châtaignier prospère sur le Chêne (l'un et l'autre
sont des Cupulifères) et non sur le Marronnier

d'Inde, qui est d'une autre famille (Hippocas-
tanées). Après Camuzet, M. Alphonse Lavallée
a greffé avec succès la Bignone de Virginie sur
le Catalpa (Bignoniacées), et M. Lambotte a réussi
le greffage des Pervenches sur le Nérion laurier-
rose, les deux genres appartenant aux Apocynées.

La greffe des arbres à feuillage persistant sur
les espèces à feuilles caduques présente plus
d'une bizarrerie. Le Photinia, voisin de l'Ali-
sier, le Bibacier, voisin du Néflier, se greffent
sur le Cognassier, mieux que sur l'Aubépine.
Avec ce dernier sujet réussissent le Cotonéaster,
le Raphiolepis, le Buisson ardent. Le Mahonia
vit sur l'Épine-vinette ; le Laurier-amande sur
le Merisier à grappes et même sur le Cerisier-
merisier, dont l'aspect est si différent. L'Osmanthe greffé sur Troëne est plus vigoureux
que s'il est élevé de bouture. Le Fusain toujours
vert forme une boule de verdure sur la tige
nue du Fusain des bois.

Le greffage des végétaux à feuilles caduques
sur ceux à feuillage persistant a presque toujours résisté aux expériences qui en ont été faites.

VIGUEUR RÉCIPROQUE DES PARTIES. — En principe,
il est préférable de rapprocher par le greffage
des sujets ayant entre eux quelque analogie de
vigueur, d'entrée en végétation, de robusticité.

S'il y avait discordance, il vaudrait mieux
que le greffon eût une végétation moins précoce

que le sujet ; dans le cas contraire, privé de la
nourriture du sol, il s'affamerait vite.

D'autre part, il serait à désirer que le greffon
fût d'une espèce plus vigoureuse ou plus rustique que celle du sujet ; il se tempérerait
forcément devant l'action modérée de son
support, et se mettrait plus vite à fruit comme
dans le cas du Poirier greffé sur Cognasier.
Moins d'eau dans les vaisseaux nourriciers,
plus de carbone dans le liber.

Les arbres délicats s'accommodent volontiers
d'un sujet de vigueur moyenne. Sur un sujet
faible, ils produisent un arbre chétif. Sur un
sujet trop vigoureux, il leur est difficile d'absorber toute la sève fournie par les racines ;
la similitude de végétation devient impossible.
De là, débilité, maladie, mauvais résultats.

En matière de vigueur, les inégalités trop
saillantes peuvent être amorties au moyen d'un
double greffage : on greffe d'abord sur le sujet
une variété de vigueur intermédiaire ; plus tard,
c'est elle qui supportera le greffage de la variété
que l'on désire propager.

Toutefois, le sujet doit être assez fort pour
recevoir la greffe. S'il est chétif, le greffon se
soudera ; mais l'arbre futur restera délicat. A
son tour, le greffon doit sortir de race pure. Le
végétal qui l'a fourni doit être sain, afin de
transmettre la santé, la rusticité. Dans l'éducation des végétaux, il est plus facile de prévenir

que de guérir le mal. La dégénérescence plus apparente que réelle des espèces et des variétés, a surtout pour cause le mauvais choix des éléments de multiplication. Il est donc préférable que le végétal, dit mère ou étalon, qui fournit les greffons, soit d'une nature robuste. Ici, le mot étalon est pris dans le sens de type ou de point de repère.

Pour toute sorte de greffage, il est indispensable que les deux parties greffées aient en communication intime, non pas leur épiderme ni la moelle, mais leur zone génératrice, c'est-à-dire les couches nouvelles et vives du liber ou de l'aubier, dans le tissu desquelles circule la sève. La liaison ne s'accomplit bien qu'à cette condition.

La multiplicité des points de contact favorise une soudure plus complète, qui gagnera encore par la similitude de contexture entre le greffon et le sujet, principalement en ce qui regarde la nature herbacée ou ligneuse de leurs tissus.

Enfin la prompte agglutination des parties est une conséquence de l'habileté de l'opérateur, qui saura éviter les plaies, ou les aviver et les soustraire à l'action des agents atmosphériques.

SAISON DU GREFFAGE. — En principe, le greffage doit être pratiqué pendant que la sève est en mouvement. Lorsqu'on opère au printemps, on a soin de choisir le moment où la sève se réveille ; à l'automne, c'est avant qu'elle entre en léthargie. Pendant l'été, on évitera la phase où le liquide séveux est trop actif. Pour toute sorte de greffage, il est bon que le sujet et le greffon soient dans un état de sève à peu près analogue. Mais, dans le cas contraire, avons-nous dit, il vaudrait mieux que le greffon fût moins avancé en végétation que le sujet.

La saison du greffage en plein air est depuis le mois de mars jusqu'en septembre. Nous parlons en général; dans les pays chauds, la végétation commence un mois plus tôt. Ailleurs certains végétaux conservent leur sève jusqu'en octobre et en novembre, ce qui permet de retarder quelque peu le greffage d'automne.

L'époque propice aux divers systèmes de greffage sera indiquée plus loin, à leur description respective.

Une atmosphère calme, plutôt chaude que pluvieuse ou froide, est avantageuse au succès de l'opération. La chaleur, dans certaines limites, excite le fluide nourricier; le froid l'engourdit.

Pendant les gelées d'hiver, la greffe — nous entendons la greffe avec soudure immédiate — n'est possible qu'à l'abri d'un verre protecteur. La chaleur factice et les combinaisons de l'horticulteur y excitent et entretiennent la végétation au degré voulu. Le greffage sous verre, c'est-à-dire dans la serre à multiplication, ou sous cloche, ou dans une bâche, est pratiqué habituellement de janvier en mars et de juillet en septembre.

III. — OUTILLAGE ET ACCESSOIRES DU GREFFAGE.

OUTILS. — Des outils simples, commodes, tenus en bon état de propreté, pourvus de lames bien acérées, seront préférés aux instruments compliqués, à plusieurs lames, ou hérissés de points saillants ou tranchants qui peuvent blesser l'arbuste et l'opérateur.

L'outil à lame fixe présente plus de fermeté dans le manche; mais un instrument à lame fermante est plus facile à transporter dans la poche, le tablier, la trousse, ou dans le panier aux accessoires.

Sécateur (*fig.* 1). — Le sécateur est un instrument à deux branches de fer ou d'acier, l'une terminée par une lame tranchante, l'autre par un croissant émoussé en biseau, formant

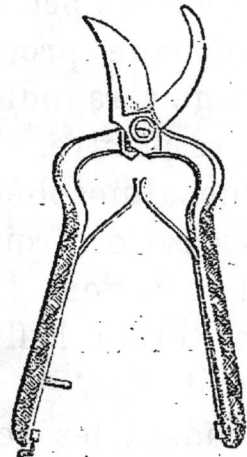

Fig. 1. — Sécateur.

point d'appui contre la branche que l'on coupe.

Les manches élargis et évidés en coquille (*fig.* 1) sont moins lourds, plus faciles à tenir et fatiguent moins la main.

On emploie le sécateur dans les circonstances suivantes :

1° Pour étêter les sujets trop gros pour la serpette, et pas assez gros pour la scie, dans les systèmes de greffage qui réclament le tronçonnement préalable du sujet;

2° Pour couper les rameaux-greffons sur les arbres étalons;

3° Pour tronquer au-dessus de la greffe, et après le greffage, les sujets non étêtés à l'avance, lorsqu'il s'agira de faire développer le greffon;

4° Pour *désongletter* les greffes faites sur le côté du sujet, après une année de végétation;

5° Pour sevrer les *greffes en approche*;

6° Pour tailler les végétaux épineux.

En général, la mutilation occasionnée par le sécateur a besoin d'être avivée avec la serpette.

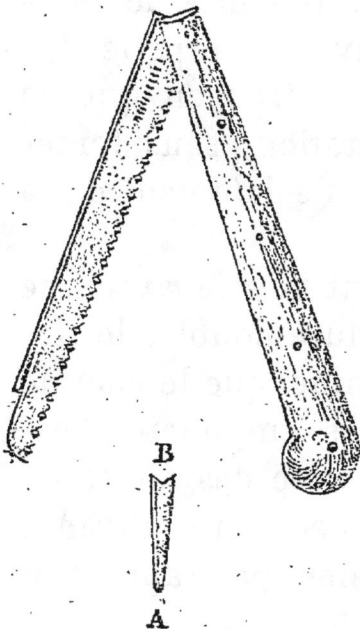

Fig. 2. — Scie à main.

Scie (fig. 2). — Les scies à main, dites scies égohines, anglaises, à lame fixe, à lame fermante, sont employées pour tronquer les fortes branches et les gros sujets destinés au greffage en tête, à haute tige ou à basse tige; et pour désongletter les greffes pratiquées sur le côté du sujet, quand le chicot est sec ou trop gros pour la serpette ou le sécateur.

Lorsqu'il s'agit de scier une forte branche, on commence par abattre les sommités lourdes qui sont placées au-dessus de la partie à amputer ; alors le trait de scie se donnera plus aisément ; et l'écorce du tronc subira moins le risque de se déchirer.

D'ailleurs, l'opérateur modère le mouvement du bras, au moment d'achever le sciage de la branche ; souvent même, il est prudent d'arrêter le coup de scie aux neuf dixièmes de l'amputation et de l'achever avec la serpette. On maintient avec l'autre main le tronçon qui va se trouver abattu par l'opération, sans forcer le mouvement, pour éviter l'éclatement de la partie sciée.

Les couteliers construisent la scie avec une denture simple ou une denture double, le dos (A) de la lame étant plus aminci que le côté de la denture (B). Les greffeurs emploient d'excellentes scies, fabriquées avec des lames de faux ; les dents sont placées sur un seul rang, et la pointe dirigée obliquement par rapport au manche.

On ne doit jamais employer la scie sur un arbre vivant, sans aviver le trait de scie et parer ou polir la plaie avec la serpette. Les mâchures du sciage retiennent l'humidité sur la plaie et font obstacle à sa cicatrisation.

Serpette (*fig.* 3). — La serpette est composée d'un manche en bois ou en corne, droit ou légèrement courbé, et d'une lame crochue au sommet. Le bec de la lame est plus ou moins ouvert ou saillant : le travailleur se familiarise avec sa forme, à ce point qu'il préfère souvent ses vieux outils tout usés aux outils neufs de tournure plus régulière.

La serpette est nécessaire pour *rafraîchir* la plaie occasionnée par la scie ou le sécateur, pour aviver les tissus mâchés ou déchirés, et aplanir la coupe de façon que l'aire en soit unie, sans inégalités, meurtrissures ni esquilles. Pour bien aplanir, la main qui tient le manche de l'outil aura le pouce arc-bouté contre le tronc, tandis que l'autre main dirigera la lame.

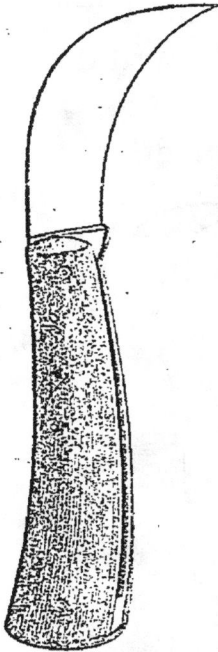

Fig. 3. — Serpette.

Sur un sujet de moyenne grosseur, on pratique l'ablation du tronc avec la serpette, sans avoir besoin de la scie.

La serpette est également employée pour fractionner les rameaux-greffons. Si l'on préfère se servir de la serpette pour les tailler, les préparer définitivement, il sera prudent d'avoir une seconde serpette, plus fine, en réserve, la première étant destinée aux élagages, recepages et autres gros travaux.

Les greffeurs qui emploient la serpette pour tout le travail du greffage choisiront une lame peu crochue, bien commode lorsqu'il s'agit de fendre le sujet.

On se sert encore de la serpette pour étêter, après le greffage, les sujets qui n'ont pas subi un tronçonnement préalable, et pour enlever le chicot de la greffe après une année de végétation.

Pour cette dernière opération, et lorsqu'il s'agit de sujets greffés à basse tige, nous recommandons la *serpette à désongletter* (*fig*. 4). On tient le manche avec les deux mains, et l'on coupe l'onglet plus facilement. Cet outil a encore son utilité dans les élagages d'arbres épineux.

Greffoir (fig. 5). — Le greffoir est un outil à lame étroite, ventrue vers le sommet, et à pointe recourbée en arrière. Le man-che est terminé par une spatule,

Fig. 4. — Serpette à désongletter.

dont l'emploi consiste à soulever les écorces ; la spatule, soudée ou faisant corps avec le manche, est en ivoire, le métal ayant l'inconvénient de rouiller le liber humecté par la sève.

Le greffoir est indispensable pour les greffages par bourgeon, en *écusson*, pour tailler le greffon des greffes par rameau, pour le soulèvement des

Fig. 5. — Greffoir.

Fig. 6. — Couteau à greffer.

écorces, pour les greffages sous verre, la section des ligatures qui étranglent la greffe, etc.

Couteau à greffer (fig. 6). — Le manche de cet instrument est légèrement arqué pour faciliter le greffage rez-terre ; la lame, en forme de virgule, de larme, sert à fendre les sujets destinés au greffage en fente. Avec le couteau à greffer, on peut fendre le sujet partiellement.

Une fente de part en part s'obtient avec un couteau à lame droite, en forme de couteau de

(table. L'emmanchure et le dos de la lame seront
assez solides pour résister aux efforts de l'opérateur contraint parfois de frapper à coups de
maillet (*fig.* 7) pour fendre les sujets trop gros
ou à bois dur.

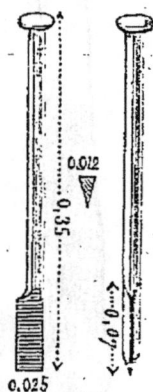

Ciseau à greffer (fig. 8). — La lame et le

Fig. 7. — Maillet.　　　Fig. 8. — Ciseau à greffer.

manche sont d'une seule pièce, fer et acier. Le
ciseau offre toute garantie de solidité et de résistance lorsqu'il s'agit de fendre les fortes tiges, avec ou sans le concours du maillet (*fig.* 7).

La fente étant terminée, on peut, en retirant
le ciseau à demi, s'en servir comme d'un levier
ou d'un coin, afin de maintenir la fente entr'ouverte et de faciliter l'introduction du greffon.
Le manche du maillet terminé en bec-de-cane
pourrait avoir ce même emploi.

Le ciseau (*fig.* 8) employé par les vignerons
du Midi mesure 0^m,35 d'une extrémité à l'au-

tre. Le tranchant a 0^m,07 de long sur 0^m,025 de large, avec un dos épais de 0^m,012.

Gouge à greffer (fig. 9). — La gouge à greffer représentée ci-contre comprend un manche long de 0^m,11 et une tige en fer de 0^m,19 ; la partie supérieure, longue de 0^m,04 à 0^m,05, est courbée en dedans, et se termine par une gouge curviligne avec laquelle on ouvre sur le sujet la rainure destinée à recevoir le greffon.

Cet instrument est utile dans les greffages en approche appliqués à la Vigne.

En rendant la gouge angulaire, on en faciliterait l'emploi dans les greffages de précision, par incrustation ; mais on en complique les soins d'entretien.

Métrogreffe (fig. 10). — Cet outil se compose d'une double spatule adaptée au manche du greffoir ordinaire. Son but est de rendre exacte la coïncidence du rameau-greffon avec le sujet, dans les modes de greffage où les deux parties seront juxtaposées par un simple placage.

Le manche (D) porte deux pièces : d'abord la lame du greffoir (*fig.* 5) qui taille le greffon,

Fig. 9. — Gouge à greffer.

puis la double spatule dont les deux parties
(A et B, *fig.* 10) sont réunies par une vis (C). Le
métrogreffe joue le rôle de compas d'épaisseur
pour mesurer le dos du biseau
de la greffe, et tracer sur le sujet
les limites de son logement.

M. le vicomte Henri de La
Frenaye, qui en eut l'idée première, a donné une forme rec-
tangulaire aux deux pièces A et
B de la spatule. Un de nos greffeurs, Pierre Payn, l'a modifiée
en arrondissant l'extrémité suivant la figure 10.

Tous ces outils ne sont pas
indispensables dans la pratique

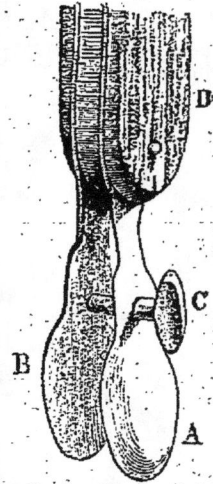

Fig. 10. — Métro-
greffe.

du greffage : mais ils ont chacun un but spécial.

Nous passons sous silence les machines à
greffer, compliquées sous prétexte de précision.
C'est coûteux et peu pratique : la réparation et
l'entretien d'un outil trop minutieusement
construit deviennent impossibles au jardinier.

Entretien des outils. — Les outils doivent
être entretenus dans un bon état de service et
de propreté.

Dans les opérations réitérées, ou faites pendant la sève, la crasse s'accumule sur la lame.
On l'enlève au fur et à mesure avec de l'eau,
de la salive, de la terre humide. La saleté nuit
au maniement de l'outil et gâte les couches in-

térieures de l'arbre touché par la lame. Il est des végétaux dont la sève, chargée d'acides, de tannin ou d'autres substances corrosives, noircit la lame, de manière à en nécessiter l'essuyage après chaque opération.

Il ne faut pas négliger d'affiler souvent les lames tranchantes, les coupes vives et saines favorisent la cicatrisation des plaies. Quand le taillant est émoussé, on le repasse sur la meule de grès, et, en dernier lieu, sur une pierre plus douce pour lui enlever le fil.

Le simple repassage à la pierre se répète plusieurs fois pendant la journée, dans les travaux continus.

La *pierre* dite *de Lorraine*, et mieux encore la *pierre du Levant*, dont le grain est plus fin, sont excellentes pour le repassage des serpettes.

La *pierre d'ardoise* convient pour le greffoir et pour le sécateur.

Il y a encore la pierre douce à rasoir et à canif; avec une goutte d'huile, on repasse les lames fines destinées aux opérations délicates.

Fort souvent, dans les pépinières, après avoir donné un coup de pierre au greffoir, on l'adoucit sur le cuir des chaussures, ou dans le creux de la main.

La manière de donner le coup de pierre tient à l'habileté et à l'habitude. Le but est d'affiler les parties tranchantes sans les affaiblir; sinon, dans les gros travaux, le tranchant s'émousserait vite et s'ébrécherait facilement.

La scie simple, à un rang de dents, est entretenue en bon état avec la lime dite *tiers-point*. Pour la scie anglaise ou à double denture, on emploie la *lime à pignon;* la côte centrale a $0^m,004$ d'épaisseur, tandis que les deux bords extérieurs, destinés à limer les dents de la scie, n'ont qu'un demi-millimètre $(0^m,0005)$ d'épaisseur.

Les outils de précision, et même le sécateur, seront confiés au coutelier.

LIGATURES.

Presque tous les systèmes de greffage exigent une ligature qui rapproche les tissus écartés et les écorces soulevées, qui resserre les parties fendues, et fixe le greffon sur le sujet.

Si on laissait un intervalle prolongé entre le moment du greffage et l'application de la ligature, l'action des agents atmosphériques ne manquerait pas de se faire sentir défavorablement sur la greffe.

Les meilleures ligatures sont celles qui ne peuvent s'allonger ni se retirer sous les influences hygrométriques, et qui sont douées d'une certaine élasticité leur permettant de se prêter, sans le gêner, à l'accroissement en diamètre du sujet.

Plus le sujet sera gros, plus solide devra être

le lien ; la cicatrisation y est naturellement plus lente, et l'on doit tout faire pour l'accélérer.

Dans les greffages où l'écorce seule a été soulevée, il suffit de rapprocher les couches corticales et de brider le greffon sans le comprimer.

L'application du lien se fait avec les deux mains. On le roule en spirale autour de la partie greffée, en serrant le lien à chaque tour, surtout au premier et au dernier, plus disposés à se lâcher. Les spires sont plus ou moins rapprochées ; l'essentiel est qu'elles maintiennent ferme la greffe. La force de tension s'accroît avec des spires rapprochées, et diminue si l'on superpose plusieurs tours de ligature.

Le lien qui vacille quand on passe le doigt dessus n'est pas suffisamment tendu ; alors on le serre à nouveau.

La *laine filée* réunit les qualités voulues pour former une bonne ligature ; elle se prête au grossissement de l'arbre, et elle échappe à l'action de l'humidité, parce qu'elle a été passée à l'huile lors de sa fabrication. La laine est très employée pour l'écussonnage des branches petites ou moyennes d'arbres fruitiers et d'arbustes, pour les Conifères et les Rosiers, pour les petits sujets greffés dehors ou sous verre.

On réunit deux ou trois brins de laine, sans les cordeler, et d'une longueur calculée sur la grrosseur du sujet et l'étendue de la fente à couvrir. Pour de gros sujets, la laine ne serait paas assez forte.

Le *coton filé* est insensible aux variations hyygrométriques; mais il n'a pas l'élasticité de la laine; nous le recommandons pour l'écussoinnage des tiges fortes ou lentes à grossir, et pour les greffages sous verre. Il convient de l'appliquer sur le sujet et de le nouer de façon qu'on puisse le délier facilement, quand la strangulation commence, le coton étant difficile à couper en travers. Le même lien peut alors seirvir à une autre opération.

lLa dépense occasionnée par l'achat de la laiine et du coton, dans les pépinières, a fait rechcercher des ligatures plus économiques. Après avoir essayé les Laîches (*Carex*), les joncs (*Scirpus lacustris*) à chaises et à paillassons d'appartement, on s'est arrêté à deux plantes aquatiqiues, qui croissent abondamment sur le bord dess rivières et des fossés, dans les étangs et les marécages : la *Spargaine rameuse*, Rubanier d'eiau (*Sparganium ramosum* (fig. 11), plus commune que la *S. simple* (*S. simplex*), la *Massette à large feuille* (*Typha latifolia*) (fig. 12), pluis commune que la *M. à feuille étroite* (*T. angusiifolia*). Ces deux espèces sont de la famille botanique des Typhacées.

On récolte la plante à son entier développement, soit vers la fin de l'été, pour les greffages de l'année suivante, soit au printemps, pour être employée dans le cours de la même année. On sépare les feuilles, agglomérées à leur base, et on les met sécher à l'ombre ou au grenier, en

Fig. 11. — Spargaine rameuse
(*Sparganium ramosum*).

Fig. 12. — Massette des marais
(*Typha latifolia*).

les accrochant par paquets liés au sommet du feuillage. Lorsqu'arrive le moment de s'en servir, on coupe les feuilles de la longueur voulue, en moyenne de 0^m,30 à 0^m,50.

Un peu avant le greffage, on plonge pendant

quelques heures dans l'eau la ligature réunie
en paquet ; puis on la fait égoutter, en pressant
avec la main, par une légère torsion, comme
s'il s'agissait de tordre du linge. Assez souvent,
on se contente de descendre la ligature à la
cave pour l'entretenir fraîche, et dans les
champs où l'on manque d'eau, on la met en terre.

Il faut, à cette ligature végétale, un juste
milieu de sécheresse et d'humidité. Trop sèche,
la feuille de Massette ou de Spargaine manque
de résistance et casse ; trop humide, elle occa-
sionne la pourriture de la greffe et se brise
également.

La feuille est généralement assez large pour
être fendue dans le sens de sa longueur. Elle
serre mieux lorsqu'elle est placée sur son
épaisseur et non sur sa largeur, et quand on la
tord modérément en l'appliquant sur la greffe.

A l'exception des greffes qui nécessitent la
fente des tissus ligneux du sujet, et pour lesquelles la feuille de Spargaine ou de Massette
n'aurait pas une ténacité suffisante, nous recommandons cette ligature pour la majorité
des procédés de greffage. Elle offre l'avantage
en même temps d'être d'une solidité suffisante,
étant imbibée au moment de l'opération, et de
céder le plus souvent d'elle-même, par suite de
la dessiccation, au grossissement subséquent de
la partie opérée, lorsque, la greffe étant reprise, la ligature devient inutile.

De ces deux plantes à utiliser également, la préférence pourrait être accordée à la Spargaine. D'après M. le professeur Chatin, cet avantage résulte de la structure anatomique des feuilles et particulièrement des lacunes et des intersections du tissu cellulaire étoilé qui existe dans leur intérieur.

Le *raphia* s'emploie en longues lanières, tirées probablement des pennules des palmiers Raphia (*Sagus vinifera* et *tædigera*). Il est très recherché; aussi le prix en a-t-il augmenté rapidement. C'est une bonne ligature pour les greffages par rameau de printemps ou d'été en plein air ou sous verre; ses inconvénients sont de se desserrer assez facilement par suite de sa surface lisse et de ne pas se prêter au grossissement du sujet, comme la Spargaine; sur une écorce tendre, il pourrait produire un étranglement. Il est alors prudent de le mouiller avant de l'employer et de terminer la ligature par une boucle, de façon que le lien ne glisse pas et qu'on puisse le desserrer et le retirer une fois son action terminée.

Par ses feuilles douces et non coupantes, comme celles des Carex, l'*Iris des marais* (*Iris pseudo-acorus*) fournira une ligature souple et solide, moins forte toutefois que les précédentes. Il en est de même du *Tritoma uvaria*.

L'*écorce de tilleul*, vulgairement *tille*, préparée pour la fabrication des cordes à puits fournit un bon lien pour les greffages en fente, en couronne, en approche, et toutes les fois qu'il faut opposer une certaine force de résistance aux gros sujets ou aux tissus éclatés. Trempée, puis séchée, et même fendue, cette ligature offre une élasticité convenable, et n'étrangle pas le sujet.

La *natte d'emballage* des denrées coloniales, utilisée dans les pépinières, est le produit des végétaux sus-indiqués ou analogues ; le liber de Tilleul étant la base des nattes de Russie, et la feuille de Raphia entrant dans les emballages et sparteries du Brésil et de Madagascar.

La *ficelle simple* ou dédoublée, la *filasse* de vieille *corde effilochée* sont assez souvent employées, parce qu'on se les procure facilement. On les choisit non cordelées, et on les surveille lors du grossissement du sujet. En général, les textiles Chanvre, Lin, Abutilon, Asclépiade, Mélilot, Houblon, Aloès, Phormium, etc., manquent d'élasticité.

La ficelle et la natte, rendues *imputrescibles* par un sulfatage ou un enduit spécial, conviennent aux greffes sous terre.

L'*Osier fendu* n'est guère utilisé qu'à la campagne, dans le greffage des vieux arbres et des souches souterraines de Vigne.

Les *écorces d'Orme* et *de Saule*, séchées, puis trempées, ne valent ni mieux ni pis que l'osier fendu. Leur défaut est de se rétrécir trop vite, sauf quand elles ont été préparées une année à l'avance.

Dans le greffage, le rôle de la ligature est provisoire ; il cesse quand la soudure est suffisante pour le développement du greffon.

Il est dit, au chapitre VII (des TRAVAUX COMPLÉMENTAIRES), quels sont les soins ultérieurs nécessités par la ligature, et à quel moment il convient de la supprimer.

Engluements. — Dans le greffage, il est nécessaire de recouvrir les plaies et les coupes avec un mastic onctueux, qui n'ait pas le défaut de dessécher la plaie, ni de la brûler, ni de couler ou de se fendre par l'action de l'air ou par une mauvaise composition.

Il faut engluer copieusement, sans économie, les plaies, les fentes du sujet et du greffon, quand la greffe est posée. La figure 33 donne l'exemple d'une greffe engluée.

Une greffe bien faite peut manquer par suite d'un mauvais liniment.

Les greffes qui n'offrent aucune partie tranchée exposée à l'air, l'écussonnage, par exemple, ne réclament aucun onguent.

Malgré les nombreuses inventions, les bons engluements sont encore peu nombreux ; mais ceux que l'on a suffisent.

Onguent de Saint-Fiacre. — Cet engluement primitif se compose de deux tiers de terre glaise et d'un tiers de bouse de vache. On le maintient sur le moignon greffé au moyen d'une ficelle et d'un linge, formant poupée. On peut y mélanger de l'herbe hachée menu, pour en augmenter la consistance.

L'onguent de Saint-Fiacre est adopté dans nos campagnes. Il est assez économique pour le greffage des vieux arbres. A son défaut, on emploie l'argile pulvérisée et pétrie pour le greffage sous terre de la Vigne.

Mastic chaud. — Depuis longtemps, les pépiniéristes fabriquent eux-mêmes leur mastic. La composition en est variée ; elle a généralement pour base une combinaison de poix blanche, de poix noire, de cire jaune, de suif et de résine. On y ajoute parfois de l'ocre, du saindoux, des cendres fines.

On fond le tout sur le feu, dans un vase de fer. On attend que la composition soit attiédie pour l'employer.

L'habitude fait juger de la proportion des substances à introduire dans le mélange. La poix rend la composition plus épaisse ; le suif, plus légère ; la résine lui donne de la sécheresse ; la cire, de l'onctuosité.

La climature a probablement dicté quelques modes de fabrication. En Hollande, MM. Looymans font bouillir 1 kilogramme de résine d'Amérique avec un verre d'huile ou de graisse, jettent le mélange bouillant dans l'eau froide,

le reprennent et l'étirent tant qu'il est malléable, puis l'emploient à chaud.

Voici une composition employée avec succès
dans les établissements de MM. André Leroy à
Angers, Baltet frères à Troyes.

1° D'abord faire fondre ensemble :

Résine........................... 1^{kil},250
Poix blanche.................... 0 ,750

2° En même temps, faire fondre à part :

Suif............................ 0^{kil},250

3° Verser le suif fondu bien liquide sur le premier mélange, en ayant soin d'agiter fortement.

4° Ajouter ensuite 500 grammes d'ocre rouge,
en le laissant tomber par petites portions, et en
remuant longtemps le mélange.

Quelle que soit la composition, il faut toujours que le mastic soit onctueux, malléable,
exempt de mordant ; il sera employé tiède, plutôt froid que chaud, plutôt liquide encore que
déjà solide.

On l'entretient à ce degré sur un petit fourneau
portatif chauffé au bain-marie, ou avec la lampe
à esprit-de-vin, ou par les procédés vulgaires.

Pour l'appliquer, on se sert d'un pinceau-
brosse ou d'un bâton tamponné par un chiffon,
ou mieux encore d'une spatule de bois.

Le mastic chaud est économique dans une
grande exploitation. Il est préférable au mastic

froid pour les greffages d'automne, parce que
la gelée a moins d'action sur lui.

Mastic froid. — Le désagrément de fabriquer ou d'employer des engluements chauds a
donné la vogue aux mastics froids, qui se ra-
mollissent à la chaleur de la main, ou restent
onctueux par la nature de leur composition.

Le mastic froid est livré au commerce dans
des boîtes en fer-blanc (M. Lhomme à Belle-
ville-Paris), en pot ou en bouteille à pommade
(M. Lemarchand à Caen), où il se conserve
malléable, même étant entamé.

Pour s'en servir, on l'étend avec une spatule;
et, s'il faut y mettre le doigt, on mouille celui-
ci avant de toucher au mastic.

Une fois exposé à l'air, cet onguent durcit
un peu ; il ne gerce pas au froid et ne coule pas
au soleil ; c'est, jusqu'à ce jour, le meilleur
engluement à employer.

M. Lucas, pomologue du Wurtemberg, emploie un liniment froid, assez simple de composition. On fait fondre de la résine blanche sur
un feu modéré, on y verse graduellement le
tiers de son poids en alcool à 90°, en remuant
sans relâche le mélange avec un bâton.

La composition chimique des mastics froids
repose évidemment sur le résultat obtenu par
le mélange intime de l'alcool avec la résine,
c'est-à-dire la liquéfaction permanente de cette
dernière après le refroidissement. Mais on a eu

soin de rechercher les moyens de parer aux
inconvénients que présentait le simple mélange
de ces deux substances, entre autres celui de
couler sous l'ardeur du soleil, et de laisser
ainsi les plaies à nu. En Hongrie, on a ajouté
du suif, de la colophane et de la térébenthine. En Belgique, on se contente de colophane (360 gr.) et d'axonge (60 gr.) fondus
ensemble, dans lesquels on verse ensuite par
parties 80 grammes d'alcool à 40°.

Un mastic manqué sera remis sur le feu et
l'on y ajoute suif ou axonge s'il est cassant,
résine s'il coule trop, alcool si la consistance
nuit à la malléabilité. Remuer constamment le
mélange et éviter d'y introduire l'essence de
térébenthine, qui brûle les tissus ligneux.

Il est important que le mastic ne reste pas
onctueux sur l'arbre et qu'il s'affermisse à l'air
ou sèche assez vite, car la gelée, ayant de la
prise sur une substance molle, pourrait fatiguer les tissus du sujet, couverts d'onguent insuffisamment durci.

ACCESSOIRES.

Les outils, les ligatures, sont transportés
dans un *panier plat*, élevé sur quatre pieds.
Le panier ou la boîte pourrait être mobile, de
manière à être enlevé et accroché sur l'*échelle
simple* ou l'*échelle double*, employée dans les

opérations pratiquées à une certaine hauteur.

Pour les hauteurs moyennes, nous employons une grande *chaise* tout en bois, que l'on transporte facilement dans les rangs de la pépinière.

L'étiquetage par noms ou par numéros des variétés que l'on greffe nécessite un *jeu de numéros*, du *plomb laminé*, des *étiquettes*, des *registres* de culture et de multiplication, qui seront placés dans le panier au greffage.

Le greffage sous verre conduit à l'emploi de certains accessoires : *poteries, composts, paillassons, claies, toiles, abris*, bien que les sujets greffés soient destinés à la culture en plein air.

Au début de la végétation des jeunes greffes, les auxiliaires indispensables sont les tuteurs, l'osier, le jonc.

Les *tuteurs* sont des brins d'arbres résineux, de Saule, de Peuplier, de Châtaignier, etc., de plusieurs dimensions. Le bois de brin est plus maniable que le bois fendu. On prolonge la durée des tuteurs en les immergeant, frais coupés et tout confectionnés, pendant huit ou quinze jours, dans un bain de sulfate de cuivre préparé à raison de 2 kilogrammes de sulfate par 100 litres d'eau.

Les *baguettes* plus ou moins ramifiées servent au palissage des jeunes greffes faites sur des arbres déjà forts ; on les sulfate comme les tuteurs, les paillassons, les toiles, le coffre des bâches, etc. Les objets sulfatés ne sont pas ravagés par les insectes, les colimaçons et les animaux nuisibles.

L'*Osier rouge* ou *jaune* (*Salix purpurea; S. vitellina*) se récolte en hiver sur des têtards. On l'emploie à l'état frais, ou après séchage, pour attacher les sujets et les branches contre les tuteurs. Les paquets d'osier triés par séries sont rentrés à l'ombre et au sec. On les trempe dans l'eau au moins vingt-quatre heures avant de s'en servir.

Le *Jonc* à palisser (*Juncus diffusus; J. glomeratus*) sert à l'accolage des jeunes scions herbacés des greffes. Le jonc se récolte en été; on le fait sécher modérément, et on le rentre au grenier. Il n'y a plus qu'à le plonger dans l'eau pendant quelques heures avant de s'en servir.

IV. — CHOIX DES SUJETS ET DES GREFFONS.

ÉDUCATION DU SUJET.

Premier âge. — Le sujet destiné au greffage est obtenu par semis, par marcottage ou par greffage. Le plant issu du drageonnage ne convient pas autant, parce que l'opération de la greffe et ses suites l'exciteraient encore à drageonner, ce qui est un défaut.

Semis. — Semer les graines aussitôt leur maturité : 1° d'avril en juin ; 2° d'août en octobre.

Faire *stratifier* les graines qui ne peuvent être

semées tout de suite ; elles seront mises dans un vase peu profond, par lits alternés avec des lits de terre sableuse, et le vase placé à la cave. Dès que la graine commencera à germer, on la sèmera en pleine terre.

Ameublir et nettoyer minutieusement le terrain destiné au semis.

Semer à la volée, ou en lignes, ou en trous.

Une semence sera d'autant moins enterrée qu'elle sera plus petite, que le climat et le terrain seront plus froids, et que l'époque de sa mise en terre se rapprochera plus du temps de sa germination.

Un semis trop dru étiole le plant ; trop écarté, le plant reste court et peut se ramifier. On calculera donc la vigueur du plant et sa destination. Si le plant est dru, on peut le desserrer, dans l'été, par une éclaircie raisonnée.

Tasser le sol, arroser, ésherber, détruire les insectes, chasser les oiseaux.

Les plants d'espèce sensible au froid seront pincés en automne, effeuillés à la base, et abrités, par une toile ou une claie, des premièret gelées blanches. On les fait hiverner en les couvrant de feuilles sèches, ou en les rentrans sous châssis froid.

Le semis sous verre hâte et favorise la germination des graines.

On repiquera le jeune plant sous châssis ou

en pleine terre dès qu'il aura développé une couple de feuilles.

Marcottage. — Le marcottage se pratique au printemps, en été ou à l'automne, avec des rameaux ligneux ou herbacés tenant à la mère.

Les arbustes-mères étant disposés en touffes, on ouvre une tranchée autour, et l'on y amène les rameaux vigoureux et sains. On les couche assez près de la souche, et, les faisant couder brusquement, on en redresse la sommité que l'on taillera à deux yeux au-dessus du sol. On remplit le trou avec de la bonne terre.

Par le *marcottage multiple*, on couche horizontalement, dans une rigole, une branche en végétation, adhérente à la souche-mère, et dont les jeunes rameaux herbacés ont 0ᵐ,10 environ. A l'automne, chacun de ces rameaux, étant enraciné, sera sevré et constituera un plant.

Les espèces rétives à l'émission des racines seront incisées en long ou en travers, immédiatement sous un œil de la partie couchée en terre.

Marcotter en vase les espèces délicates, ou à feuilles persistantes.

Pour tout marcottage, le sevrage ou séparation de l'élève d'avec la mère doit être pratiqué dès que le plant aura suffisamment de racines. Une fois qu'il est détaché de la souche, on l'extrait du sol et on le plante à demeure ou en pépinière.

On marcotte par *cépée* ou *en butte* (*fig.* 13), le Cognassier, les Pommiers paradis et doucin, le Prunier, le Figuier, le Noisetier, etc.

Le sujet est recepé à fleur du sol; dans l'été, on le butte de terre meuble, et on pince l'extrémité des scions encore herbacés, de manière

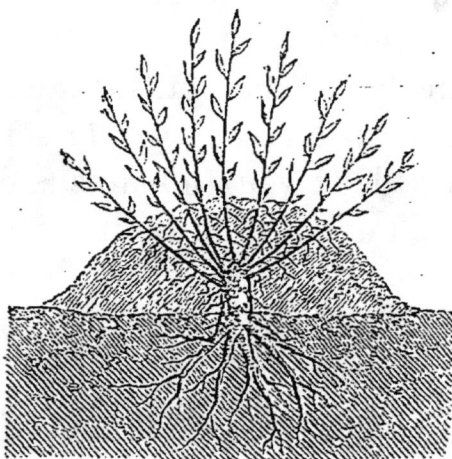

Fig. 13. — Marcottage en butte ou cépée.

qu'ils puissent former du chevelu. A l'automne, on déchaussera le tronc, et on extraira les jeunes tiges enracinées. Si le plant était faible ou mal enraciné, on le taillerait, on le butterait de nouveau jusqu'à l'année suivante. Les souches peuvent être marcottées tous les ans ou tous les deux ans.

Bouturage. — Des fragments de rameau ou de racine placés dans le sol, se radifient, végètent et constituent un sujet : c'est là le bouturage.

Le fragment, appelé bouture, est une portion de rameau comprenant un œil ou plusieurs yeux, et longue de 0^m, 25 à 0^m, 40 environ, ou une portion de racine longue de 0^m, 05 à 0^m, 15.

Le *bouturage par rameau* se fait au printemps ou à l'automne. A cette dernière époque, qui convient aux espèces à bois dur, on plante la bouture au moment où on la prépare.

Pour le bouturage de printemps, on prépare les boutures en hiver. On coupe les boutures et on les enterre debout, la tête en bas, de toute leur longueur, dans une tranchée en plein air ou à la cave. Au printemps suivant, on les plantera dans leur position normale, en laissant sortir de terre un ou deux yeux.

On éborgnera les yeux mis en terre des espèces sujettes à produire des jets souterrains, telles sont le Rosier Manetti, le Groseillier.

Une bouture portant deux yeux sera enfoncée complètement en terre, dans une position verticale ; c'est un bon moyen pour les végétaux à bois tendre ou gelif, comme la Vigne, le Figuier, le Mûrier, le Jasmin.

Au lieu d'un rameau, une branche ou une tige pourrait être plantée et prendre racine : ce serait alors une *bouture-plançon*. Ce mode réussit avec le Saule et le Peuplier.

Les *boutures de racine* se composent de morceaux de racine longs de 0^m,05 à 0^m, 10 ; on les plantera en rigoles, à l'ombre, de manière

qu'une faible portion de la bouture se trouve
enterrée; un bon paillis et de fréquents arrosages activent la réussite du bouturage par racine.

Le bouturage de rameaux courts, munis d'un
seul œil, se fait sous verre, à froid.

Le bouturage d'arbustes à feuillage persistant
réussit mieux sous un abri vitré.

Repiquage. — Le repiquage consiste à replanter provisoirement *en nourrice* les jeunes plants,
venus par semis ou par bouture, afin de leur
procurer un collet trapu et des racines cheve-
lues. On l'applique plus spécialement aux plants
venus par semis.

Un excellent procédé, trop peu employé,
consiste à repiquer le jeune plant peu de temps
après sa germination, alors qu'il a deux ou
trois feuilles au-dessus des cotylédons. Ce travail pratiqué au doigt ou à la cheville, dans
une terre ameublie, procure à la première saison, un sujet vigoureux, dont le collet trapu et
l'appareil radiculaire bien développé sont favorables au greffage futur. En plantant, on coupe
la radicule avec les ongles. Bassiner souvent,
pailler, ombrager.

Les plants d'arbres résineux et d'arbustes à
feuillage persistant seront replantés de la mi-
août à la fin de septembre de leur première
année; sinon, de mars en mai de l'année suivante.

Les plants à feuilles caduques seront repiqués pendant le repos de la sève. A ces derniers seulement, on pourra tailler les tiges et
les racines trop allongées.

Le repiquage se fait au plantoir, sur des lignes écartées de 0ᵐ, 25, avec 0ᵐ, 10 d'intervalle,
au minimum, entre les sujets. Après deux ou
trois années, le plant est suffisamment constitué
pour être replanté en pépinière ou en place définitive.

Pépinière. — La pépinière est presque obligatoire pour élever les sujets très jeunes, néces-
sitant des soins continuels de culture et de
taille.

La pépinière doit être établie sur un emplacement favorable, aéré, sain et composé d'une
bonne terre, facile à cultiver. On évitera, s'il
est possible, les sols poreux exposés à une sécheresse persistante, aussi bien que les terrains trop compactes, susceptibles d'être
inondés.

En ce qui concerne l'amendement des terrains à pépinière, le mélange de terres végé-
tales est préférable aux fumiers. Un arbre élevé
dans un sol richement fumé vaut mieux qu'un
arbre venu en mauvaise terre; mais il est inférieur à celui qui a crû dans une bonne terre
ordinaire, composée d'éléments divers.

On défonce le terrain avant l'hiver, en mé-
langeant les terres dans la tranchée, au lieu

d'en superposer les couches. On extrait les pierres, les racines, les mauvaises herbes. Une fois le moment de la plantation arrivé, il n'y a plus qu'à niveler le sol en lui donnant une seconde et dernière culture.

Plantation du plant. — On choisit du plant jeune, trapu, bien enraciné. S'il est âgé de plus d'une année, il aura été repiqué, c'est-à-dire planté provisoirement en nourrice.

On l'*habille* avant de le planter. Habiller un plant, c'est tailler, nettoyer les racines et les branches. Les racines seront raccourcies modérément, sauf quand elles sont fatiguées ; alors on les tient plus courtes. La tige sera rabattue à $0^m,25$ du collet si le plant doit être greffé en pied, et à $0^m,10$ s'il est destiné au greffage en tête. Les ramifications latérales pourront être enlevées, ou plutôt écourtées.

Les arbres verts et certaines espèces à bois creux, le Châtaignier, le Marronnier, le Noyer, le Tulipier, ne seront pas écimés.

On plante en quinconce, à des intervalles calculés sur l'avenir des élèves. Une distance de $0^m,50$ sur des lignes espacées de $0^m,75$ est la mesure moyenne dans les pépinières bien tenues. On l'augmente ou bien on la diminue, suivant que le sujet doit venir branchu, et selon le nombre d'années qu'il restera en pépinière.

La plantation se fait au plantoir ou à la bêche. Si l'on plante tardivement ou par un temps de hâle, on *praline* à l'avance la racine du plant dans une boue ordinaire. Une bouillie de terre grasse, de bouse de vache et de purin, autour des racines, est utile aux plants fatigués.

On tasse la terre en plantant. On arrosera, s'il le faut, seulement la première année, et surtout au début de la végétation.

Recepage du plant. — La première année, on s'est borné à cultiver, à soigner le plant. Nous supposons qu'il est destiné à s'élever à tige pour le greffage en tête ; nous nous occuperons tout à l'heure de celui qui peut être greffé en pied.

Après la première année de végétation, et avant que la seconde recommence, on recèpe le plant que l'on destine à monter en haute tige. Receper un plant, c'est le couper net à 0^m,05 environ du sol. On attend les mois de février ou de mars pour pratiquer cette ablation, la sève étant au repos et les gelées d'hiver n'étant plus à craindre.

Pendant l'été, on accole contre le moignon conservé le plus beau rameau du tronc (*fig.* 14), et graduellement on enlève les autres scions développés sur l'onglet. A l'automne, on supprime le chicot en A (*fig.* 14), avec la serpette ordinaire (*fig.* 3) ou à désongletter (*fig.* 4).

Quand le jet principal ne prend pas une direction régulière, on a recours au palissage contre un tuteur.

L'année suivante, le jeune arbre continuera à s'élever. S'il prenait une tournure défectueuse, on pourrait le receper une seconde fois ; sinon, le greffer en pied avec une espèce vigoureuse qui montera d'elle-même et fournira la tige.

Le recepage serait inutile sur de beaux sujets trapus, vigoureux et droits ; mais s'il y avait incertitude, il vaudrait mieux receper.

Élagage du jeune sujet. — L'élagage consiste à couper les branches inutiles qui garnissent la tige. En général, les branches fortes sont enlevées totalement, jusque sur leur talon ; les moyennes sont *coursonnées*, et les faibles conservées (voir *fig.* 16).

Coursonner une branche, c'est la tailler à quelques yeux, soit de 0^m,05 à 0^m,25 de sa naissance. On ne doit pas oublier que le retranchement des branches fatigue un arbre, et que leur conservation le fortifie. La taille aura donc pour but de former le sujet et d'équilibrer sa végétation.

Lorsque la tige est forte, il n'y a aucun in-

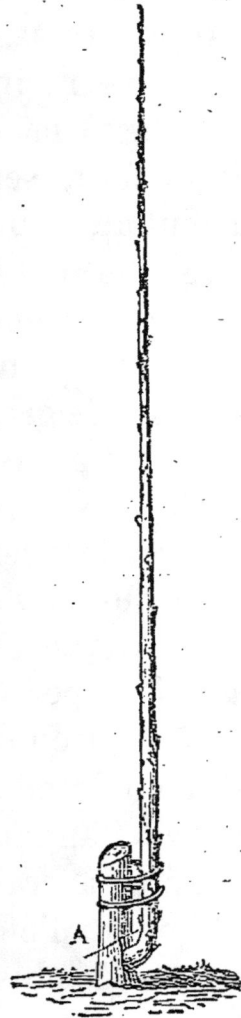

Fig. 14. — Jeune sujet après une année de recepage.

convénient à supprimer les branches latérales, depuis le collet jusqu'à l'endroit destiné à la greffe.

En somme, élaguer sévèrement les tiges plus fortes ; élaguer partiellement les tiges faibles ; éviter les mutilations sur les sujets chétifs.

En élaguant totalement une branche, il convient de ménager un peu de son empâtement, à la base plutôt qu'au sommet du point de jonction sur la tige (*fig.* 15). On y parvient en donnant le coup de serpette de bas en haut. Pour le donner en sens inverse, il faut une certaine habileté de main, sans quoi l'on s'expose à déchirer le coussinet ou empâtement.

Fig. 15. — Elagage d'une branche.

Pour éviter le développement de grosses branches inutiles auprès du bourgeon terminal, on coupera au printemps l'œil qui devrait leur donner naissance ; c'est un *éborgnage*.

L'élagage sur la jeune flèche sera modéré ; on se bornera à coursonner les ramifications trop longues qui s'y seraient développées, et à laisser les autres.

L'*écimage* de la flèche aura lieu dès que la hauteur fixée pour la greffe aura été dépassée de 0^m,30 au moins.

Arrivé à cet état (*fig.* 17), l'arbre peut supporter l'opération du greffage.

Préparation du sujet pour le greffage.

— Pour recevoir la greffe, un sujet doit être ou étêté, ou non étêté, cela dépend du mode

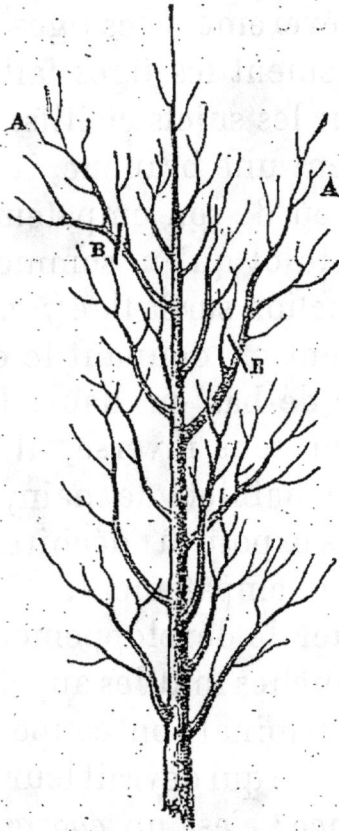

Fig. 16. — Couronne-
ment (B) des branches
vigoureuses (A).

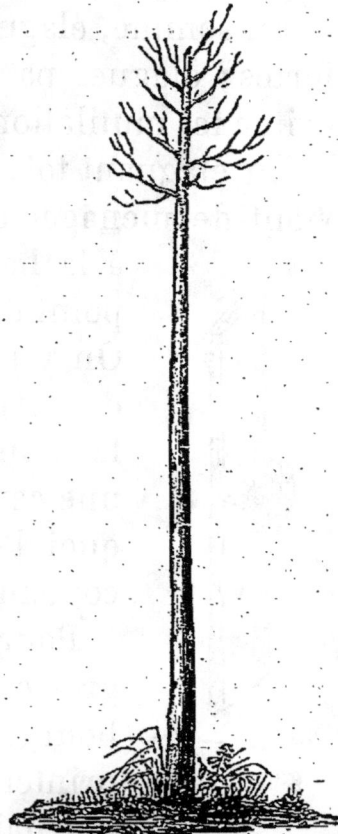

Fig. 17. — Arbre élagué
et écimé.

de greffage employé. Nous y reviendrons au chapitre vi, consacré aux Procédés de greffage.

L'étêtage, indispensable aux greffes en tête, se fait au moment du greffage ; de cette façon la plaie ne s'envenime pas, puisqu'elle sera engluée aussitôt la greffe posée. Cependant lors-

3.

qu'on opère sur de gros arbres, il est bon de tronçonner le sujet quelques semaines à l'avance. Il en est de même pour les greffages pratiqués à la montée de la sève et qui nécessitent l'amputation du sujet ; pendant le repos de la végétation, et après les grands froids, on aura préalablement coupé la tête du sujet à 0ᵐ,10 environ au-dessus de l'endroit désigné pour recevoir la greffe. Au moment du greffage, on tronçonne définitivement, ou bien l'on se contente de rafraîchir la plaie, en réduisant le moignon de quelques millimètres ; de telle sorte que le greffage aura lieu sur une partie vive et saine.

L'étêtage préalable, avant la montée de la sève, offre aussi, pour les grandes exploitations, l'avantage de retarder la végétation, et de permettre par là de prolonger plus longtemps la possibilité du greffage avec chances de succès.

Si l'on peut opérer le tronçonnement du sujet au-dessus d'un bourgeon, le rôle provisoire de ce dernier sera d'attirer et d'entretenir la sève vers la greffe, — action très importante — on le supprimera quand le greffon aura son développement assuré.

Les greffages de côté ne nécessitent point l'ablation capitale du sujet. Il suffit que la place soit nette, et qu'on élague les ramifications qui se développent à son endroit, sur une longueur de 0ᵐ,10 ; les branches du dessus continueront à attirer la sève, et celles du dessous à faire grossir le sujet.

Pour les greffages d'été, l'élagage, aussi modéré que possible, doit être pratiqué un mois avant le moment de greffer ; le fluide séveux, ralenti par cette opération, reprendra son activité et facilitera le succès du greffage. Avec un délai moindre, le retranchement des rameaux superflus provoquerait un arrêt de sève contraire à la reprise de la greffe. Il vaudrait mieux, dans ce cas, n'élaguer qu'au moment de greffer ; la soudure serait terminée lors du ralentissement de la végétation.

Ces travaux doivent être exécutés avec des instruments bien acérés, et par un ouvrier habile qui saura éviter de meurtrir le sujet ou de laisser des chicots chargés de sous-yeux.

Les arbres résineux ne sont point assujettis à ce travail préparatoire.

Lorsque l'on craint de voir la sève du sujet arrêtée en plein été, de manière à empêcher son greffage, on excite la végétation par des arrosements combinés, des binages et un paillis.

Il est une manière de greffer sur laquelle nous reviendrons quelquefois, le *greffage au coin du feu* ou *sur les genoux*, appliqué dans les pépinières au greffage par rameau, pendant le repos de la sève. Les sujets sont déplantés et rentrés sous un hangar ; on les greffe ainsi à l'abri des intempéries ; on les met ensuite en jauge ou en place définitive.

Dans les pays froids, tels que l'Allemagne du Nord, la Suède, la Russie, où l'hiver dure longtemps, où la période courte et active du printemps laisse peu de latitude aux travaux du jardinage, on rentre, à l'automne, les plants en cave. Là, on les greffe, on emboue la racine et on les enjauge dans du sable, tout étiquetés ou numérotés. Aussitôt la gelée et les neiges disparues, on sort de la cave les sujets greffés pour les planter en pépinière.

Les horticulteurs de l'Amérique du Nord ont recours à ce système ; ils rentrent également les plants et les racines de sauvageons extirpés dans les bois, sur lesquels ils grefferont des espèces cultivées, et les conserveront en cave, provisoirement, en attendant les beaux jours.

CHOIX DES GREFFONS.

On nomme greffon l'arbre, le rameau ou le bourgeon que l'on greffe sur le sujet et que l'on désire propager. Quand le greffon n'est pas un végétal complet, le végétal qui fournit le rameau ou le bourgeon-greffon est appelé *porte-greffes, étalon, mère.*

Le greffon doit être de bonne qualité, sain, rustique ; en un mot, parfaitement constitué.

Un greffon vicié propage le mal qu'il possède ; le mauvais choix répété sur plusieurs générations amène une détérioration de la variété. On dit alors qu'elle a dégénéré ; mais la dégénérescence n'est que locale, et non générale. La preuve en est fournie par les branches d'arbres à feuilles panachées. On propage la panachure par le greffage ; et la variété type n'en reste pas moins exempte de la chlorose. Cependant si le mal n'est pas visible comme l'est une panachure, on se rendra complice de la dégénérescence en multipliant des greffons défectueux.

On ne saurait puiser avec indifférence des greffons à une source inconnue. Dans une exploitation de pépinière, on attache, avec raison, une grande importance aux arbres-étalons, à leur état robuste, à l'identité de leur variété ; car ils deviennent arbres d'étude, en même temps que porte-greffons. On les soumet à la taille pour en obtenir un plus grand nombre de rameaux ; mais on aura soin de conserver alternativement, d'une année à l'autre, quelques branches non taillées, si l'on veut avoir en été des greffons d'une maturation plus précoce. Les rameaux qui se développent au sommet d'une branche non taillée s'aoûtent plus promptement que les autres.

Le *greffon-arbre*, qui est un végétal complet, devra être planté depuis un an au moins, à proximité du sujet sur lequel on projette de le greffer.

Le *greffon-rameau* sera détaché de l'arbre porte-greffe au moment d'être employé. Pour les greffages pratiqués pendant le repos de la végétation, le rameau aura pu être coupé quelque temps à l'avance, mais lorsque la sève était arrêtée. On le conservera en bon état jusqu'à l'époque du greffage, en l'enterrant de $0^m,10$ à sa base, à l'ombre d'un bâtiment ou d'un arbre vert; les longs rameaux seront enterrés sur une plus grande longueur, inclinés obliquement dans la rigole. Ils se conserveraient plus longtemps encore, dans une cave glacière, enfouis horizontalement dans du sable gravier assez fin, comme le sable à pavage.

Le *greffon-œil* sera isolé du rameau qui le porte, au moment d'être appliqué sur le sujet.

Les *rameaux-greffons* effeuillés supporteront facilement un voyage à court délai, pendant le repos de la sève, à la condition d'être tenus frais ; on les entoure de mousse, et on enfonce leur extrémité inférieure dans une poignée de terre glaise ou dans un tubercule. A leur arrivée, on les plongera quelques heures dans l'eau, puis on les enterrera à l'ombre. Quand ils sont ridés, on doit les coucher de toute leur longueur dans une rigole, et les laisser ainsi enterrés pendant deux ou trois semaines. On aura les mêmes précautions à l'égard des rameaux expédiés pendant la végétation, par la voie postale ou par tout autre mode de transpport rapide. Éviter d'entourer de mousse humide les greffons en sève ou destinés à un long voyage; la sciure de bois serait préférable.

Les *rameaux-greffons* destinés aux greffages de printemps, seront détachés dans le courant de l'hiver, en tout cas avant que la sève ait fait mouvement, par une température sèche et pas trop froide: lorsqu'il gèle fort, une partie du cambium se retire des jeunes rameaux, qui ne sont plus alors dans leur état normal. On les assemble en petits ballots coniques, dont la base est formée par les extrémités de coupe, qu'on laisse à nu, tandis que l'on entoure de paille la partie supérieure. Ces petits ballots seront ensuite placés par leur base sur une couche de sable sec, dans une cave modérément humide, hermétiquement fermée et non éclairée. Dans les grandes pépinières, où l'opération du greffage de printemps doit nécessairement demander un certain temps, une glacière est d'une grande ressource. En y aménageant une chambrette contiguë, au niveau du sol, on y conservera intacts les greffons, très tard dans la saison, sans que le mouvement de la sève se fasse sentir dans leurs tissus.

Dans les pays du Nord, où les froids persistent jusqu'en mai-juin et sont subitement remplacés par la chaleur, on praline dans le mastic, au moment du greffage, la partie du greffon qui doit rester exposée à l'air.

V. — GREFFAGE SOUS VERRE.

PRÉCEPTES GÉNÉRAUX.

Un certain nombre de végétaux doivent être multipliés à l'abri des intempéries, sous cloche, en bâche ou dans la serre. Tels seraient les arbres et arbustes verts, les végétaux délicats ou rares, les nouveautés.

L'égalité dans l'état de végétation et dans le degré de température, la privation d'air du sujet greffé ou plutôt la concentration dite *à l'étouffée* et l'absence des influences contraires facilitent singulièrement la soudure de la greffe.

Le sujet est un jeune plant que l'on met en pot à l'air libre, où il végète pendant une saison environ. On le rentre à l'abri lorsqu'il s'agit de le greffer. On rencontre cependant un certain nombre d'arbrisseaux qui peuvent être greffés lors de la mise en pot du sujet : les Houx, les Rhododendrons, les Biotas nains, et la majorité des arbustes verts dont les racines se groupent volontiers pour former une motte.

En outre du plant enraciné, le sujet pourrait être une racine munie de son collet ou un simple fragment radiculaire et souvent un rameau-bouture non raciné. Comme le plant complet, la racine-sujet pourrait être nue, ou mise en pot, et légèrement chauffée pour exciter son fluide séveux au moment du greffage.

Quant au mode de greffage, l'opérateur décide s'il appliquera la greffe en fente, en placage, à l'anglaise ou en incrustation. Si le sujet est à racine nue, la greffe en placage conviendra, parce que le sujet conserve des bourgeons au-dessus de la greffe, à titre d'appelle-sève. Avec un sujet élevé en pot, ou greffé sur tige, l'absence d'appelle-sève a moins d'inconvénient.

Deux saisons conviennent au greffage sous verre : de janvier en mars, de juillet en septembre. Les espèces à feuilles caduques seront greffées assez tôt pour qu'elles puissent végéter avant la chute des feuilles.

La multiplication se fait *à froid*, sans le concours d'aucune chaleur forcée ; il suffira de l'abri concentré du verre. Donc, point de fumier, point de thermosiphon.

Les sujets greffés n'étant pas soumis à l'action du soleil, de la gelée et d'autres influences atmosphériques, l'engluement des greffes est inutile ; mais il leur faut une ligature solide, fil ou coton.

Pendant les grandes chaleurs, on badigeonne le vitrage (serres, châssis, cloches), extérieurement, avec de la couleur verte, dite vert anglais, à la colle, additionnée de blanc d'Espagne, ou avec du blanc d'Espagne délayé dans de l'eau et du lait. On pourrait l'ombrager avec des paillassons, des toiles ou des claies composées de ramilles de genêt, de bruyère, de bouleau. Ces accessoires, imprégnés de sulfate de cuivre, se détériorent moins vite et ne sont pas attaqués par les insectes et les rongeurs.

Greffage sous cloche. — Ce procédé est le plus simple des greffages sous verre. Il n'exige aucune construction, des cloches en verre suffisent. Nous l'avons particulièrement remarqué, à Orléans, chez MM. Dauvesse, Desfossé-Thuillier, Transon frères. Nos confrères en attribuent le succès à la nature du sable de la Loire.

Une bande de terrain sous forme de parallélogramme, vulgairement une *planche*, est composée de sable-gravier de rivière, et supporte deux ou trois rangs de cloches ordinaires.

En février-mars, quelquefois en juillet, on greffe les sujets en pot, et on les enterre par groupes, dans le sable, sous les cloches. On enfonce le bord de la cloche dans le sable, de manière à étouffer littéralement les plantes qu'elle abrite. On la laisse ainsi pendant six semaines. A partir de ce moment, la reprise des greffes est assurée; on commence à soulever les cloches insensiblement pendant huit jours; puis on les enlève tout à fait; mais on ombragera encore les jeunes plantes avec des toiles ou des claies. Enfin on les aère totalement, avant de les livrer à la pleine terre.

Les sujets sont élevés en pot à l'avance; toutefois on pourrait greffer les plants au moment de leur empotage. Il arrive même, avec les arbres verts qui se tiennent en motte, que l'on

greffe les plants à racine nue. On les plante ensuite sous la cloche, dans un compost de bonne
terre ; et on les mettra en pot seulement deux
mois après, lorsqu'on les relèvera de l'étouffée.

Le greffage d'automne, sous cloche, réussit
moins bien ou entraîne à une surveillance plus
minutieuse. Pendant l'hiver, on garnit les
rangs de cloches avec des feuilles sèches, et on
les couvre de paillassons. Mais il est bien rare
que les hivers rigoureux n'y laissent pas des
traces fâcheuses.

La greffe en placage est moins employée sous
la cloche en plein air, parce que l'humidité,
plus fréquente que dans la serre, y nuit à la
soudure du placage.

Greffage en bâche. — La bâche se compose
d'un coffre en bois, en ciment, en pierre ou en
maçonnerie, haut de 0m,60, dont moitié en
terre, et l'autre moitié hors de terre. Si, par
suite de la hauteur des sujets, on construit le
coffre plus profond, on creusera davantage le
sol ; la partie hors de terre restera la même.

La bâche supporte un châssis vitré ; par conséquent on lui donnera une largeur égale à la
largeur du châssis, soit environ 1m,33.

Les jointures des châssis entre eux ou avec
la bâche seront capitonnées de mousse, afin
d'empêcher l'action de l'air extérieur.

Au fond de la bâche, on étend un lit de sable, de tannée, de cendre de houille ou même

de terre ordinaire, pour y placer les sujets en pot dès qu'ils ont été greffés.

Sous bâche, le greffage est préférable en août; c'est-à-dire que le multiplicateur greffe les sujets dans son laboratoire, vers le mois d'août (de juillet en septembre), et les place aussitôt sous la bâche. Le greffage en février-mars est également convenable.

La soudure de la greffe n'arrivant guère qu'après cinq ou six semaines de greffage, il faudra bien se garder d'aérer la bâche avant cette époque. Après, on soulèvera modérément le châssis avec une crémaillère, pendant quelques heures de la journée, lorsque la température sera chaude.

Si le soleil est ardent, il convient d'en amortir les effets sur les végétaux délicats, en ombrageant par des claies ou des toiles étendues sur le vitrage, ou par le badigeonnage des châssis. Mais pendant les premières semaines, on couvrira les châssis avec des paillassons. C'est un moyen de produire l'*étouffée* sous la bâche.

Greffage dans la serre. — La serre à multiplication dont nous figurons ici le modèle (*fig.* 18) est d'une construction simple.

Elle est enfoncée de 0ᵐ,50 à 1 mètre dans le sol; un lit de 0ᵐ,10 de sable et débris de charbon de terre en assainit le fond. Le mur d'enceinte a 0ᵐ,40 d'épaisseur; la hauteur intérieure de la serre est de 2 mètres, et la longueur des châssis vitrés formant le double toit est de 1ᵐ,33.

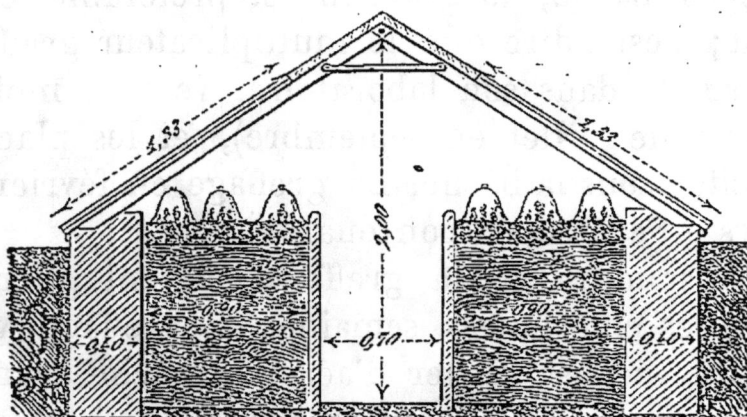

Fig. 18. — Serre à multiplication.

Deux bâches intérieures de 0ᵐ,90 de large, séparées par le chemin de service de 0ᵐ,70, sont destinées à recevoir les sujets dès qu'ils sont greffés.

Ces bâches sont remplies de tannée, de sable, de cendre de houille ou de terre. Ayant ainsi la place pour deux bâches, on pourrait remplacer l'une d'elles par une tablette; on utiliserait le dessous de cette tablette pour y loger les sujets en pot prêts à recevoir la greffe.

La bâche, pouvant aider à élever des sujets par bouturage ou à faire réussir des plants soumis à la greffe-bouture et à quelques opérations d'hiver, aurait alors le fond garni par une couche de fumier mélangé de feuilles d'arbre; les feuilles servent à entretenir la chaleur du

fumier ; les déchets de coton, mélangés au fumier, auraient également pour effet de prolonger la durée de la chaleur de la couche.

La chaleur est inutile au greffage sous verre ;
on le pratique à froid, en février et en septembre.

Les sujets étaient greffés dehors ou dans la
serre, on les groupe, aussitôt greffés, sur la bâche
ou sur la tablette, autant que possible par espèces
semblables ou analogues. On les recouvre d'une
cloche de verre, qui les tiendra à l'étouffée
pendant une période de six à huit semaines.

Tous les cinq ou six jours, on essuie la *buée*
condensée sur la paroi intérieure de la cloche ;
et on a soin de replacer la cloche de manière
que les groupes de sujets soient enfermés hermétiquement. La conservation de la buée serait
moins pernicieuse que l'oubli de recouvrir et
d'étouffer les greffes.

Pendant les grandes chaleurs, on peut ombrager les cloches avec une feuille de papier
gris, ou badigeonner extérieurement le vitrage
de la serre. Les végétaux conifères sont plus
robustes que les arbustes à feuillage persistant,
mais réclament les mêmes précautions quand
la chaleur extérieure est forte, et la greffe non
encore soudée.

Dès que la soudure de la greffe est complète,
ce qui arrive dans l'espace de six à huit semaines, on enlève la cloche, et on laisse ainsi,
pendant trois ou quatre semaines, le sujet

greffé, dégagé de la cloche, mais abrité sous le vitrage de la serre.

Si l'on a besoin de l'emplacement, on peut transporter immédiatement les plantes dans une bâche, sous châssis.

Soins après le greffage sous verre. — Après le greffage, les sujets sont restés six ou huit semaines à l'étouffée; dès que l'agglutination en a été constatée, on les a laissés sous verre en les aérant sous la bâche au greffage, ou en les dégageant de la cloche.

Si le greffage a été pratiqué à l'automne, on laissera sous bâche les plants qui s'y trouvent greffés, et l'on mettra également sous bâche vitrée ceux qui ont été greffés dans la serre. Ils y passeront l'hiver. Une fois le printemps venu, on soulève le châssis dans la journée; au mois de mai, on transporte en plein air les sujets greffés, mais au nord d'une construction ou d'une haie d'arbres verts.

Si le greffage a été fait au printemps, on sortira, vers le mois de mai, les plants greffés sous cloche ou sous bâche vitrée, et déjà habitués à l'air, pour les porter à l'ombre des *abris*.

On sortira les sujets greffés en serre pour les faire séjourner pendant un mois sous un châssis; pendant les fortes chaleurs, on ombragera dans la journée, et on découvrira la nuit; puis on les transportera à l'ombre avant de les soumettre à l'air libre.

Dans les pépinières, l'abri se compose d'une ligne d'arbres verts, à feuillage compacte et soumis à la tonte, généralement en Thuia de Chine (*Biota Orientalis*), souvent aussi en Thuia du Canada (*Thuia Occidentalis*), et dirigée de l'est à l'ouest, afin de présenter une façade plein nord. Les arbres verts sont plantés à $0^m,60$. On peut établir plusieurs abris par des rangs d'arbres, espacés de 2 mètres au moins, en supposant que les sujets soient étêtés à 2 mètres de hauteur environ. Des abris plus élevés devraient être distancés en conséquence, afin de ne pas occasionner une trop grande privation d'air. Au moment de placer les arbustes auprès des abris, on les change de pot en les empotant dans un vase plus grand.

On les enterre au pied des abris, par lignes groupées formant plate-bande. Ils y séjourneront pendant une année ou deux, dans les mêmes pots. On les changera de vase, lorsqu'ils se seront suffisamment développés dans le précédent. Suivant leur nature, on pourrait continuer à les placer auprès des abris, ou à les livrer à la pleine terre, ou bien à les soumettre à l'intermédiaire de l'*ombrelle* ou *écran*.

L'*ombrelle* est une ligne d'arbres à feuilles caduques, plantés dans les mêmes conditions que les arbres verts des *abris*. Le Charme, le Hêtre, le Tamarix, le Tilleul et même les Poiriers à racines pivotantes, avec branches tailllées en rideau conviennent à cette destination.

Chaque fois que l'on change les arbustes de place, en pleine terre ou en vase, on entoure la racine d'un compost qui se rapproche davantage de la terre qui leur sera donnée en dernier lieu. Les terres de bruyère mélangées de sable d'alluvion conviennent au premier âge. Les végétaux ligneux préfèrent une nourriture substantielle aux engrais fermentescibles ou de courte durée.

Les poteries ouvertes sur le côté par quelques rainures longitudinales conviennent à l'élevage des arbres et arbustes en pot.

Les arbustes greffés sous verre ont ainsi accompli les diverses phases d'acclimatation, de domestication qui les ont amenés à la culture à l'air libre et en pleine terre. Désormais, ils rentrent dans la loi générale.

VI. — PROCÉDÉS DE GREFFAGE.

Les procédés de greffage sont très nombreux. Ils varient à l'infini, suivant les conditions où l'on se trouve ; le plus souvent, le hasard ou la fantaisie leur ont donné naissance.

Prenant pour base notre expérience et nos observations, nous décrirons les modes de greffage qui présentent un avantage appréciable. En les modifiant, on en augmentera le nombre ; mais les uns et les autres se rapporteront aux types

que nous présentons, ou seront appelés à rendre
les mêmes services.

Le classement méthodique des systèmes de
greffage devient difficile, en présence de leur
multiplicité. Les lignes insaisissables de démar-
cation, les noms consacrés par l'usage s'oppo-
sent à l'agencement d'une classification irréprochable. Toutefois on s'accorde à grouper les
procédés de greffage en trois grandes divisions :

Les greffages en approche ;

Les greffages par rameau détaché ;

Les greffages par œil ou bourgeon détaché.

Nous donnerons dans la partie descriptive, à
chaque subdivision de greffage, un titre qui rap-
pellera le genre d'opération à pratiquer.

Voici, d'ailleurs, l'ordre dans lequel nous
avons inscrit les divers procédés :

§ I. GREFFAGE PAR APPROCHE.

    Groupe 1. — *Greffage par approche ordinaire.*

        Greffe par approche en placage.

        Greffe par approche en incrusta-
tion.

        Greffe par approche à l'anglaise.

        Greffe par approche en tête.

    Groupe 2. — *Greffage par approche en arc-bou-
tant.*

        Greffe en arc-boutant avec œil.

        Greffe en arc-boutant avec rameau.

§ II. GREFFAGE PAR RAMEAU DÉTACHÉ.

    Groupe 1. — *Greffage de côté.*

        Greffe de côté sous l'écorce.

        Greffe par rameau simple.

Greffe par rameau avec embase.

Groupe 2. — *Greffage en couronne.*
Greffe en couronne ordinaire.
Greffe en couronne perfectionnée.

Groupe 3. — *Greffage en placage.*
Greffe en placage ordinaire.
Greffe en placage en couronne.
Greffe en placage avec lanière.

Groupe 4. — *Greffage en incrustation.*
Greffe en incrustation en tête.
Greffe en incrustation de côté.

Groupe 5. — *Greffage dans l'aubier.*
Greffe dans l'aubier, en tête.
Greffe dans l'aubier, de côté.
Greffe avec entaille droite.
Greffe avec entaille oblique.

Groupe 6. — *Greffage en fente.*
Greffe en fente ordinaire.
Greffe en fente simple.
Greffe en fente double.
Greffe en fente de biais.
Greffe en fente terminale.
Greffe terminale, ligneuse.
Greffe terminale, herbacée.
Greffe en fente sur bifurcation.

Groupe 7. — *Greffage à l'anglaise.*
Greffe anglaise simple.
Greffe anglaise compliquée.
Greffe anglaise au galop.
Greffe au galop, simple.
Greffe au galop, double.
Greffe anglaise à cheval.

Groupe 8. — *Greffage mixte.*

Greffage par bouture.

Greffe par greffon-bouture.
Greffe par sujet-bouture.
Greffe par double bouture.

Greffage sur racine.

Greffe d'un végétal sur ses racines.
Greffe sur racine distincte.

Greffage de boutons à fruits.

§ III. Greffage par œil ou bourgeon.

Groupe 1. — *Greffage par écusson.*

Écussonnage sous l'écorce ou par inoculation.

Écussonnage ordinaire.
Écussonnage par incision cruciale.
Écussonnage par incision renversée.

Écussonnage en placage.
Écussonnage combiné.

Groupe 2. — *Greffage en flûte.*

Greffe en flûte ordinaire.
Greffe en flûte avec lanières.

§ Ier. — GREFFAGE PAR APPROCHE.

PRÉCEPTES GÉNÉRAUX.

Le greffage par approche est le plus ancien de tous ; les auteurs de l'antiquité en ont parlé. La nature en fournit des exemples dans les forêts, dans les haies, dans les charmilles, où l'on rencontre des arbres unis entre eux dans leurs parties aériennes ou souterraines, par suite de leur contact intime, de leur frottement prolongé.

Le greffage par approche consiste donc à souder deux arbres par leur tige ou leurs branches. Dans certains cas, c'est une branche du sujet qui sera greffée sur lui-même.

L'époque de greffer en approche commence avec la sève et finit avec elle, de mars en septembre. Le sujet et le greffon sont à l'état ligneux ou herbacé, l'opération reste la même.

Avec le greffage par approche, on n'effeuille pas le greffon, comme avec d'autres systèmes, parce que le greffon reste adhérent à l'arbre-mère, ou garde ses racines en terre au moment de son application sur le sujet.

On entame le sujet et le greffon au moyen d'une ablation de bois et d'écorce identique sur les deux parties, de manière à les faire joindre intimement, en les réunissant. Pour faciliter la soudure, on applique une ligature et un engluement; on y ajoute un tuteur s'il s'agit de deux arbres distincts.

Après une saison au moins de végétation, quand la liaison est bien assurée, on procède au *sevrage;* l'élève est isolé de la mère et vivra de ses propres éléments.

Nous établissons deux catégories de greffes en approche : les procédés ordinaires pour lesquels on conserve la sommité du greffon lors de son application sur le sujet ; et les procédés dits en

4.

arc-boutant, où le greffon écimé sera inoculé par son sommet sous l'écorce du sujet.

Groupe I.

GREFFAGE PAR APPROCHE ORDINAIRE.

Le greffon est un arbre ou une branche appartenant à un arbre distinct du sujet, ou un rameau appartenant au sujet lui-même. Le sommet du greffon est gardé tout entier, au-dessus de son point de contact avec le sujet ; cependant, s'il est trop long, on le taille au-dessus de la greffe : à deux ou trois yeux, s'il s'agit d'un rameau ; à $0^m,10$, ou $0^m,20$ ou $0^m,30$, si le greffon est une branche ramifiée.

Le mode d'assemblage du sujet avec le greffon constitue divers procédés qui empruntent leur nom à d'autres méthodes de greffage : en placage, en incrustation, à l'anglaise.

Nous signalerons pour mémoire le greffage par approche *en travers* ou en biais ; le greffon s'incruste dans l'écorce du sujet, obliquement de droite à gauche ou de gauche à droite. Forsyth, arboriculteur anglais, a été un des premiers à l'indiquer dans la réfection des arbres. Les Japonais greffent ainsi les variétés de l'Erable polymorphe, et nous employons quelquefois ce procédé pour garnir des branches de Pêchers dénudés, quand il n'y a pas moyen de faire mieux.

Greffe par approche en placage (*fig.* 19).
— Le greffon (A) subit une taille en *a* qui enlève les couches d'écorce et d'aubier. Le sujet B

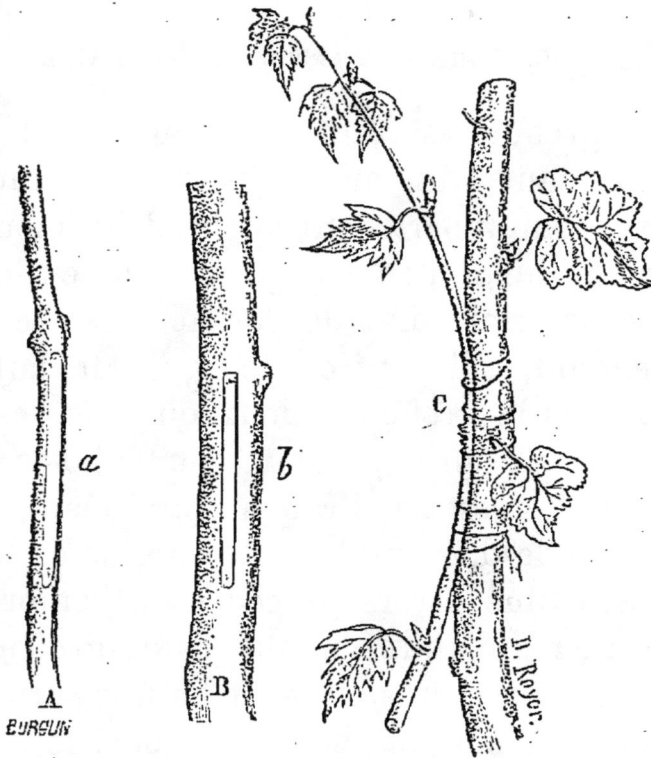

Fig. 19. — Greffe par approche en placage (Bouleau).

est entamé en *b*, jusqu'à l'aubier, par une rainure à fond plat d'une dimension combinée avec
la plaie (*a*) du greffon. Avec le métrogreffe
(*fig.* 10) on peut éviter d'enlever sur le sujet un
lambeau d'écorce trop large ou trop étroit. Les
deux parties sont réunies en C. On ligature aux
points de contact; l'engluement est rarement
nécessaire, sauf quand la sève est au repos.

Greffe par approche en incrustation
(*fig*. 20). — Le greffon (D) est légèrement avivé
(*d*) sur deux faces. Le sujet (E) est préparé (*e*) par

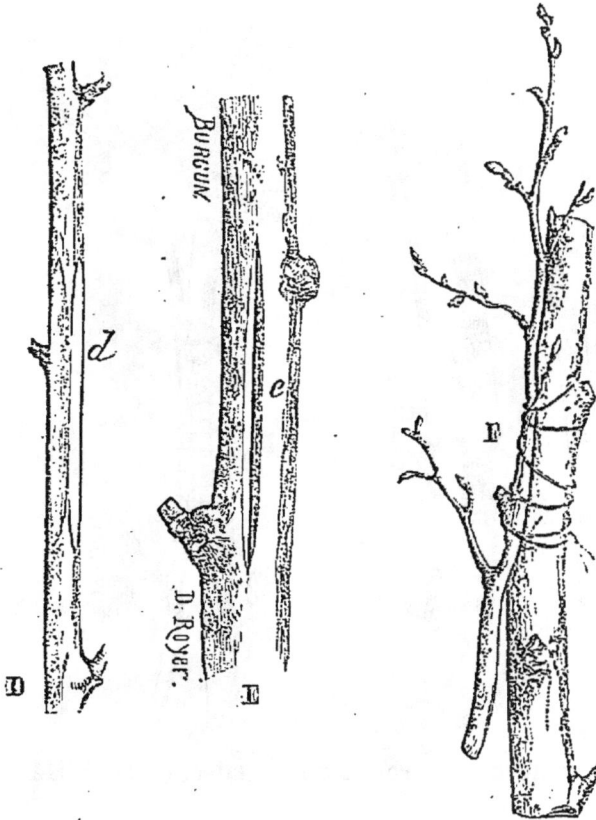

Fig. 20. — Greffe par approche en incrustation (Aune).

une ouverture angulaire dans laquelle le biseau
(*d*) du greffon devra s'incruster parfaitement,
comme on le voit en F. Ce greffage est applicable
aux espèces à bois dur, ou lorsque le greffon a
une forme angulaire elliptique, et non arrondie.

Un greffeur habile se sert du greffoir ou de

lla serpette pour pratiquer l'entaille ; l'amateur préférera probablement la gouge angulaire.

Greffe par approche à l'anglaise, de côté

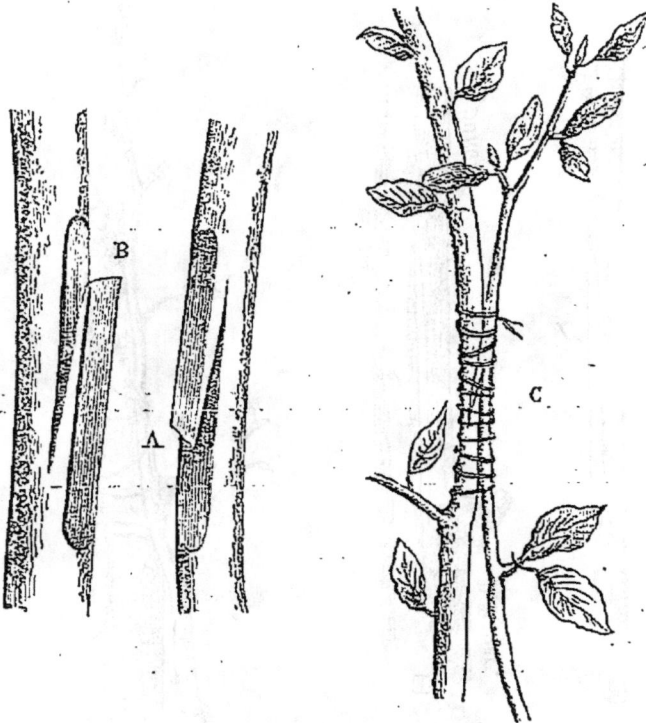

Fig. 21. — Greffe par approche à l'anglaise, de côté (Hêtre).

(*fig*. 21). — Il est un moyen de consolider naturellement la greffe par approche : c'est en ouvrant sur les deux parties, où l'écorce est avivée, une série de languettes et d'encoches réciproques (A et B, *fig*. 21) qui viennent s'assembler en C.

Nous donnons plus loin, à l'article VIGNE, l'exemple de plants greffés en approche à l'anglaise et buttés de terre ; des sarments-bou-

tures, rapprochés et entés de même avant leur
radification, y sont également représentés.

Greffe par approche à l'anglaise, en tête

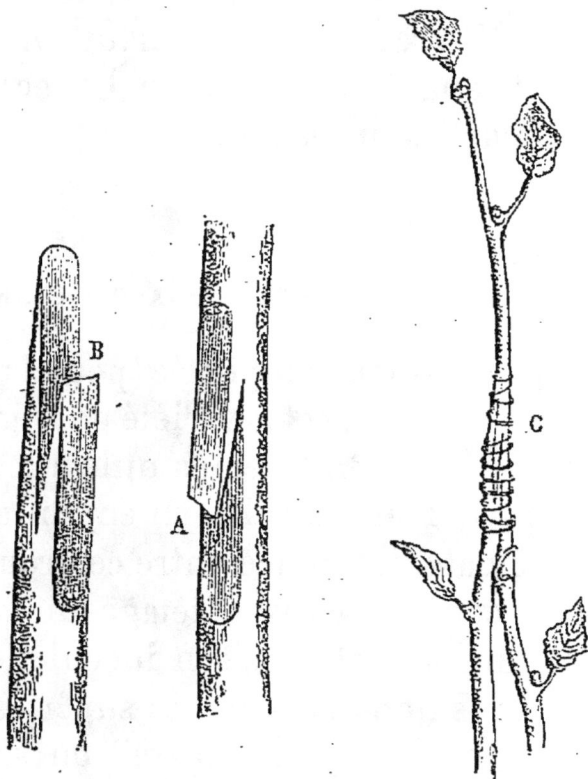

Fig. 22. — Greffe par approche à l'anglaise, en tête (Noisetier).

(*fig.* 22). — La greffe par approche à l'anglaise
ci-dessus est *de côté*, mais quand on redoute une
agglutination trop lente, et si les circonstances le
permettent, on opère en tête du sujet. Au moment
du greffage, on étêtera le sujet (B, *fig.* 22) immédiatement au-dessus d'un bourgeon, qui fera
fonction d'appelle-sève. On y amène le greffon
(A) pour bien s'assurer des points de contact ;

alors on taille le sommet du sujet en biseau; au tiers, on pratique un petit cran de haut en bas. Le greffon sera légèrement écorcé sur une étendue analogue; on ouvrira aux deux tiers un petit cran de bas en haut. Assembler encoche et languette, ligaturer (C), enfin mastiquer les parties mises à nu.

Groupe 2.

GREFFAGE PAR APPROCHE EN ARC-BOUTANT.

Plus spécialement employée pour la restauration des végétaux, cette variété de la greffe en approche est en même temps utile à leur multiplication. On l'emploie d'avril en juillet.

La principale différence entre ce groupe et le précédent consiste dans l'étêtage du greffon, arbre ou rameau, et dans son inoculation sous l'écorce du sujet. La coupe supérieure du greffon est pratiquée sous un œil ou sous une ramification, de manière que l'un ou l'autre se trouve enchâssé dans le sujet après inoculation. Le greffon sera écimé et taillé en biseau plat dit pied-de-biche, aminci au sommet jusqu'à extinction du liber, sur la face opposée à la naissance de l'œil ou du rameau qui constituera le développement du greffon; on inoculera ce sommet biseauté sur le sujet au moyen d'une incision en $\perp$ renversé. La place de l'incision est calculée d'après la longueur du greffon, mais on l'ouvre à 0ᵐ,02 plus bas ; de telle sorte que, pour introduire le greffon, on l'arque légèrement en lui imprimant un mouvement de retraite de haut en bas ; puis on le glisse sous l'écorce de l'incision, comme s'il s'agissait d'un arc-boutant.

Les deux modes principaux de greffage en arc-boutant ne sont applicables que pendant l'état de sève du sujet, au printemps ou en été.

Greffe en arc-boutant avec œil (*fig.* 23).

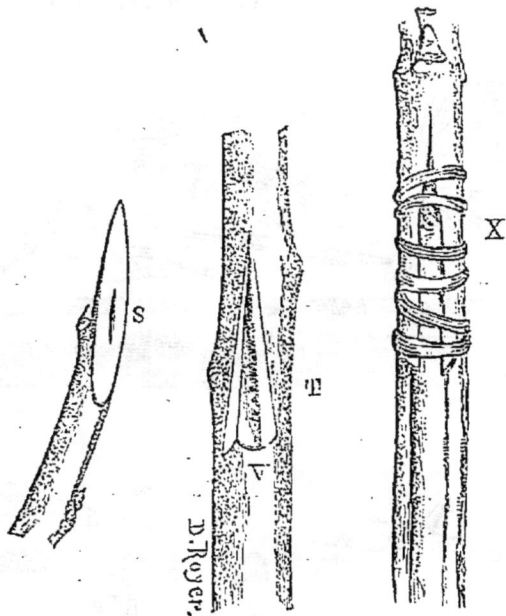

Fig. 23. — Greffe par approche en arc-boutant, d'un œil.

— L'œil étant choisi comme bourgeon terminal, nous taillons le greffon (S) en biseau plat aminci jusqu'au liber vers le sommet ; nous l'inoculons sous l'écorce du sujet (T), soulevée en V. Nous ligaturons (X) en ménageant l'œil du greffon.

placé sur le dos du biseau. L'œil du sujet, au-
dessus de la greffe, hâtera l'agglutination.

Quand l'écorce du sujet est épaisse, on pratique l'incision par un double trait longitudinal,
avec le métrogreffe ou le greffoir ; on y glisse le
greffon et on applique sur son extrémité la lanière d'écorce du sujet produite par la double
incision. Ni cette lanière ni la ligature ne doivent couvrir l'œil du greffon.

Greffe en arc-boutant avec rameau
(*fig.* 24). — Le greffon (L) portant un rameau

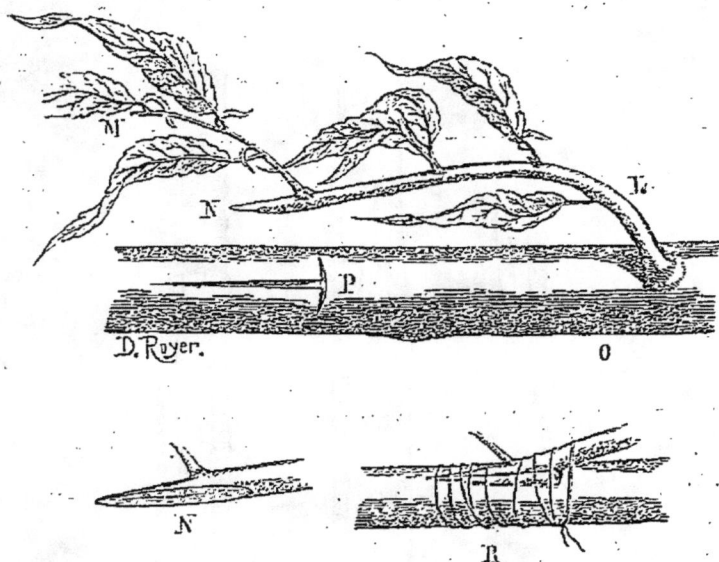

Fig. 24. — Greffe par approche en arc-boutant, d'un rameau.

anticipé (M) sera écimé à $0^m,02$ au-dessus, et
taillé en biseau plat (N) à l'opposé du rameau ;
on prendra garde d'affaiblir l'épaisseur du biseau
bec-de-flûte, sauf à la pointe qui sera amincie.

en lame de couteau jusqu'à l'écorce; et l'on ne retranchera pas les feuilles de la branche ni du greffon.

Le sujet est un arbre distinct ou une branche (O) portant le rameau-greffon. L'incision (P) y est pratiquée de manière que l'introduction du greffon s'obtienne comme on le voit en R. On ligature, et si la partie greffée est frappée par le soleil, on la couvre de boue ou d'onguent.

Le rameau (M) est conservé dans son entier ou taillé à deux yeux, suivant sa longueur. Il est dit *rameau anticipé*, s'il est né dans le cours de l'année sur le rameau-greffon herbacé, alors le greffage aurait lieu en été. Il est dit *rameau*, s'il est développé au printemps sur le rameau-greffon ligneux, ou l'année précédente sur la branche-greffon. Dans ce cas, le greffage aurait lieu d'avril en juin.

SOINS APRÈS LE GREFFAGE PAR APPROCHE.

L'emploi de deux sujets distincts conservant leurs rapports de végétation nécessite l'application de liens, de supports, de tuteurs ou de crochets (*fig.* 26), pour fixer les tiges et les branches greffées dans une position aussi invariable que possible.

Si la ligature a pénétré dans l'écorce du sujet, on l'enlève; et si l'on craint que l'agglutmation ne soit pas achevée, on place un nouveau lien.

Le soin le plus important consiste dans le *sevrage*.

Sevrage de la greffe par approche (*fig.* 25). — En horticulture, on entend par sevrage l'action d'isoler le sujet de la plante-mère, en coupant la branche ou la tige qui les relie, dès que l'élève peut se passer, pour vivre, du concours de la mère. Cette opération est le complément du greffage en approche.

Le sevrage de la greffe comprend une double opération :

1° Retrancher la tête du sujet, au delà de la greffe ;

2° Couper le rameau-greffon en deçà de la greffe.

Il est prudent de procéder graduellement dans l'ensemble et dans les détails de l'opération.

On commencera par couper la tête du sujet ; ensuite on détachera le greffon de la mère ; on procédera dans les deux cas par une série de retranchements successifs, afin d'éviter les réactions produites par des mutilations radicales. Plus les parties rapprochées par la greffe sont jeunes et vigoureuses, plus promptement s'opérera leur agglutination.

Écimage du sujet. — Étant donnée une greffe par approche de côté (*fig.* 25) les mutilations opérées sur la tête du sujet (B) peuvent

commencer quinze jours après le greffage, s'il a
été pratiqué au début de la sève et si les appa-

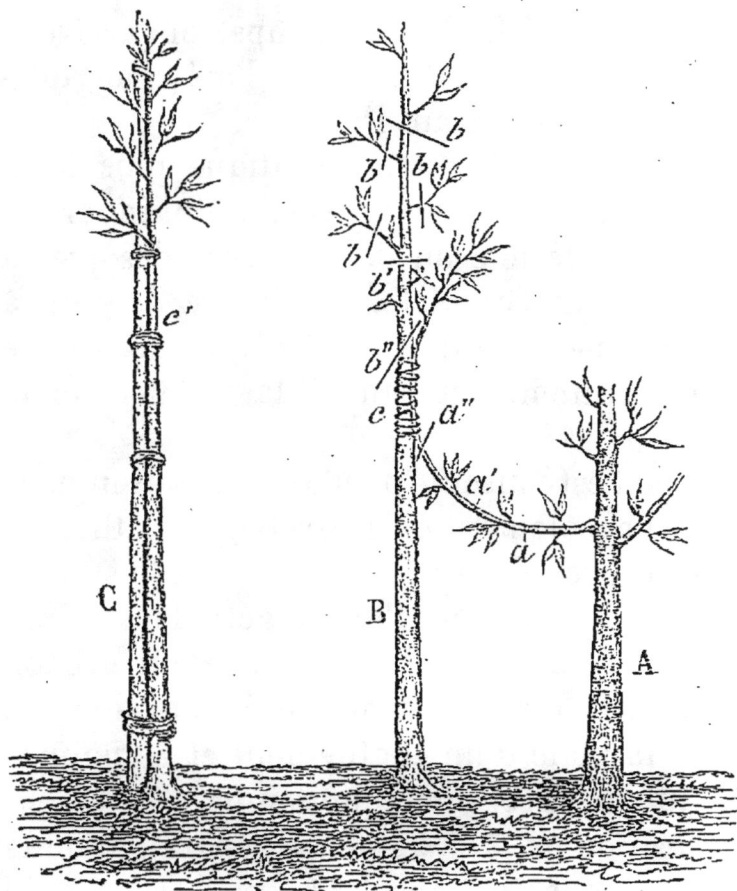

Fig. 25. — Sevrage de la greffe en approche.

rences de la réussite sont bonnes. On retranche
déjà les extrémités des branches (b) principales; huit jours après, on les rapproche à $0^m,10$
ou $0^m,20$. Quand la soudure est certaine, on
raccourcit la tige en deux ou trois fois, de manière à laisser un simple moignon de $0^m,10$ (b)

au-dessus de la greffe, et garni de petits rameaux d'appel, s'il est possible.

Avec une greffe de printemps, on arrive à ce demi-sevrage vers la fin de l'été; l'agglutination s'achèvera avant l'hiver.

Mais si le greffage a été pratiqué plus tard, on se bornerait, avant l'hiver, à diminuer les branches de la tête ou de la flèche, dès que la soudure serait complète. L'étêtage définitif à $0^m,10$ (b') au-dessus de la greffe (c) serait réservé pour le printemps suivant, à la montée de la sève.

L'onglet est conservé pendant une saison pour servir à l'accolement de la greffe, et à attirer la sève au moyen de ses bourgeons. On le supprimera (en b") lorsque l'on jugera la soudure complète et la force de résistance du greffon suffisante. Il n'y aurait aucun inconvénient à couvrir la plaie d'un engluement et à maintenir le tuteur encore quelque temps.

Séparation de la mère — La séparation de la mère est un acte important, en ce sens qu'il abandonne l'élève à ses propres ressources, l'arbre-mère n'étant plus appelé à le nourrir. On ne saurait donc procéder à ce travail avec trop de circonspection.

En principe, la séparation totale ne doit pas être accomplie avant qu'une saison complète de végétation ait passé sur la greffe (c). En fait, on devance quelquefois; nous ne pouvons recommander ce procédé. Le greffeur appréciera.

Toutefois, le greffon doit rester adhérent à la mère, tant que la liaison n'est pas un fait accompli. On en juge par le bourrelet qui se forme aux points de soudure du greffon sur le sujet et à la croissance ou à la végétation relative des deux parties.

En cas de doute, il convient d'agir prudemment, de préparer le jeune arbre à se nourrir sans le secours de l'arbre-mère. On l'y habitue en pratiquant des entailles ou des incisions sur le bras qui relie la mère au sujet. Une seule entaille (*a*) peut suffire ; mais on l'avive au bout de huit ou quinze jours en la rendant plus profonde. Au lieu d'une incision unique, on peut encore amener la séparation graduellement par une succession d'entailles, pénétrant l'écorce et le bois, ou d'incisions circulaires (*a'*), de bagues pratiquées sur le bras de la greffe ; on les commencerait à une certaine distance du point de contact avec le sujet, en les accentuant davantage et en les rapprochant de la greffe à chaque opération. Enfin, on arrive à couper net (*a''*) contre le sujet et l'on englue l'amputation s'il y a lieu.

On voit en (C), l'arbre greffé en (*c'*) vivant de ses propres forces et tenu pendant quelque temps avec un tuteur attaché au-dessous et au-dessus de la greffe ; ce protecteur lui donnera une direction rectiligne.

APPLICATION DU GREFFAGE PAR APPROCHE A LA
MULTIPLICATION DES VÉGÉTAUX.

Sous tous les rapports, il est préférable que
le greffon soit à proximité du sujet. Le travail
de la greffe en est simplifié.

Dans les pépinières bien ordonnées, on plante
les arbres-étalons dans les emplacements destinés au greffage par approche, soit avant la plantation des sujets, soit en même temps.

Si l'on plante des mères et des sujets assez
forts pour être greffés de suite, il faut attendre
une année au moins de végétation. Les racines
se lient au sol, et la soudure de la greffe est
plus certaine.

On choisit des arbres-étalons et des sujets
qui puissent être greffés avec succès; on leur
donne une forme élevée ou branchue, de manière à faciliter leur rapprochement au moment du greffage. Le même étalon peut servir
tout à la fois, ou à des époques différentes, au
greffage de plusieurs sujets.

La figure 26 expose plusieurs moyens de rapprocher, par la greffe, des sujets de dimensions
inégales, auprès d'un étalon commun.

Ici, le sujet, assez élevé, est greffé à haute
tige par un greffon placé à la même hauteur,
tandis que son voisin, trop grand, doit être penché vers le sol, pour se prêter au contact du

greffon ; celui-ci est opéré à haute tige, celui-
là à demi-tige, l'autre à fleur de terre. Parmi
les sujets plantés en pot, les uns seront placés

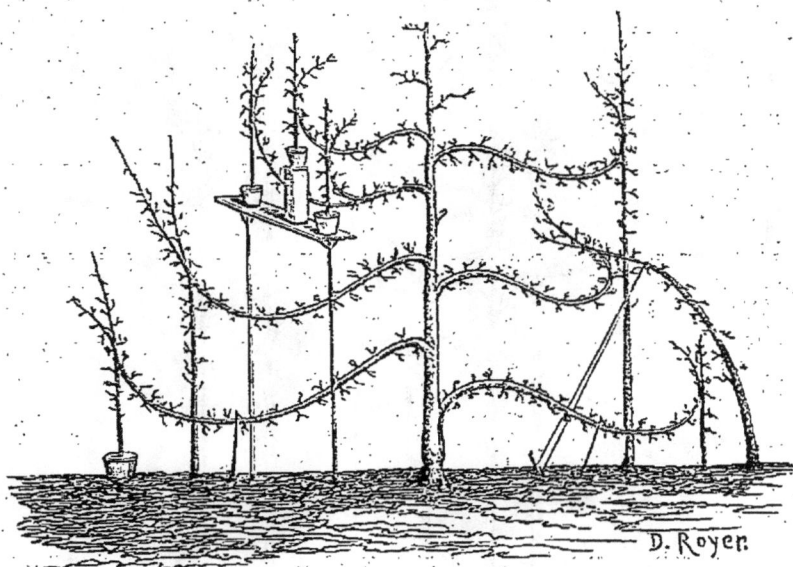

Fig. 26. — Greffage en approche de jeunes sujets auprès
d'un arbre étalon.

sur un support simple ou double qui les élève
à la hauteur de l'étalon, les autres recevront le
greffon, le vase restant enterré dans le sol, ce
qui leur est salutaire. Les sujets étant jeunes
et les greffons assez flexibles, on arrive ainsi à
les réunir aux endroits qui offrent le plus de
sécurité pour le greffage.

Dans les établissements commerciaux, on
possède quelquefois des arbres nouveaux en
petits exemplaires cultivés en pot. Si l'on tient
à les propager sur des arbres à haute tige, on

plante des sujets assez grands, et l'on amène
l'étalon à leur hauteur avec l'aide d'un support. La figure 27 fournit un échantillon de ce

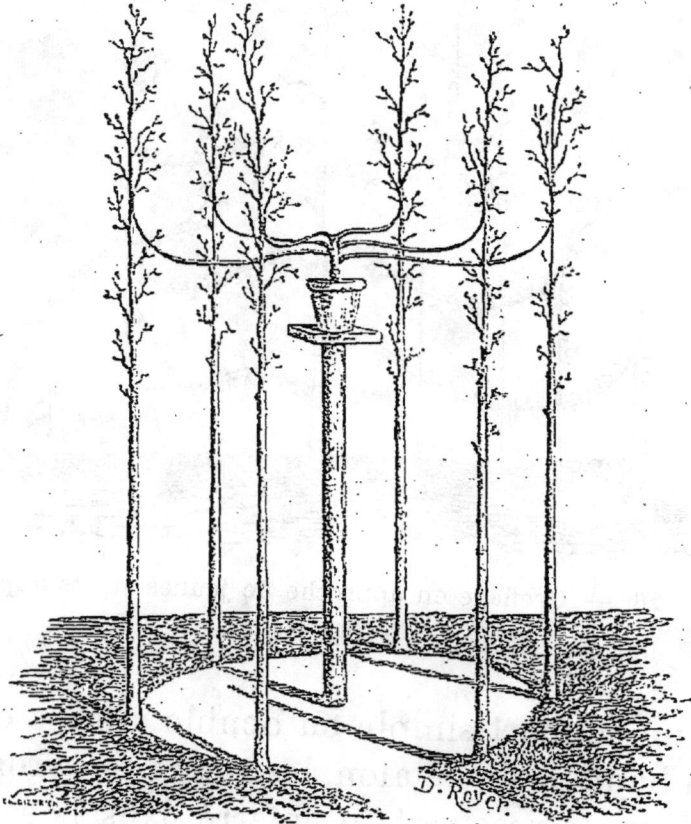

Fig. 27. — Groupe de sujets greffés par approche avec un étalon
élevé à leur hauteur.

genre de travail. Afin de soustraire l'étalon à
l'influence de la sécheresse prolongée, il conviendra de placer le vase dans un autre plus
grand, et de garnir l'intervalle avec de la mousse
que l'on tiendra humide, ou du sable fin qui
conserve mieux la fraîcheur.

Un exemple diamétralement opposé au précèdent se rencontre assez souvent dans les pépinières. L'arbre type est très fort et branchu ;
l'étendue de ses racines et l'ombre de son feuillage ne permettent guère la plantation de
jeunes sujets autour de lui. Pour le multiplier,
il suffira de cultiver en pot de jeunes plants ;
à partir de leur seconde année de végétation, on les transportera dans le branchage du
porte-greffes. A cet effet, on dresse un échafau-
dage à gradins, qui mettera les sujets à la por-
tée des rameaux multiplicateurs. Les pots étant
perchés sur une tablette, on les entoure d'un
lit de mousse, de tannée, de sable, ou autre
matière peu lourde, qui conserve la fraîcheur ;
car les arrosages y seront difficiles à pratiquer,
les pluies et les rosées naturelles se trouveront
interceptées par le feuillage de l'arbre.

Lorsque l'on consacre un arbre au rôle d'é-
talon dans la greffe par approche, il convient
d'exciter la sève à se porter vers les rameaux
multiplicateurs, surtout à dater de l'instant où
la greffe est commencée. Ainsi les branches
non employées au greffage seront élaguées ou
raccourcies, sans que l'arbre en soit affaibli ;
elles n'attireront plus à leur profit la sève, qui
refluera alors vers les parties soumises au greffage. Il résulte de cette opération une facilité
de renouveler chaque année le greffage par approche avec le même étalon. Les scions qui se

développent par la taille des branches non
greffées pourront servir à leur tour de greffons, l'année suivante, au moment où l'on
commencera à sevrer les sujets greffés anté-
rieurement.

§ II. — GREFFAGE PAR RAMEAU DÉTACHÉ.

PRÉCEPTES GÉNÉRAUX.

Le *sujet* est un végétal complet ou à peu
près, car nous emploierons quelquefois une
branche-bouture ou un *fragment de racine*. Il est
élevé sur place ou en pépinière; ou bien il a
été cultivé en pot pour être greffé sous verre, à
l'étouffée. Les sujets complets sont généralement greffés sur place; quelquefois, pour les
greffages pratiqués pendant le repos de la sève,
on déplante les sujets pour les greffer en jauge,
sous un hangar ou dans une cave; c'est ce que
l'on appelle *greffer au coin du feu* (V. p. 47).

Le *greffon* est un rameau ou une fraction de
rameau portant au moins un œil; sa longueur
est de 0ᵐ,04 à 0ᵐ,15. On emploie des greffons
plus courts pour les espèces à bourgeons rapprochés, ou d'une multiplication précieuse;
et plus longs, lorsque le greffage s'accomplit
dans un pays froid.

Le greffon peut être détaché à l'avance de
l'arbre étalon, quand la sève est au repos,
pour les greffages de printemps; on le con-

serve alors à l'ombre d'un bâtiment ou d'un arbre, la base enfoncée dans du sable-gravier fin. S'il ne doit être employé qu'après la montée de la sève, on le garde dans une cave fraîche, couché complètement dans le sable. Avec certaines espèces à épiderme délicat, susceptibles de pourrir en terre, l'Althéa, le Cytise, le Robinier, le Févier, il est préférable de couper le greffon, peu de temps avant le greffage, alors que la sève monte et gonfle les bourgeons.

Les greffons d'espèces toujours vertes ne seront détachés qu'au moment de greffer, et on leur laissera les feuilles. Les espèces à feuilles caduques, greffées en été, auront leurs greffons séparés de l'étalon, moins de vingt-quatre heures avant le greffage; on les effeuillera dès qu'ils se trouveront isolés. — Effeuiller un greffon, c'est couper la feuille sur son pétiole.

En général, il importe peu au succès de l'opération que le bourgeon supérieur du greffon soit l'œil terminal ou un œil latéral. — Un rameau-greffon, trop long, sera raccourci, et pourra, au besoin, fournir plusieurs greffons.

Pour faciliter l'assemblage et l'agglutination des deux parties, le greffon sera plus ou moins entaillé à la base dans la moitié de sa longueur; cette partie avivée se nomme *biseau*.

On fait en sorte d'appliquer le greffon sur le sujet, de manière qu'il se trouve un bourgeon du sujet à la hauteur de la greffe, en face ou

sur le côté, afin qu'il y attire la sève et favorise la soudure.

La ligature et le mastic sont utiles dans le
greffage par rameau.

Avant leur végétation, ou s'ils ont été greffés
pendant la sève, les greffons, insuffisamment
ligneux ou exposés au hâle, seront préservés
avec un écran formant cornet de papier.

Dans les pays froids, et non loin de la mer,
la température basse et les vents secs qui persistent jusqu'en été nuisent à la reprise de la
greffe. Voici comment y obvient MM. Looymans
dans leurs pépinières à Oudenbosch, en Hollande. D'abord le greffage est pratiqué aussi
tard que possible, tant que les greffons ne pres-
sent pas; ceux-ci sont d'ailleurs coupés en
janvier et mis tout entiers en terre et à l'a-
bri, à 0^m,30 de profondeur. Au moment du
greffage, le greffon étant coupé de longueur, on
trempe sa partie supérieure dans un bain chaud
de mastic à greffer pour la plonger aussitôt
après dans l'eau froide. La partie inférieure,
tenue à la main, reste exempte de mastic. On
taille ensuite le biseau, et le greffage se termine dans les conditions ordinaires. Les bourgeons perceront eux-mêmes cette cuirasse pré-
servatrice assez mince dans son épaisseur.

Nous signalerons ici la précaution ration-
nelle des Japonais qui introduisent le greffon
sur le sujet de manière que sa face, brunie par

l'insolation, soit tournée au soleil ou en dehors
de la greffe.

Les divers groupes du greffage par rameau
sont les greffages de côté, en couronne, en
placage, en incrustation, dans l'aubier, en
fente, à l'anglaise et mixte.

Groupe I.

GREFFAGE DE COTÉ PAR RAMEAU.

La qualification de greffage de côé pourrait
se rapporter à une foule de procédés de greffage, lorsqu'il s'agit d'une tige non amputée.
Mais nous avons réservé ce titre pour les inser-
tions du rameau-greffon sur le côté d'une tige
ou d'une branche du sujet, entre l'écorce et
l'aubier, sans que l'écorce du sujet soit enlevée.

GREFFAGE DE COTÉ SOUS L'ÉCORCE.

Préceptes généraux. — Nous voulons inoculer
un rameau sur le côté d'une tige et sous son
écorce ; le sujet doit être en végétaion. L'opération se fait : 1° en avril-mai, à la montée de
la sève ; alors elle est dite à *œil poussant;* 2° de
juillet en septembre, elle devient alors une
greffe à *œil dormant.*

Dans le premier cas (à œil poussant), on emploie des rameaux-greffons de l'année précédente, enterrés au nord ou à la cave, afin qu'ils

conservent leur vitalité : la sève étant en mouvement dans les plantes lors de leur emploi,
la greffe se développera dans le cours de la
même année.

Dans le deuxième cas (à œil dormant), où la
greffe ne se développera que l'année suivante,
on choisit des scions de l'année, détachés
de l'arbre étalon le jour du greffage ; on les
effeuille, s'il s'agit d'espèces à feuilles caduques. Nous avons dit que les greffons de végétaux à feuillage persistant ne seraient détachés
de l'étalon qu'au dernier moment, et ne seraient pas effeuillés.

Pour ces deux systèmes, les sommités de rameau avec bourgeon terminal constituent d'excellents greffons.

Nous pratiquons deux systèmes de greffage
de côté sous l'écorce : l'un ayant pour greffon
un fragment de rameau pur et simple ; l'autre,
dont le greffon est un rameau compliqué d'une
embase qui lui est adhérente.

Greffe de côté par rameau simple. —
Ce procédé est important pour restaurer des
arbres défectueux, pour obtenir des branches
où il en manque, et pour changer la variété
de sujets âgés. Le greffon ligneux se prêtera
mieux à l'inoculation sous de vieilles écorces
que le simple bourgeon de l'écussonnage. Le
greffage sous écorce, dédié par Thouin à Richard, de Trianon, est fort utile à la multipli-

cation des végétaux et dans ce but il n'est pas assez employé. L'opération est faite soit en août à *œil dormant*, soit en mai, à *œil poussant*.

Le greffon (*fig.* 28) est un petit rameau ou un fragment de rameau, long de 0^m,10 à 0^m,20 ; on taille la moitié inférieure en biseau plat et allongé, sans entaille qui en déforme la surface plane et aminci jusqu'au liber, vers la pointe (B). Le sommet du biseau partant d'un œil, il en résultera que le coussinet sera le point d'appui qui écartera légèrement du sujet le sommet du greffon.

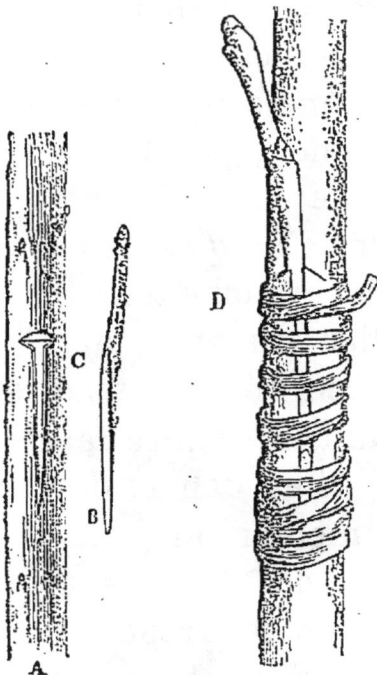

Fig. 28. — Greffe de côté par rameau simple.

Le greffon étant taillé, on pratique sur le sujet (A, *fig.* 28), en deux coups de greffoir, une incision (C) en T, traversant l'épaisseur des couches corticales, et s'arrêtant à l'aubier. Avec la spatule de l'outil, on soulève les bords de l'incision, et l'on y glisse le greffon, de manière que le sommet de son biseau aboutisse à l'incision transversale du sujet.

On ligature (D), et s'il reste un vide à la jonction des deux parties, on préservera de l'action de l'air les tissus entamés, avec une feuille d'arbre, de l'onguent ou de la boue.

Quand il s'agit d'introduire une branche sur un arbre qui en manque, au lieu d'une incision en T, on pourrait se contenter d'une simple ouverture en œil-de-bœuf, par laquelle on glisserait le greffon ; mais il conviendrait alors de faciliter ce glissement par l'introduction préalable d'une petite tige biseautée en buis ou en os ; c'est la vraie *greffe en coulée*.

Si l'on veut obtenir une branche formant un angle ouvert avec la tige du sujet, on choisit un greffon coudé ou courbé ; le biseau, sur la partie convexe, s'appliquera contre le sujet, tandis que le sommet rejeté en dehors donnera la direction inclinée au membre projeté.

Dans la multiplication de certains arbres comme le Hêtre, on emploie des greffons ramifiés, âgés de deux ou trois ans, et on taille le biseau assez mince vers la pointe. Pour d'autres sortes, on prend des greffons d'un an.

L'Oranger se multiplie par ce procédé, en plein air. M. Robillard, à Valence (Espagne), qui le pratique avec succès, opère vers le 15 mars. Par suite des arêtes vives de son épiderme, le greffon, qui porte deux yeux, nécessite parfois une entaille dans l'écorce au-dessus du trait horizontal du T (C, *fig.* 28), et en même temps un peu d'obliquité dans le trait vertical. Alors l'écorce ne serait soulevée que d'un côté. Cette greffe est ici pratiquée au collet et nécessite un léger buttage de terre; on ligature avec le raphia; une fois la greffe soudée, on débutte, et l'on étête le plant à 0ᵐ,05.

Nous donnons une seconde figure (*fig.* 29), représentant l'application de la greffe de côté sous écorce à la multiplication du Pommier sur paradis ou sur doucin, et du Poirier sur cognassier, alors que l'écorce du sujet, par ses rugosités, ne permet plus l'écussonnage, ou qu'un arrêt de sève prématuré s'y opposerait plus tard. L'opération se fait à la montée de la sève, à *œil poussant*.

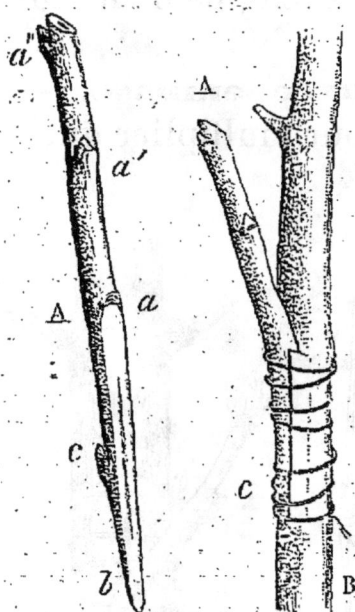

Fig. 29. — Greffe de côté sous écorce (Pommier).

Un point sur lequel nous appelons l'attention, c'est la taille du greffon (A). Le biseau part de l'œil (*a*) qu'il détruit, pour finir en (*b*) dans l'écorce même. Le coussinet de l'œil (*a*) forme épaulette, le greffon se plaquera mieux sur le sujet (B) sans nécessiter une entaille d'écorce en tête du T comme à la figure 28.

Il est bon de ménager l'œil (c) au dos du
biseau ; cependant, il ne se développera guère
si l'on accorde toute liberté d'expansion aux
yeux de tête (a', a'').

Le sujet (B) a été écimé huit jours avant le
greffage, pour concentrer la sève à la base.
Quinze jours après le greffage, l'étêtage sera
pratiqué pour favoriser le développement immédiat de la *greffe.*

Greffe par rameau avec embase. —
On a recours à ce procédé pour multiplier quel-

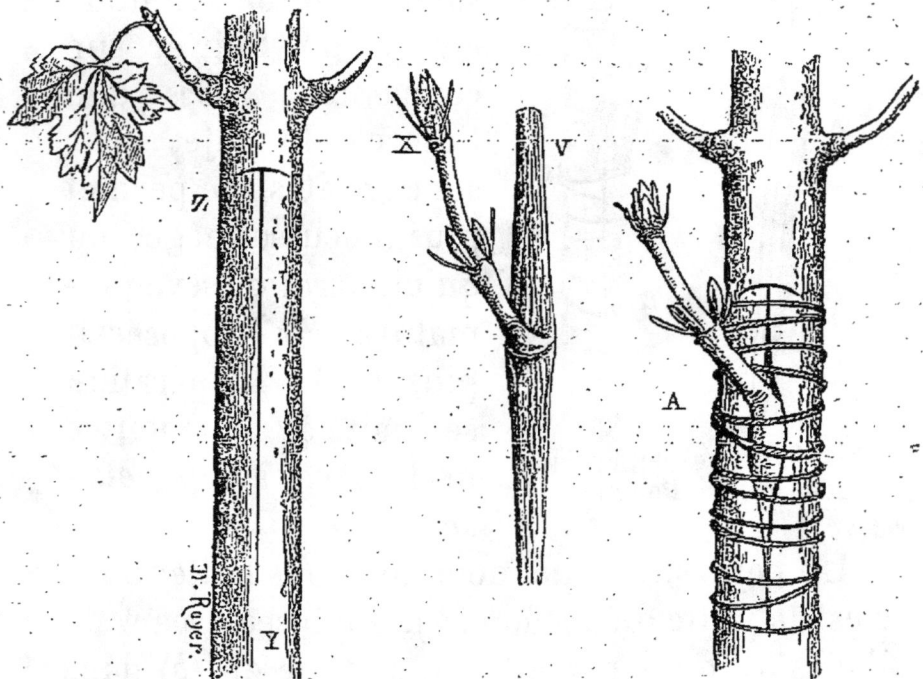

Fig. 30. — Greffe de côté par rameau avec embase
(Erable jaspé).

ques végétaux, et plus particulièrement l'*Érable jaspé*, le *Cornouiller*. La bonne saison pour

opérer est en août-septembre ; le greffage se
pratiquera à œil dormant ; c'est en quelque sorte
le greffage d'un rameau par écusson.

On choisira pour greffon un rameau court
(X, *fig.* 30). Les rameaux anticipés sont encore
d'un bon usage. Avec le greffoir, on détache le
petit rameau de la branche qui porte le greffon,
mais en conservant un plastron d'écorce (V)
de cette branche au delà et en deçà de la naissance du rameau. La manière de lever cette
embase est à peu près celle que nous décrirons
plus loin, à l'écussonnage.

Il n'y a pas à redouter la présence de fibres
ligneuses sous l'embase (V) ; il y aurait, au contraire, du danger à les enlever. On se bornera
à en aplanir la surface avec la lame de l'outil.

Sur le sujet (Y), on ouvre une incision (Z)
en T qui pénètre seulement la couche d'écorce ;
avec la spatule, on soulève les lèvres de l'incision, et l'on y glisse le greffon par son talon (V).

On ligature (A). L'engluement est inutile.

Dans la restauration des arbres fruitiers,
nous avons quelquefois employé, à titre de
greffons, des rameaux longs de 0^m,50 et munis
d'une embase de 0^m,10. En les effeuillant huit
jours à l'avance sur l'arbre-mère, on les dispose
à la séparation ; en les couvrant de feuilles
d'arbre ou de boue aussitôt le greffage terminé,
on évitera leur dessèchement. La greffe en
branche, recommandée dans le même but par

Roger-Schabol, en 1782, a échoué par suite de
l'absence de ces précautions.

Soins après le greffage de côté sous écorce. —
Pour le greffage à œil dormant, les soins particuliers consisteront à étêter le sujet, après
l'hiver, à 0^m,10 au-dessus de la greffe, et à dres-
ser immédiatement, avec un jonc, la sommité
du greffon ligneux, afin d'éviter une tige coudée au point de la greffe.

Le premier procédé, par rameau simple, lors-

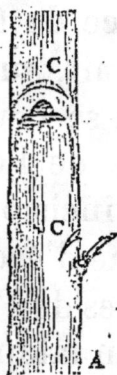

Fig. 31. — Cran au-dessus
d'un œil pour exciter sa
végétation.

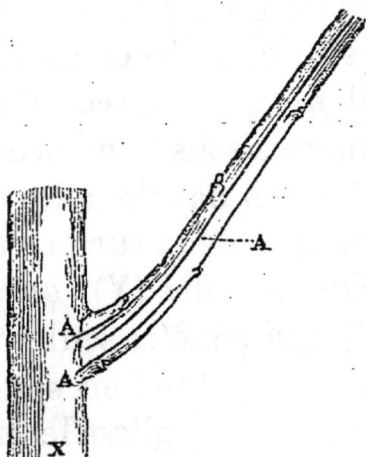

Fig. 32. —Incision longitudinale
pour aider au grossissement
d'une branche.

qu'il est employé à la restauration des arbres,
n'oblige pas à l'amputation du sujet; mais
pour hâter le développement de la greffe, on
ouvrira au printemps un cran sur le sujet à
0^m,01 au-dessus d'elle. Le cran en forme de
croissant ayant 0^m,002 de largeur, s'obtient par

deux coups de serpette qui tranchent et enlèvent
l'écorce. La figure 31 en fournit l'exemple. En
même temps, on soumet à la taille courte les
branches placées au-dessus de la greffe.

Une baguette formant tuteur est indispensable au palissage de la jeune greffe. Quand le
greffage est fait à œil poussant, à la montée de
la sève, il convient d'embouer le greffon pour
le préserver de l'action du soleil et du hâle. Si,
malgré sa végétation immédiate, il avait une
tendance à rester chétif, on exciterait sa croissance par de petites incisions longitudinales
(A, *fig.* 32). En tranchant l'écorce avec le greffoir, le fluide séveux arrivera mieux sous l'é-
corce dilatée et fera grossir le rameau incisé.

Groupe 2.

GREFFAGE EN COURONNE.

Préceptes généraux. — Le greffage en couronne est d'un bon emploi pour un grand nombre d'arbres et d'arbustes de divers genres. On le
pratique au printemps aussitôt que l'écorce se
détache bien de l'aubier, mais on aura la précaution de préparer les sujets à l'avance, de les
étêter trois ou quatre semaines environ avant
de les greffer. Nos pères donnaient le nom d'é-
bottage à cette opération préalable et la prati-
quaient très souvent à l'automne, c'est-à-dire
plusieurs mois avant le greffage. Au moment de

poser les greffes, on rafraîchit avec la serpette
les plaies plus ou moins vivaces ou séchées.

Les rameaux à greffer sont coupés en hiver,
avant l'ascension de la sève, puis mis en terre,
soit dans une caisse à la cave, soit au nord d'un
bâtiment, dans une position verticale ou horizontale, couchés à moitié ou tout en long ;
l'essentiel est qu'ils n'y bourgeonnent pas et que
leur écorce reste vive, ni desséchée, ni pourrie.

Le greffon est un fragment de rameau long
de 0^m,05 à 0^m,12 environ. La moitié supérieure
aura deux ou trois yeux ; la partie inférieure
sera taillée en biseau plat dit pied-de-biche ou
bec-de-flûte ; le biseau doit commencer en face
d'un œil, à partir de l'étui médullaire, et se terminer en s'amincissant ; ainsi purgé de moelle,
il se soudera mieux au sujet ; il ne faut donc
pas lui laisser trop d'épaisseur. Un petit cran
ménagé à la partie supérieure du biseau est
utile, en ce sens qu'il permet d'asseoir le greffon
à plat ou à cheval sur le sujet.

L'insertion de cette greffe se fait en tête du
sujet, sur la coupe, entre l'écorce et le bois ; on
amincit les deux faces de la pointe du biseau
pour en faciliter le glissement ; souvent le
greffeur se contente d'humecter cette pointe
entre ses lèvres.

Les greffeurs ont habituellement à leur disposition un petit instrument en bois ou en
ivoire, aminci vers la pointe, qui leur sert à

préparer, à essayer le logement du greffon. Ils
introduisent cet instrument à l'endroit désigné,
le retirent et placent aussitôt le greffon dans
l'ouverture. Avec cette précaution, on n'a pas à
craindre de briser les rameaux délicats ni d'en
déchirer l'écorce.

On saisit le greffon par la tête et on le fait
glisser entre le liber et l'aubier. On n'ouvre
pas l'écorce ; c'est le greffon qui la détache de
l'aubier sous la pression de la main.

L'introduction de la greffe est singulièrement
facilitée dans la plupart des cas par la circulation de la sève qui isole le liber de l'aubier.
Cependant il peut arriver que des greffons d'un
gros volume menacent de déchirer les tissus ;
alors, pour éviter cette déchirure, le mieux est
de fendre l'écorce du sujet (D, *fig.* 34) par un
coup de greffoir en long, au moment d'y placer
le greffon.

Plus un tronçon à greffer est gros, plus nombreux devront être les greffons qu'on y placera ;
toutefois, pour rendre la soudure plus complète, ils conserveront entre eux un intervalle
dont le minimum serait de $0^m,05$.

Une ligature demi-serrée, ne comprimant
pas trop l'écorce, est nécessaire après l'insertion
des greffes. On applique l'onguent sur les plaies
et sur l'écorce du sujet qui recouvre le greffon,
afin de prévenir les déchirures. On facilitera
l'adhérence du mastic, en épongeant le liquide

séveux qui suinte des parties tranchées au vif.

La figure 33 représente une greffe en tête, par rameau (en couronne, en fente, en incrustation, etc.), ligaturée et engluée. Le mastic est étendu sur l'amputation (A) du sujet, sur les plaies (E), aux jointures du greffon sur le sujet (I), et au sommet du greffon tronqué (O). On ne couvre pas l'œil terminal (U), ni l'œil enchâssé (Y) dans l'incision.

En greffant en couronne un sujet à ras terre, il n'y a pas d'inconvénient à butter le tronc jusqu'aux yeux supérieurs de la greffe. On évitera un desséchement toujours nuisible ; et avec certaines espèces, il se formerait de nouvelles racines sur les incisions qui aideraient encore à la rapidité de la végétation.

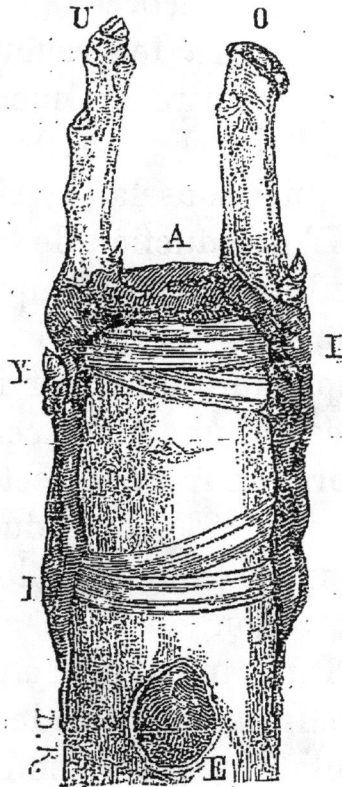

Fig. 33. — Greffe en tête terminée par la ligature et l'engluement.

Le greffage en couronne est pour ainsi dire indispensable quand on agit sur de gros arbres ; on peut y insérer un assez grand nombre de branches qui répondent à la nourriture four-

nie par les racines. Il est un des plus anciennement connus ; Pline l'a recommandé.

En dehors de l'époque indiquée pour le
greffage en couronne, on pourrait le pratiquer,
dans un pays froid, en juillet, en prenant pour
greffon la base déjà lignifiée des jeunes rameaux, munis d'yeux bien formés. M. Mail à
Yvetot s'est montré le champion de cette greffe
d'été. M. Mulié, du Nord, réussit le greffage en
couronne du Cerisier, au mois de juin, en choisissant pour greffon, la base demi-lignifiée de
jeunes scions en sève. M. Hirsch, en Autriche, a greffé avec succès, en couronne, de
fin de juillet à fin sep-
tembre, diverses espè-
ces fruitières et fores-
tières.

Greffe en couronne ordinaire. — Étant
donné le sujet (*fig.* 36,
B) amputé au vif, nous
y insérons trois gref-
fons (*c*, *c'*, *c''*), en proportion de son diamè-
tre. Il serait assez
difficile de placer plu-
sieurs greffons sans
fendre l'écorce au

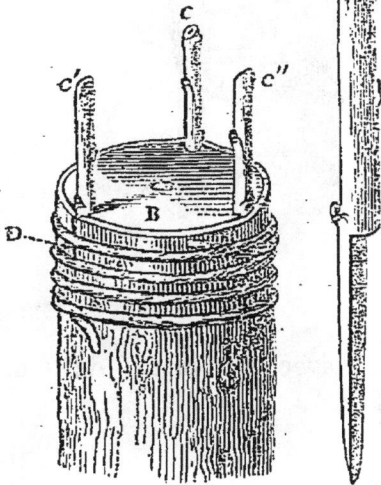

Fig. 34. — Greffe en cou-
ronne ordinaire.

moins dans un seul endroit ; la tension produite par l'inoculation de plusieurs rameaux

finirait par faire craquer les couches corticales.
On prévient cet accident par une incision longitudinale (D) qui, non seulement facilite le
glissement du greffon *c'*, mais permet aux
autres (*c* et *c"*), d'être à l'aise et de ne pas me-
nacer de fendre l'écorce du sujet. On ligature,

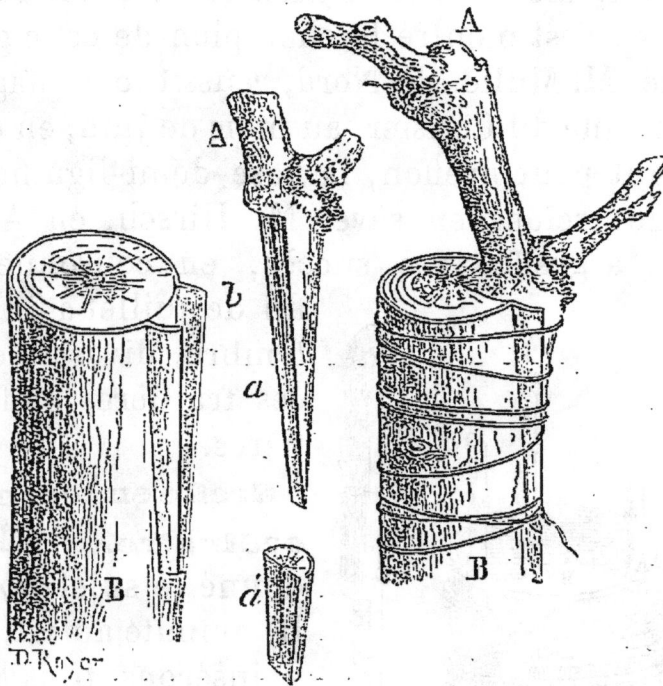

Fig. 35. — Greffe en couronne avec greffon âgé de deux
ans (Février).

puis on englue sur l'amputation de la tige, au
sommet des greffons, et en face de leur dos, sur
l'écorce du sujet.

Le choix des greffons produits par la dernière
sève n'est pas absolument nécessaire. Du bois

de deux ans, mais vivace, a également chance
de réussite, à la condition, bien entendu, qu'il
soit pourvu d'yeux capables de pousser.

Le Févier d'Amérique, sur lequel on greffe le
Févier Bujot et autres sortes, exige, pour ainsi
dire, le greffage en couronne dans ces conditions. Ainsi le greffon (A, *fig.* 37) est un rameau
âgé de deux ans, portant deux scions de l'année,
rabattus à 0^m,02 de leur naissance. On taille
le biseau (*a*) sur le vieux bois, et suivant le
plan représenté en *a'*; puis on l'introduit sur
le sujet (B), où une incision simple vient d'être
pratiquée. On est même forcé d'écarter un
peu l'écorce (*b*) avec la spatule du greffoir, ou
au moyen d'un petit coin en buis. La grosseur
du greffon et le peu d'élasticité de l'écorce du
Févier rendent cette précaution indispensable.

Le Marronnier, le Catalpa, le Noyer réussissent mieux avec ce système.

Greffe en couronne perfectionnée. —
Cette greffe diffère de la précédente par deux
particularités essentielles :

1° Le sujet (A, *fig.* 36) étant taillé sur un plan
oblique (B), le greffon (F) est inséré à son
sommet, avec une languette (H) à angle aigu,
qui l'accroche parfaitement sur le biais de la
coupe.

2° L'incision du sujet est obligatoire : le coup
de greffoir étant donné, on soulève avec la spatule un côté seulement de la partie incisée (C);

on fait glisser le greffon dans cette ouverture, de telle sorte que l'intérieur avivé du biseau soit appliqué contre l'aubier (E), et le dos (G) recouvert par la lèvre (C).

On augmente encore les chances de réussite

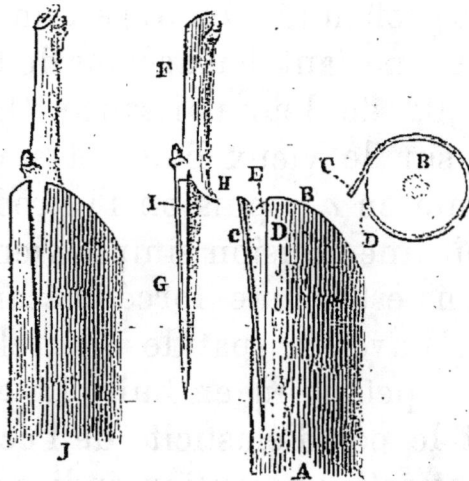

Fig. 36. — Greffe en couronne perfectionnée.

en enlevant une faible bande d'écorce sur le côté (I) du biseau du greffon, correspondant avec la lèvre (D) du sujet, non détachée de l'aubier, et contre laquelle il viendra se juxtaposer. La greffe est terminée en J, avant la ligature et l'engluement.

A Toulouse, les pépiniéristes se contentent de soulever l'écorce qui reste sur le dos du bi- seau, pour rabattre ensuite cette lanière sur l'écorce du sujet. Un Anglais, Salisbury, avait jadis prôné une modification analogue pour le greffage du Poirier et du Pommier.

Ces petits changements, dus au raisonnement et à la pratique, modifiables à l'infini, ont pour but d'augmenter le nombre des points de contact, afin de hâter la soudure de la greffe. Etant donnés les avantages de la greffe en couronne ordinaire, on n'a guère recours à ces modifications que chez les espèces difficiles à la reprise.

Soins après la greffe en couronne. — Les soins se bornent : 1° à surveiller la ligature, à la délier si elle étrangle, à la renouveler si la soudure n'est pas suffisante ; 2° à palisser les nouveaux scions sur des baguettes ou contre un tuteur qui domine la greffe ; 3° à ébourgeonner progressivement les productions foliacées qui se développent sur le sujet. Le détail de ces opérations est au chap. VII, TRAVAUX COMPLÉMENTAIRES DU GREFFAGE.

Groupe 3.

GREFFAGE EN PLACAGE.

Préceptes généraux. — La greffe en placage est le mode adopté principalement pour greffer un certain nombre d'arbres et d'arbustes verts, et pour le greffage à l'étouffée.

Les pépiniéristes et les fleuristes la pratiquent en plein air ou dans la serre à multiplication, à la montée de la sève plutôt qu'à son déclin, surtout lorsqu'il s'agit de plantes toujours vertes.

Un sujet à sève modérée, un greffon aoûté, sont les deux premières conditions. Le greffon sera de l'année courante ou de l'année précédente, suivant que le greffage se fait à l'automne ou au printemps; sa longueur varie de 0^m,05 à 0^m,15; il sera taillé en biseau plat sans la moindre inégalité, afin de s'adapter exactement au sujet. S'il est d'espèce à feuillage persistant, on lui gardera ses feuilles, et on ne le détachera de l'arbre-mère qu'au moment de l'employer.

Le métrogreffe joue son rôle ici; avec lui, on ouvrira sur le sujet une plaie semblable au périmètre du biseau de la greffe. Rien ne gênera donc l'union des fibres ligneuses et corticales.

Le rapprochement des deux parties se fait sans glissement ni fente, mais par une application pure et simple au sommet ou sur le côté du sujet, sous son écorce ou sans elle, avec un ou plusieurs greffons. Telles sont les diverses variantes apportées à la greffe en placage par rameau. Nous les examinerons, sans parler toutefois ici du placage par bourgeon décrit au chapitre du greffage par œil, en écusson.

Nous ajouterons que la greffe en placage convient moins lorsque le terrage de la greffe est nécessaire pour favoriser la reprise; l'humidité de la terre peut nuire à la soudure.

La greffe en placage convient dans la serre et sur des plans en arrachis.

Greffe en placage ordinaire (*fig.* 37). —
Par le placage ordinaire, on ajuste un rameau-
greffon jusque sur les premières couches d'aubier du sujet.

Le sujet ne sera pas étêté à l'avance. S'il est
d'espèce à feuillage persistant, on coupe, sur le

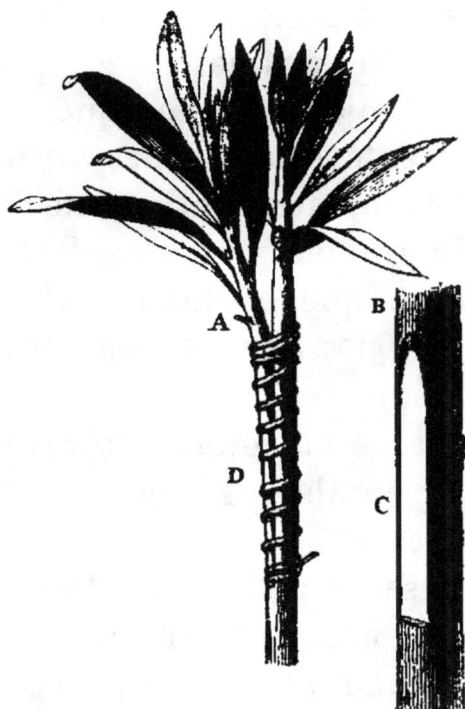

Fig. 37. — Greffe en placage ordinaire (Rhododendron).

pétiole ou à demi-limbe, les feuilles situées à
l'endroit destiné à la greffe. Dans ce cas, le
greffon ne doit pas être effeuillé.

Le greffon étant taillé en biseau à section
droite commençant en face d'un œil, on en
prend le diamètre avec le métrogreffe (*fig.* 10).

On porte la double spatule sur le sujet (B, *fig*. 37) et l'on trace les limites du biseau. Il n'y a plus qu'à évider la partie comprise entre les deux traits pour y plaquer le greffon (D) suivant l'épaisseur du biseau, Il faut d'abord enlever l'écorce du sujet ; puis, si cela ne suffit pas, entamer les premières couches d'aubier (C).

A défaut du métrogreffe, on emploie un greffoir ou une serpette ordinaire. En posant le greffon contre le sujet, on y marque les bords du biseau et on enlève les parties corticales et ligneuses (C) à l'emplacement projeté du greffon. Celui-ci, le greffon, y est essayé par l'opérateur, jusqu'à ce que le dos du biseau paraisse autant que possible se confondre avec la périphérie du sujet.

Une ligature, laine ou coton, à spires rapprochées, est indispensable. L'engluement n'est pas toujours nécessaire.

Au lieu d'une section plane sur le sujet et le greffon, on peut entailler, sur chacun d'eux, des crans et des languettes qui s'engagent l'un dans l'autre et consolident la greffe ; ce serait alors une *greffe en placage à l'anglaise*.

Greffe en placage en couronne. — Le greffon (A, *fig*. 40) ne sera pas taillé en biseau pied-de-biche. Une encoche sera utile au sommet du biseau (B), comme pour la greffe en couronne, afin de l'asseoir carrément sur le sujet (C).

Avec le métrogreffe (*fig.* 10), on mesure le diamètre du biseau (B), en l'appliquant sur le sujet, tour à tour en *d, d, d, d*, on marque la place de chaque greffon. La double spatule étant

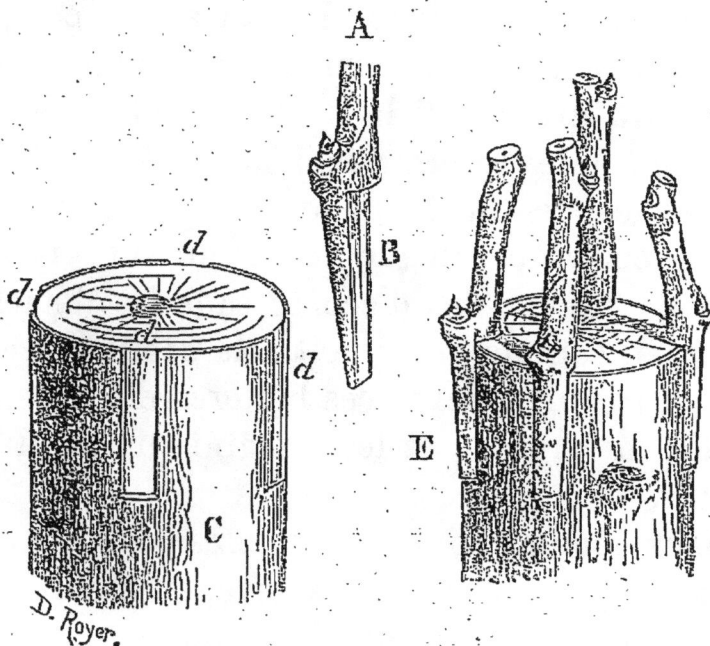

Fig. 38. — Greffe en placage en couronne.

tranchante, l'écorce se trouvera coupée ; on l'enlève, pour plaquer à sa place chaque greffon, ainsi qu'on le voit en E.

La ligature et le liniment sont de rigueur.

D'après la figure 38, l'écorce seule a été enlevée ; on n'a pas entamé l'aubier. Un gros arbre sera plus facile à greffer qu'un petit, parce que celui-ci présenterait une surface trop convexe, et nécessiterait une entaille sur l'aubier, pour que le biseau plat du greffon pût s'y juxtaposer.

Sur un vieux sujet dont les couches corticales sont épaisses, il est à craindre que le greffon ne vacille sous le lien. Le moyen d'y remédier sera de tailler le biseau assez épais, ou plutôt de placer un corps intermédiaire entre le dos du greffon et la ligature ; soit la bande d'écorce enlevée pour le placage, soit une esquille de bois ou de liège. On pourrait d'ailleurs, en préparant le logement du greffon, abaisser les bandes d'écorce sans les détacher du sujet, comme on le voit à la greffe suivante (*fig.* 39) ; puis relever ces lanières d'écorce sur le dos du greffon, et les y maintenir par la ligature.

Deux époques sont convenables pour ce mode de greffer : au réveil de la sève, en mars-avril, et à son déclin, en septembre-octobre.

Les *soins après le greffage* sont les mêmes que nous avons indiqués au greffage en couronne.

Un greffeur de notre établissement, Louis Asselin, a imaginé cette greffe. Mais le procédé est tellement simple et rationnel que d'autres praticiens ont pu l'essayer avant lui.

Greffe en placage avec lanière. — M. Trouillet, arboriculteur à Montreuil, nous a communiqué cette manière de greffer. Elle a quelque rapport avec la *greffe de côté par ra-*

meau simple (*fig.* 28 et 29). Nous employons
l'une et l'autre avec un égal succès pour restaurer les arbres dégarnis de branches.

L'époque du greffage est en avril, à œil poussant, et en août, à œil dormant.

Nous taillons le greffon (V, *fig.* 39) sur sa fa-

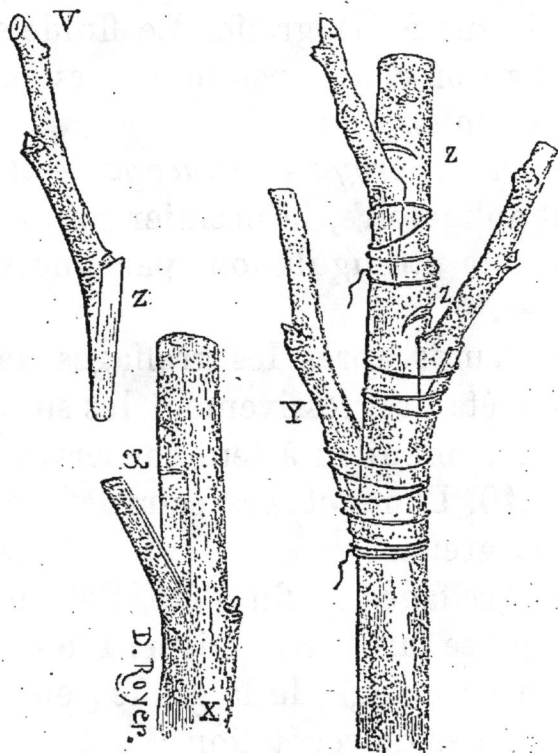

Fig. 39. — Greffe en placage avec lanière.

çade ventrue, en biseau bec-de-cane. Avec le
métrogreffe, nous en mesurons le diamètre,
et, portant l'outil sur le sujet (X), nous tran-
chons l'écorce au moyen de la double spatule;
puis, donnant un trait de greffoir qui rejoigne

Le sommet des deux lignes, nous abaissons la lanière (x); nous y plaquons le greffon (V), et nous redressons la lanière (Y).

Il reste à ligaturer et à garnir d'onguent les endroits mal joints.

En opérant sur des arbres déjà forts ou branchus, il est prudent d'ouvrir des crans (Z, Z) à $0^m,01$ au-dessus de la greffe. Le fluide séveux, arrêté dans son cours, refluera vers les nouveaux bourgeons.

Soins après la greffe en placage. — La ligature étant obligatoire, le premier soin doit être d'empêcher la strangulation, par une surveillance active.

Peu de temps après les greffages de printemps, on étête progressivement les sujets greffés de côté, de manière à leur conserver un onglet de $0^m,10$. L'onglet sera retranché en août, au ras de la greffe.

Avec les greffages de fin d'été, l'étêtage définitif du sujet se fait après l'hiver. L'onglet conservé sert à l'accolage de la greffe; on l'enlève après une année de végétation.

Si le greffage avait pour but de produire une branche latérale, on exciterait le développement du greffon par un cran (Z, *fig.* 39) pratiqué en tête de son insertion et par la taille des branches placées au-dessus.

L'emploi d'un tuteur est utile pour palisser la jeune greffe de placage.

Groupe 4.

GREFFE EN INCRUSTATION.

Préceptes généraux. — Jadis connu sous le nom de *greffe à la Pontoise*, du pays de son propagateur, le jardinier Huard (1775), ce procédé était spécial à la multiplication de l'Oranger et de quelques arbrisseaux ; aujourd'hui on en étend l'application. L'établissement Simon-Louis, à Metz, en a généralisé l'emploi sur presque tous les arbres et tous les arbustes de ses multiplications.

Mis entre les mains de greffeurs intelligents, adroits et soigneux, il constitue bien certainement le meilleur mode de greffage par rameau détaché, pour la généralité des arbres fruitiers et d'ornement, en plein air ou sous verre.

Le principe de l'opération est que le greffon taillé en coin triangulaire soit incrusté sur le sujet dans une ouverture qui l'enchâsse hermétiquement.

Le moment de greffer est au printemps, à la phase initiale de la sève ; on pourrait encore greffer en été, avec des rameaux semi-ligneux ; et en août-septembre, avec des greffons aoûtés. L'époque préférable est vers la fin de mars et en avril.

On prépare le sujet à l'avance ou au moment du greffage, de manière à greffer sur une tranche vive.

Pour le greffage de printemps, les rameaux-greffons seront coupés en hiver, et conservés en terre ; quelques jours avant de greffer, il serait encore temps de les détacher de l'arbre-étalon. Pour le greffage d'été, cette préparation n'aura lieu qu'au moment de les employer.

Le greffon, portant deux ou trois yeux, sera taillé à la base en coin assez court, et viendra s'incruster sur le sujet dans une rainure angulaire, d'une ouverture semblable au biseau cunéiforme et convexe du greffon.

On maintient l'assemblage par un lien, et on couvre de mastic les amputations.

Le travail se fait avec la serpette fine et le greffoir ordinaire mieux qu'avec les outils compliqués, d'un emploi et d'un entretien difficiles. Les praticiens les ont abandonnés.

Dans les grandes pépinières, où ce greffage s'étend sur plusieurs hectares de jeunes arbres, les greffeurs sont groupés par escouades de quatre ou cinq hommes. Le premier étête le sujet ; le second prépare le greffon ; un troisième raine le sujet et y loge le greffon ; un autre ligature, et le dernier mastique. L'étiquetage ou le numérotage, le tuteurage et le relevé du travail se font en même temps, avant de quitter le chantier.

Le greffage en incrustation se fait en tête du sujet tronqué, et quelquefois sur le côté d'un sujet non écimé.

Greffe en incrustation en tête. — Le greffon (L, *fig*. 40) sera taillé en biseau triangulaire (*n*) dont la coupe est détaillée en *n'*. Le cran (*p*) servira à faire reposer le greffon sur l'amputation du sujet. On applique contre

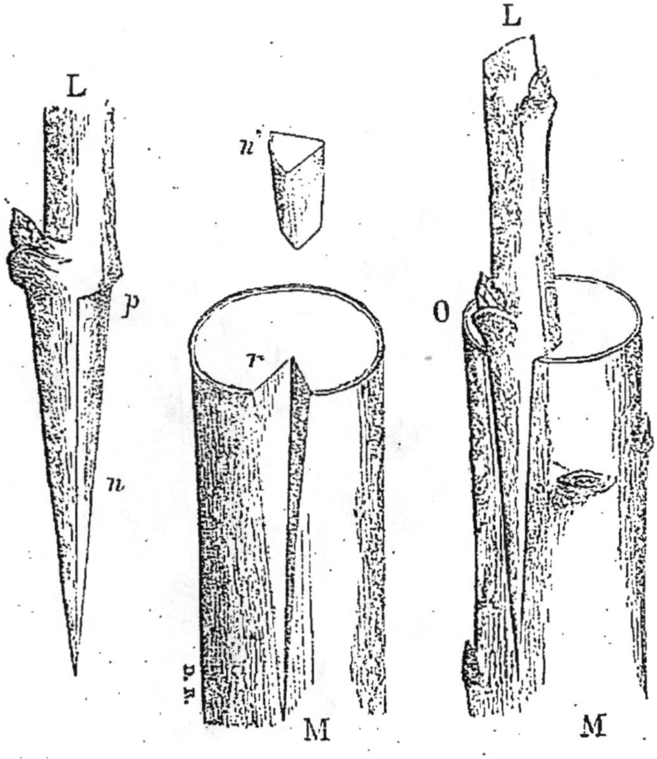

Fig. 40. — Greffe en incrustation en tête.

le sujet (M), à l'endroit destiné au greffage, le dos du biseau ; avec la lame de l'outil, on en trace la silhouette ; puis on attaque l'écorce et le bois de manière à obtenir une ouverture cunéiforme (*r*).

Dans l'ouverture béante (*r*) du sujet (M), on

enchâsse le greffon (L), comme il est indiqué
en O ; puis il faut ligaturer et mastiquer.

Si le greffon est réduit à un fragment de rameau portant un seul œil, on opérera comme
l'indique la figure 41.

On voit en A le greffon portant son unique

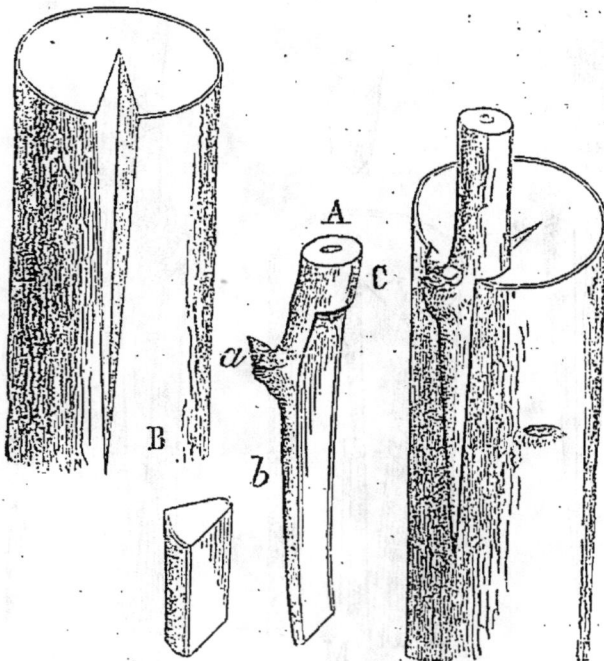

Fig. 41. — Greffe en incrustation avec un seul bourgeon.

bourgeon (*a*) respecté par le biseau (*b*) ; le sujet
étant ouvert en B, le greffon y est incrusté (C),
de manière que l'œil affleure son tronçonnement. La ligature et l'engluement complètent
l'opération.

Greffe en incrustation latérale. — Si
l'on a des rameaux coudés, on peut les incrus-

ter le long d'une tige droite, au contraire le
greffon droit se placera bien sur une tige coudée. Ainsi incrusté, le greffon présentera plus
de solidité qu'avec la greffe en placage, surtout si la tige du sujet est rugueuse.

Soins après la greffe en incrustation. — Le
greffon n'étant pas suffisamment bridé sur le
sujet, il faut le ligaturer solidement, avec un
lien plutôt large qu'étroit, moins susceptible
d'étrangler la greffe. L'accolage immédiat et
entretenu du greffon contre un tuteur sera encore d'un bon effet.

Les arbres greffés en incrustation latérale seront soumis aux soins que nous avons indiqués
pour les greffes en placage (page 109).

Groupe 5.

GREFFAGE DANS L'AUBIER.

Préceptes généraux. — Un greffon biseauté,
inséré dans l'aubier du sujet, en tête ou de
côté, tel est le principe de l'opération.

Le greffage *en tête* nécessite l'amputation
préalable du sujet; le greffon y est inséré par
une fente dans l'aubier, parallèle à l'étui médullaire qui doit être respecté.

Le greffage *de côté*, pratiqué sous verre,
peut provoquer un écimage du sujet, au moment du greffage, mais n'entraîne à son étêtage

complet qu'après une soudure complète de la greffe, et une première végétation du greffon.

Pour introduire le greffon *de côté*, on tranche l'écorce et les premières couches d'aubier du sujet, en dirigeant la lame de l'outil de haut en bas, diagonalement par rapport à l'axe, sans aller jusqu'à la moelle.

En 1786, Varin, de Rouen, imaginait une greffe *en tête;* le sommet du biseau du greffon s'encochait dans l'aubier, sa base glissait sous l'écorce du sujet. De nos jours, M. Robaux, à Gennevilliers, réussit un procédé *de côté*, combinaison mixte des greffons *sous écorce* et *dans l'aubier*.

Greffe en tête dans l'aubier. — Cette greffe est en vogue au Japon, sous le nom de *kiri-tsugi*. C'est notre ancienne greffe Trochereau appliquée jadis aux arbres à bois creux.

Au moment de l'opération, au printemps, le sujet est étêté en pied ou en tête.

Le greffon, long de $0^m,12$ environ, taillé en biseau plat, sans cran, comme celui de la greffe en couronne, est encore avivé à la base externe, en besaiguë. On pratique une fente dans l'aubier du sujet, parallèle à l'axe, assez rapprochée du liber, et l'on y introduit le greffon en le faisant coïncider, sur un côté au moins, avec l'écorce du sujet. La ligature est nécessaire, ainsi que le mastic.

M. le comte de Castillon nous a envoyé la

traduction, avec dessins, d'un ouvrage japonais moderne, *Manière d'élever les arbres fruitiers;* il a lui-même opéré avec succès la *kiri-tsugi* dans la Haute-Garonne. D'après l'auteur, Furi-i Yoshi, les jardiniers de l'extrême Orient ne se bornent pas toujours à une seule fente sur le sujet; ils en pratiquent parfois une seconde, également de haut en bas, rapprochée de la première qui lui est parallèle; par un coup de greffoir habile, ils détachent la lamelle d'aubier comprise entre ces deux fentes, et le greffon est introduit dans l'ouverture assez étroite qui en résulte.

Sur un gros sujet, ils placent deux greffons; la ligature est de la paille de riz battue.

Quand le sujet est méplat et de tournure irrégulière, on pratique la fente dans la partie ventrue et d'autant plus près du liber que le greffon est plus mince.

L'expérience dira si, avec ce procédé exotique, le greffon sera bridé aussi ferme que par les greffages en couronne ou en fente dont il est l'intermédiaire.

Greffe de côté dans l'aubier avec entaille droite. — Le greffon (A, *fig.* 42) de Camellia est taillé sur la moitié de sa longueur, en double biseau (*a*), laissant de chaque côté une largeur égale d'écorce, s'amincissant régulièrement en pointe.

Le sujet (B) sera fendu, entaillé (en *b*) d'un

seul coup de greffoir, la lame pénétrant jusque
dans l'aubier. Le greffon (A) y sera introduit par
sa base (*a*), puis ligaturé comme on le voit en C.

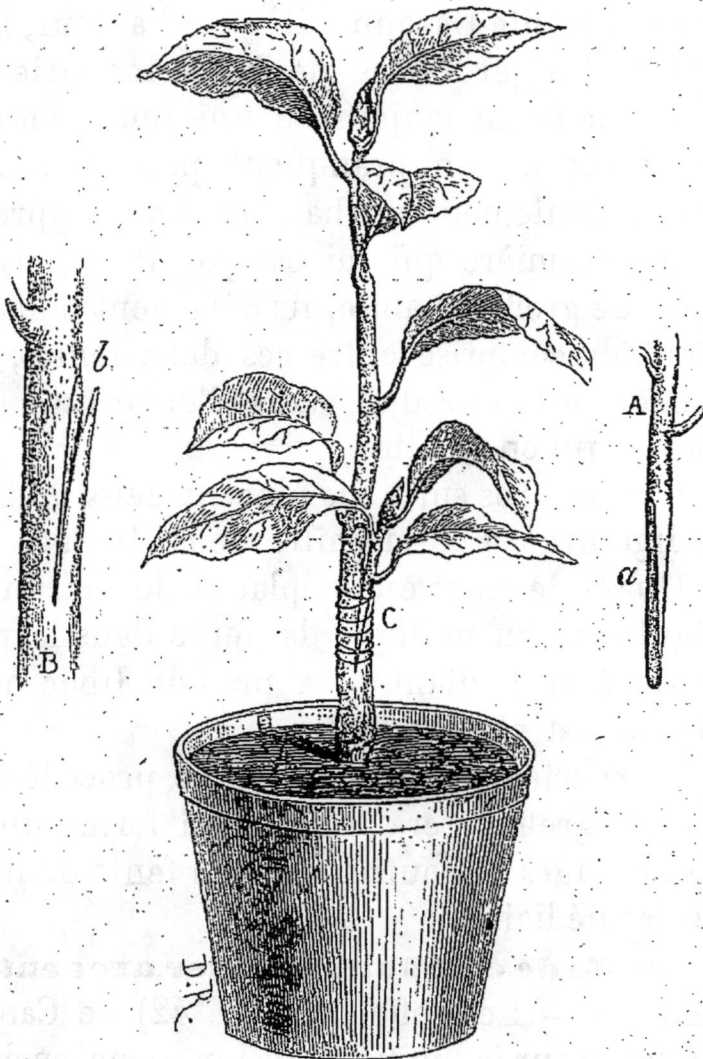

Fig. 42. — Greffe dans l'aubier avec entaille droite (Camellia).

Si l'opération est faite en plein air, on enduira
la greffe de mastic, parce que le coup de greffoir

7.

laisserait, de chaque côté de la fente, un vide non rempli.

Avec le Camellia et autres espèces à bois dur, on conserve le sujet dans toute sa longueur au moment du greffage. L'Aucuba, dont les tissus sont moins denses, sera écimé, à 0ᵐ,15 au-dessus de la greffe lors de l'opération.

Greffe dans l'aubier avec entaille oblique. — Le greffon (E, *fig.* 43) est une sommité de rameau de Houx; il

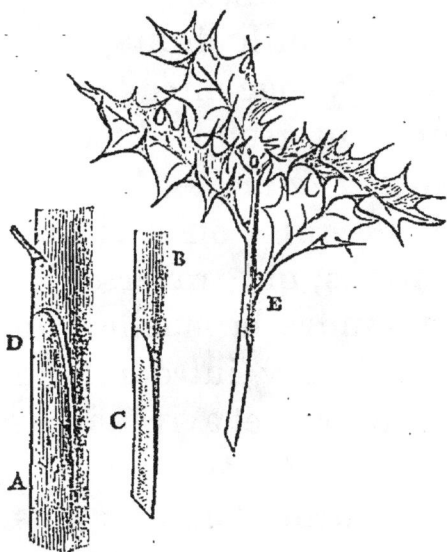

Fig. 43. — Greffe dans l'aubier avec entaille oblique (Houx).

est reproduit partiellement en B avec le biseau (C), aminci sur les deux faces, et le dos du biseau plus allongé extérieurement. Nous pratiquons sur le sujet (A) l'entaille (D) en biais par rapport à l'axe du sujet, avec le sommet arrondi en faucille. Les couches génératrices du liber et de l'aubier seront ainsi tranchées obliquement.

Le greffon se trouvera donc penché, et ses feuilles ne seront point gênées par le sujet. Mais on pourrait le placer de manière que son sommet soit droit, en taillant le biseau obliquement.

On ligature avec un lien doué d'élasticité, laine ou spargaine.

Un certain nombre de Conifères se prêtent au greffage de côté avec incision oblique ; la plaie s'agrandit moins qu'avec l'entaille droite, et le greffon de faible diamètre s'y loge mieux.

Nous pourrions ajouter au groupe du GREF-FAGE DE CÔTÉ, la *greffe* dite *à la vrille*. A l'aide d'une vrille ou d'un vilebrequin, on perce un trou en biais, de haut en bas, qui traverse l'écorce et l'aubier sans atteindre la moelle. On polit l'orifice du trou, et l'on y introduit un greffon dont le biseau est écorcé et avivé circulairement et en pointe.

Malgré les conseils de Térence et d'auteurs plus modernes, on emploie rarement ce procédé ; on ne peut opérer que sur de vieux arbres non sujets à la gomme, et lorsqu'il s'agit d'obtenir une branche sur une forte tige.

Soins après le greffage dans l'aubier. — Le greffage en tête exige une surveillance à la ligature de la greffe et au palissage des jeunes pousses ; l'ébourgeonnage rentre dans les soins généraux expliqués au chapitre suivant.

En ce qui concerne les greffes de côté, si le greffage est fait en avril-mai, on écime progressivement à partir du moment où l'agglutination semble assurée, et on continue à mesure que la greffe se développe.

Si le greffage a été fait à l'automne, on tronçonne le sujet après l'hiver, à 0^m,10 ou 0^m,15 de la greffe, en conservant sur le moignon les feuilles principales et de petites ramifications que l'on écourtera à l'époque des ébourgeonnements.

Cet onglet, premier tuteur du jeune sujet, sera enlevé au ras de la greffe, dès que la nouvelle pousse aura assez de force pour se défendre, soit vers la fin de l'été.

Groupe 6.

GREFFAGE EN FENTE.

Préceptes généraux. — Le greffage en fente est employé pour propager la majeure partie des végétaux ligneux à feuilles caduques.

Le sujet est entier ou étêté provisoirement; on le tronçonne définitivement au moment de l'opération, au point destiné à recevoir la greffe, de manière à opérer sur une coupe fraîche. Lorsqu'on emploie la scie ou le sécateur pour l'étêter, on unit la plaie avec la serpette; on la rend nette, on enlève les déchirures, les mâchures de l'outil; on efface en un mot les inégalités de surface.

Si la tige est de moyenne grosseur, on ne lui applique qu'une greffe; alors on établit l'aire de l'amputation dans un sens légèrement oblique; mais si la force du sujet exige plusieurs greffons, on fait la coupe sur un plan horizontal.

Le greffon est un fragment de rameau muni d'un œil ou de plusieurs yeux. Plus le sujet est jeune, plus court sera le greffon. Dans une terre froide, riche, et sous un climat humide, les greffons à quatre ou cinq yeux sont préférables aux greffons courts ; tandis que, dans un terrain maigre et sous un climat sec et chaud, on adoptera les greffons trapus. Prenons pour terme moyen deux ou trois yeux ; le greffon a de 0^m,08 à 0^m,10 de longueur. Pour le préparer, nous taillons la partie inférieure de la greffe, sur deux faces, en biseau presque triangulaire. Nous disons, presque, attendu que les deux côtés, taillés en s'amincissant, ne se rencontrent à vive arête que vers la pointe ; il reste fort souvent une lamelle d'écorce, qui va en s'élargissant jusqu'au sommet du biseau. A l'opposé de cette arête est le dos du biseau laissé intact par l'outil ; il commence immédiatement sous un œil et se termine en pointe à l'extrémité inférieure du greffon. Dans quelques circonstances, nous verrons qu'il est possible de ménager un bourgeon sur le dos du biseau ; et dans certains procédés de greffage en fente terminale, le greffon est taillé en double biseau, régulier sur les deux faces, au lieu d'être en coin triangulaire.

Quand on veut faire asseoir parfaitement le

rameau-greffon sur le sujet, on ménage, au
sommet du biseau, en tête de chaque paroi
amincie, une légère entaille horizontale ou oblique, dans le sens de la coupe de la tige.

La préparation du greffon (*fig*. 44) s'obtient

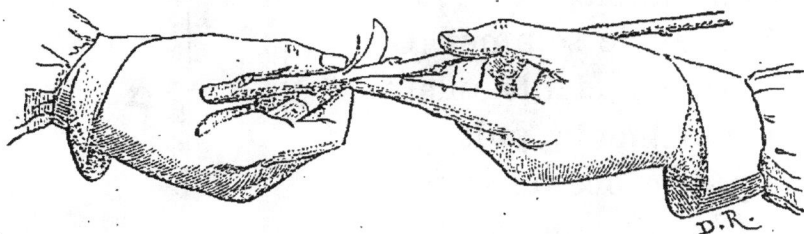

Fig. 44. — Préparation du greffon de la greffe en fente.

plus aisément en le tenant couché sur la main
gauche, allongé sur l'index. La main droite,
armée d'un greffoir, le taille vivement en lis-
sant chaque côté du biseau : la moindre inégalité s'opposerait à sa coïncidence avec le sujet ;
la pointe doit être légèrement émoussée afin de
faciliter le glissement.

Un détail bon à signaler aux débutants : le
greffeur a plus de force et dirige mieux le
mouvement de l'outil, s'il opère, ayant les
coudes au corps.

La greffe en fente se fait avec un ou plusieurs greffons ; les divers procédés consistent
à employer le greffon à l'état ligneux ou herbacé, au printemps, en été, ou à l'automne, sur
le corps de l'arbre, à son sommet, ou à l'angle
des bifurcations.

GREFFE EN FENTE ORDINAIRE.

Greffe en fente simple. — Nous avons à notre disposition un sujet (A, *fig.* 45), de moyenne grosseur. Nous le tronçonnons obliquement en B, le sommet (C) de la coupe étant aplani horizontalement ; puis, en y plaçant le bec de la serpette (*fig.* 3), ou la lame du couteau à greffer (*fig.* 6), nous balançons l'outil par secousses légères et brusques, de manière qu'il en

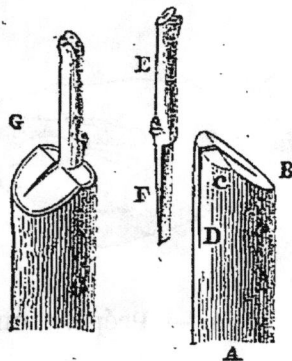

Fig. 45. — Greffe en fente simple.

résulte une fente verticale (D) ayant la longueur approximative du biseau (F) du greffon (E). Le talent du greffeur consiste à ne pas fendre diamétralement le sujet. Ce mouvement saccadé de la main qui tient l'outil a encore pour but de trancher l'écorce et les premières couches d'aubier, pour que la fente ait, on peut le dire, son chemin tracé ; si les parois de cette fente étaient irrégulièrement séparées, il faudrait s'abstenir de les lisser, ou pour le moins d'y enlever des éclats.

Au moment où cette fente est aux deux tiers finie, de l'autre main nous prenons le greffon (E) et nous l'y insérons par l'orifice supérieur, en le faisant descendre à mesure que l'incision

s'agrandit (*fig.* 46). Nous retirons même l'outil
assez tôt pour que le greffon, se trouvant poussé
par la main, achève de préparer son logement.

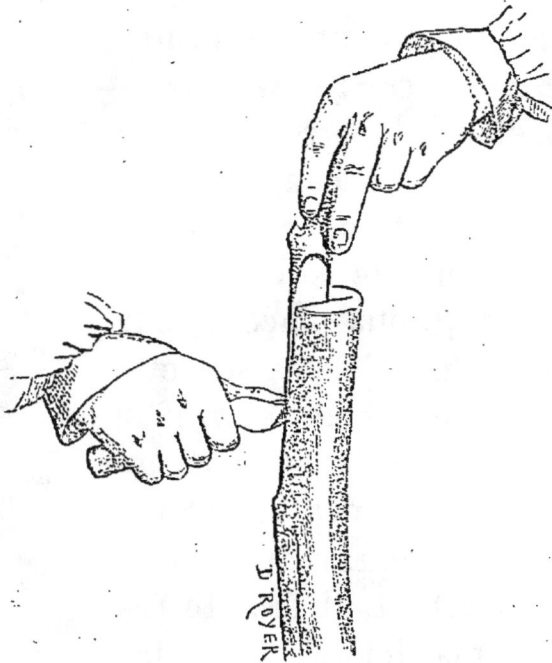

Fig. 46. — Insertion du greffon de la greffe en fente.

Nous faisons glisser le biseau (F, *fig.* 45) dans
sa position définitive (G), de façon que son
écorce coïncide avec celle du sujet, sans saillie
et sans cavité accentuées. Si la tige avait une
écorce épaisse, nous inclinerions faiblement le
greffon dans la fente, rentrant au sommet, sor-
tant à la base, afin que le croisement des couches de liber et d'aubier des deux parties ame-
nât inévitablement quelque point de contact;
car l'agglutination s'accomplit par la concor-

dance des zones génératrices des deux parties, et non par les couches extérieures de l'écorce.

L'engluement est nécessaire. La ligature, même au cas de demi-fente, retient les tissus ; son rôle sera plus utile que nuisible.

Greffe en fente double. — Le sujet (A, *fig*. 47), étant plus gros, recevra deux greffons. La coupe (B) est horizontale, et nous fendons diagonalement le sujet en C. Dans ce but, nous plaçons, sur la tranche du sujet, la serpette (*fig*. 3) ou le ciseau à greffer (*fig*. 7), la lame étant perpendiculaire à la troncature. Nous appuyons des deux mains ; si le bois est résistant, il faut le secours du maillet (*fig*. 8) : les

Fig. 47. — Greffe en fente double.

greffes sont placées une à une dans la bouche de l'opérateur, ou dans un vase contenant de la mousse fraîche. Quand la fente est aux deux tiers finie, nous retirons l'outil sur un bord, de manière que l'incision soit toujours entrebâillée ; nous plaçons un greffon (D) à l'autre bord, et en employant l'outil ou le manche du maillet comme un levier, nous faisons pénétrer le greffon complètement. L'insertion de l'autre greffon n'est pas plus difficile ; peut-être faudra-t-il encore placer la lame de l'outil dans la fente (C), au centre de la coupe et for-

cer un peu l'ouverture, pour faciliter le glissement de la deuxième greffe.

Si cette pression de l'outil devait présenter
quelque inconvénient, nous introduirions provisoirement un petit coin de buis au milieu de

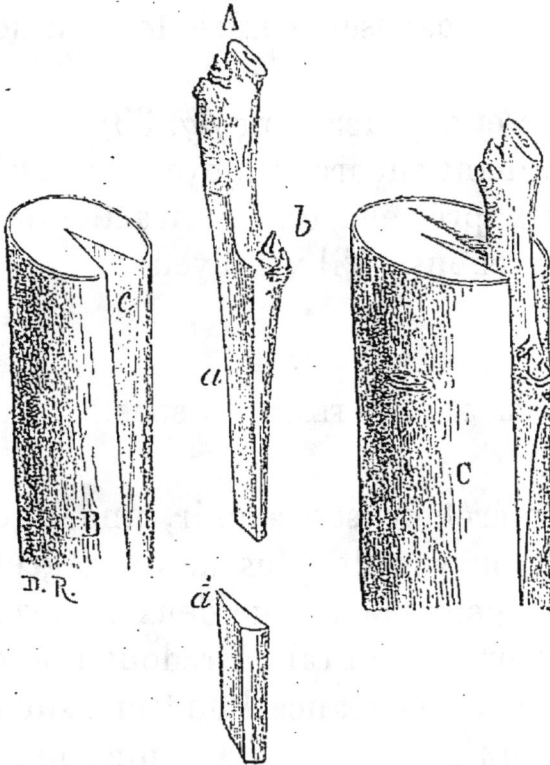

Fig. 48. — Greffe en fente avec un œil enchâssé.

la fente (C). Il nous permettrait de faire glisser
librement les deux rameaux, sans toutefois
agrandir la fente.

Ligaturer (E); engluer copieusement.

Greffe en fente avec œil enchâssé (*fig.* 48).
— Ce mode de greffage est basé sur la pré-

paration du greffon. En taillant le greffon (A,
fig. 48) d'après la coupe (*a'*), on ménagera,
sur le dos du biseau (*a*), un œil (*b*) qui se trouvera enchâssé dans la fente (*c*) du sujet (B), tel
qu'on le voit en C. Il en résultera un scion vigoureux qui craindra moins l'action des vents.
On pourra le palisser contre le sommet du
greffon.

Ligaturer et engluer (voir *fig.* 33).

En simplifiant encore ce moyen, on multiplie
les rameaux précieux en les fractionnant en
autant de greffons qu'il y a d'yeux.

GREFFE EN FENTE DE BIAIS.

Dans l'intérêt de son avenir, une tige déjà
forte sera pourvue de plus de deux greffons ;
mais on ne peut placer que deux rameaux par
ouverture ; or, il y aurait à redouter une destruction à courte échéance d'un tronc sur lequel
on aurait pratiqué plusieurs fentes parallèles
ou perpendiculaires entre elles. Nous aurons
donc recours à un procédé qui laisse intact le
cœur de l'arbre, tout en augmentant le nombre
des greffons.

Le tronc (*fig.* 49) étant scié, puis avivé à la
serpette, nous pratiquons plusieurs fentes de
côté (*a, a, a*), qui, géométriquement, par rapport au plan de l'amputation, sont des cordes

tendues dans le cercle, et non des rayons ni des diamètres.

Pour que le greffon (L, *fig*. 50) s'adapte à l'incision du sujet, il faut que le biseau du greffon soit préparé de biais, de telle sorte qu'un de ses côtés seulement (M) tranche obliquement le canal médullaire, tandis que l'autre (N) ne ferait pour

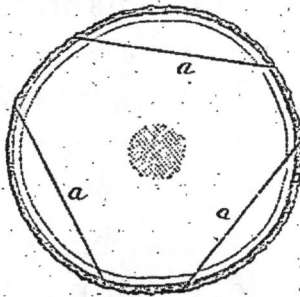

ainsi dire qu'enlever l'écorce jusqu'à l'aubier.

Fig. 49. — Plan du tronc pour la greffe en fente de biais.   Fig. 50. — Taille du biseau pour le greffage de biais.

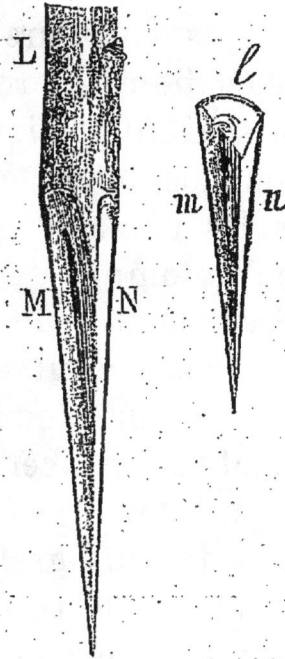

Pour les autres systèmes de greffage en fente ordinaire, les greffons trop chargés de moelle peuvent toujours être taillés ainsi ; alors, on fend le sujet obliquement et non diamétralement, afin d'épargner la partie centrale.

ÉPOQUE DES GREFFAGES EN FENTE ORDINAIRE ET EN FENTE DE BIAIS.

Les principales époques du greffage en fente

sont le printemps et la fin de l'été. Dans le
midi de la France, où l'action des hivers rudes
est à peu près nulle, on réussit dès le mois de
décembre. Vers le nord, on ne peut guère commencer avant mars ou avril. Dans les pays où
la végétation est prolongée, le greffage d'été est
assez souvent pratiqué en automne. De là, deux
saisons distinctes, et connues dans la pratique
sous les noms de greffage de printemps, greffage d'automne.

Greffage en fente au printemps. — Les mois
de mars et d'avril sont les époques habituelles
pour le greffage en fente. Dans les pays chauds,
on peut commencer plus tôt. On agira de même
à l'égard des sujets à végétation précoce.

Les rameaux-greffons, coupés à l'avance, seront mis en terre ou dans un vase rempli de
sable ; on les placera au nord d'un bâtiment, ou
à l'ombre d'un buisson. On pourrait encore les
détacher de l'arbre-étalon au moment même
de les employer, à la condition que celui-ci ne
soit pas encore en sève. Avec les espèces à tissus
délicats, il est préférable de couper les rameaux-
greffons à la dernière heure.

Le sujet sera étêté le jour du greffage. Lorsqu'on l'étête plus tôt, on a soin de *rafraîchir* la
coupe au moment de la greffe, afin de pouvoir
insérer les greffons sur une tranche saine et
vive.

S'il y avait inégalité de sève entre les deux

parties, c'est le greffon qui devrait se trouver le plus en retard.

Après le greffage, si les hâles deviennent persistants, on couvre la greffe de mousse ou d'un cornet de papier attaché sur le sujet.

Greffage en fente à l'automne. — La greffe en fente d'automne ou de fin d'été se pratique comme celle de printemps ; il n'y a que l'époque de changée. Cette période comprend les mois d'août, septembre et octobre ; mais il faut saisir le moment où la sève est à son déclin ; les rameaux du sujet sont aoûtés, les yeux bien formés ; et les feuilles, quoique encore adhérentes, sont prêtes à se détacher. Posée trop tôt, la greffe pourrait bourgeonner, et cette précocité d'arrière-saison lui serait funeste en hiver ; elle offrirait au froid plus de prise que si elle était restée dormante. Si la greffe était faite trop tard, elle ne pourrait plus s'unir au sujet, par suite de la disparition du cambium, et se trouverait desséchée quand arriverait la végétation du printemps.

Aussi, nous ne saurions poser en règle invariable l'époque convenable à chaque espèce ou variété ; le degré de végétation est le pivot, c'est-à-dire la principale condition du succès. Deux sujets voisins, d'espèce semblable, peuvent réclamer un greffage d'automne à trois semaines d'intervalle. L'habitude est le guide le plus certain.

Parmi les essences greffées à l'automne, le Prunier, et surtout le Cerisier-merisier, y trouvent cet avantage, que leur développement au mois d'avril suivant étant plus hâtif que par le greffage de printemps, ils auront moins à redouter les variations de température et l'attaque des insectes.

Les greffons seront coupés au moment de leur emploi, effeuillés aussitôt, et la base placée dans un vase d'eau, sinon dans du sable frais.

Pour les greffages d'automne, les mastics froids présentent cet inconvénient que leur onctuosité subit l'action de la gelée ; par suite, les tissus englués pourraient en supporter les effets. On emploiera donc un liniment chaud qui durcisse immédiatement. Mais on pourrait cordeler de la mousse sur un mastic trop fusible ou qui ne serait pas suffisamment durci.

GREFFE EN FENTE TERMINALE.

Les greffes en fente précédemment décrites ne sont que facticement terminales, tandis que les suivantes sont plus spécialement appliquées au sommet d'un sujet non étêté et à l'insertion dans l'œil terminal. Nous les recommandons particulièrement pour les Conifères, avec greffon ligneux ou herbacé.

Greffe terminale ligneuse. — L'époque du greffage est au printemps, avant la montée de la sève.

Les Sapins des genres *Abies, Picea, Tsuga*
dont la tige s'augmente chaque année d'un verticille de branches et d'une flèche non ramifiée
peuvent être propagés à l'aide de ce système

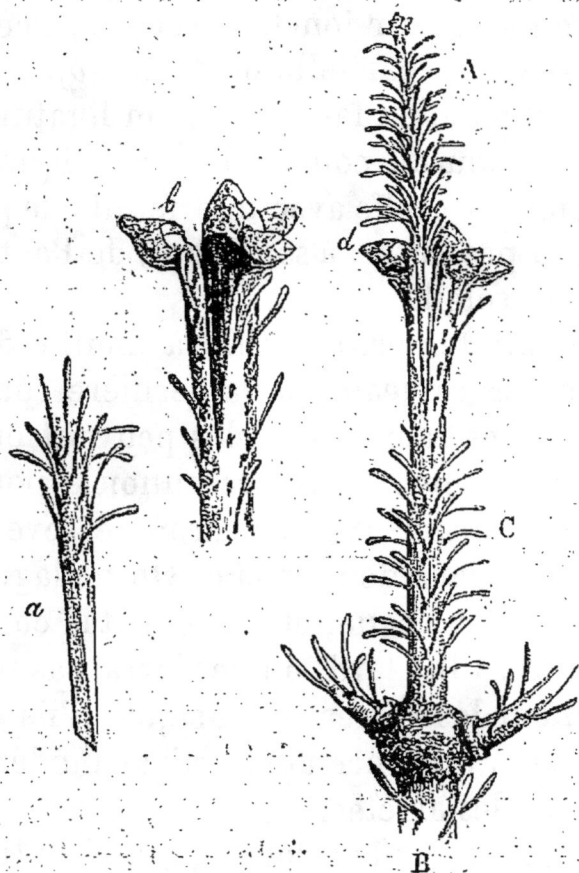

Fig. 51. — Greffe en fente sur bourgeon terminal (Sapin).

qui se pratique en plein air, en avril-mai, quand
les bourgeons du Sapin commencent à gonfler.
Le greffon (A, *fig.* 51), choisi au sommet
d'une branche, est un rameau de l'année précédente, couronné de ses yeux terminaux. Son

biseau (*a*), légèrement aminci en dedans, est taillé uniformément et sans languette ; on l'inoculera au sommet de la flèche (C) du sujet (B), dans une fente pratiquée entre deux yeux de la couronne, à leur jonction vers l'œil central ; cette fente sera partielle ou totale (*b*).

L'insertion étant faite (en *d*), on ligature avec de la laine ou du coton, et on mastique ; puis on entoure la greffe avec une feuille de papier, afin de la préserver, à son début, de l'action du hâle et du soleil.

En même temps, on taille à moitié de leur longueur les rameaux de la dernière couronne du sujet. Les rameaux grêles peuvent être arqués en dessous. Cette précaution a pour but de ne pas laisser absorber trop de sève par le sujet aux dépens de la greffe. On n'élague pas, on taille ou on arque, et seulement la couronne supérieure. Plus tard, on ne devra pas mutiler sévèrement les rameaux du sujet. S'ils s'étendaient trop, un pincement estival modéré suffirait pour les arrêter.

Le sujet se greffe à tout âge, à l'air libre ou à l'étouffée. Les arbres qui en résultent conservent l'apparence des arbres de semis. On comprend qu'il vaudra mieux les greffer petits, afin de jouir davantage de leur port ou de leur feuillage.

Dans les pépinières des environs de Metz, on pratique avec succès cette greffe en plein air, en juillet-août, alors que la flèche du sujet et le rameau-greffon passent de l'état herbacé au ligneux, et offrent assez de consistance pour supporter le greffage.

On cite à Castle Kennedy (Angleterre), de superbes échantillons du *Sapin noble glauque* hauts de 50 pieds, greffés par Fowler.

Greffe terminale herbacée. — Nous l'avons plus spécialement appliquée au Pin ; mais nous avons tout lieu de croire que d'autres tribus de la famille des Conifères s'y prêteraient également.

Lors des premières évolutions de la sève, en mai-juin, — les jeunes pousses de Pins ayant déjà 0^m,03 à 0^m,05, avant que les nouvelles feuilles soient développées, — le moment est venu de greffer.

Le greffon (C, *fig.* 52) est un de ces jeunes rameaux, à l'état presque rudimentaire, muni de son œil terminal ; on le prend sur une branche de l'arbre-étalon, peu importe qu'il soit choisi au sommet ou de côté. On le taille en double biseau régulièrement aminci aux deux faces avec un greffoir bien affilé. Les précautions sont nécessaires à cause de la contexture délicate du greffon.

Fig. 52. — Greffe en fente en tête, avec rameau herbacé. (Pin.)

Le sujet est tronqué au sommet de la flèche, immédiatement au-dessous du groupe d'yeux terminaux. On enlève les feuilles autour du sommet (B), sauf quelques-unes, conservées à la tête pour y attirer la sève. L'incision est faite diamétralement ou partiellement, suivant la différence de calibre entre le sujet et le greffon. Le greffon est engagé assez profondément dans cette fente, de manière que le sommet du biseau pénètre à $0^m,01$ au-dessous de l'amputation. Le dos du biseau doit coïncider au moins sur une face avec l'écorce du sujet. Un tuteur ou une baguette, pour la consolidation de la greffe, serait indispensable pendant une année ou deux.

On ligature avec de la laine ; on englue les coupes vives exposées à l'air ; puis on entoure la greffe avec un cornet de papier que l'on maintient jusqu'à ce que les bourgeons greffés soient entrés en végétation.

L'arbre croîtra ensuite sans que l'on soit obligé d'élaguer, d'ébourgeonner ni de pincer les branches du sauvageon.

S'il s'agissait de greffer une variété plus précoce en végétation que le sujet, un greffeur habile pourrait, au lieu d'écimer le sujet (B, *fig.* 53), fendre à moitié le bourgeon terminal (*a*) en pénétrant la flèche (A) ; il introduirait le greffon (C) dont le biseau triangulaire (*c*) s'emboîtera dans la fente partielle (*a*). On voit (*b*) la

greffe ligaturée. Tandis que le greffon se développera, on modérera, par un pincement, le

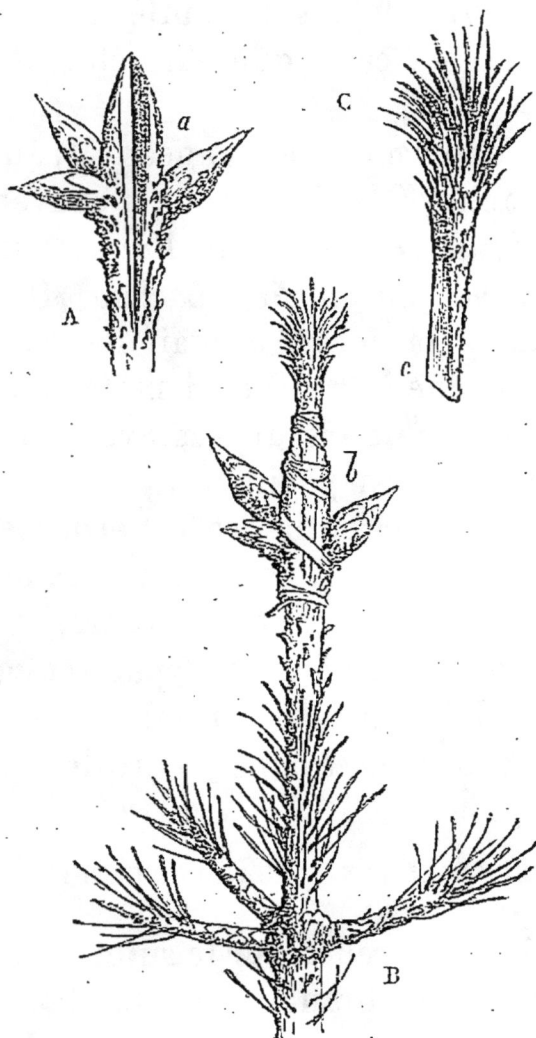

Fig. 53. — Greffe en fente sur bourgeon terminal (Pin).

développement des bourgeons du verticille terminal.

Le mode précédent (*fig*. 52) est d'une applica-
ion pratique plus facile.

La forêt de Fontainebleau fournit des exemples de *Pin Laricio* greffés en tête herbacée sur le *Pin sylvestre*, depuis quarante ans. Les arbres sont aussi beaux que s'ils étaient venus par semis.

Pendant une trentaine d'années, M. Jules Barotte, à Brachay (Haute-Marne), a converti, par ce procédé, des milliers de *Pin sylvestre* en *Pin d'Autriche* ou en *Pin Laricio*. Il opérait à même dans la forêt, greffait les sujets sur leur jeune flèche à 0^m,50 ou 1 mètre du sol, et ne couvrait jamais ses greffes avec un écran, comme on le fait en pépinière.

Le vulgarisateur de la greffe herbacée est le baron de Tschudy, qui en a démontré les effets sur des arbres forestiers ou fruitiers, et même sur des plantes potagères, soit par ses communications à la Société d'agriculture de Metz, soit par ses expériences dans le parc de Colombé.

GREFFE EN FENTE SUR BIFURCATION.

L'insertion du greffon sur le sujet se fera à la bifurcation d'une branche sur la tige, ou au point de rencontre de deux branches. Il est facile de provoquer la naissance de cet enfourchure par la taille de la tige, ou de la branche, ou encore par l'ouverture d'un cran (*fig.* 31) au-dessus d'un bourgeon qui se développera et constituera la bifurcation.

Le greffon taillé en coin triangulaire assez aminci sera introduit sur le sujet à la jonction des deux branches; ces deux branches seront raccourcies graduellement dès que l'on voudra faire développer la greffe.

Nous signalerons quelques espèces : des Conifères, le Hêtre, la Vigne, le Chêne, qui réussissent par ce procédé.

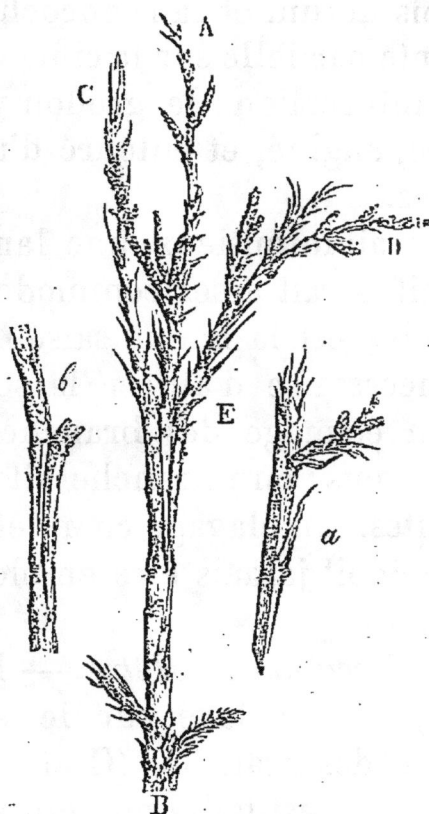

Fig. 54. — Greffe en fente sur bifurcation (Thuia).

Greffe en bifurcation des Conifères. — Dans les arbres résineux, les espèces qui se ramifient sur la jeune flèche, les variétés de Biota, de Chamæcyparis, de Cyprès, de Genévrier, de Retinospora, de Thuia, de Thuiopsis, pourront être propagées par cette méthode.

Le greffon (A, *fig.* 54) est inséré sur le sujet (B), au point de jonction (E) du rameau (D) sur la flèche (C).

La base (*a*) du greffon sera amincie des deux côtés, la face interne plus étroite que la face externe, le biseau uni et sans encoche. On pratique une fente partielle sur la cime du sujet au point (*b*) de bifurcation ; le greffon y est introduit, ligaturé, englué, et entouré d'une feuille de papier gris.

Pour ce travail minutieux, une lame fine, en forme de canif, serait assez commode.

Le printemps est la bonne saison pour opérer. Il est nécessaire d'attirer la sève vers la greffe par un écimage des branches du sujet placées au-dessous ; on retrancherait seulement leurs extrémités. Un élagage complet serait désastreux et ne doit jamais être employé sur les jeunes Conifères.

Greffe en bifurcation du Hêtre. — Le greffon (A, *fig.* 55) est enclavé sur le sujet (B), à la rencontre des branches (C et D). Le biseau (*a*) du greffon est taillé en coin aminci (*a'*) sur vieux bois. La fente (*b*) du sujet ne dépasse guère les deux tiers du diamètre de l'arbre, de telle sorte que le greffon s'y trouve bridé. Cependant on devra ligaturer et engluer.

On taillera assez long les branches (C et D);

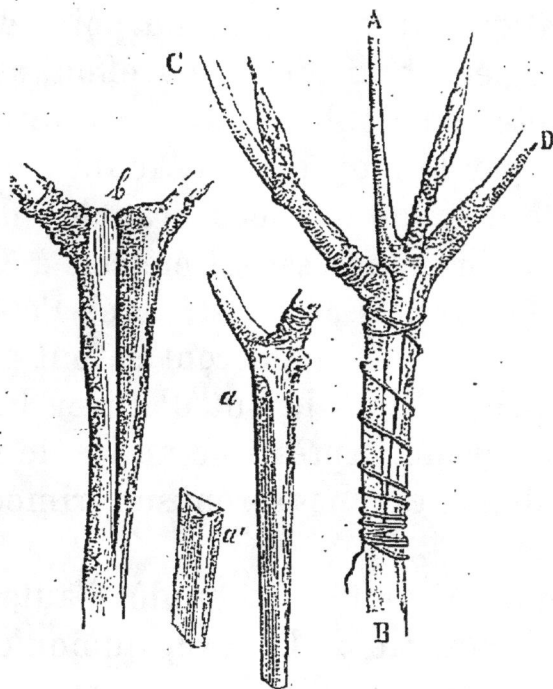

Fig. 55. — Greffe en fente sur bifurcation (Hêtre).

plus tard on réduira leur longueur, à mesure que le greffon se développera, de façon que les deux moignons puissent être enlevés à l'automne suivant, le greffage ayant eu lieu au printemps, en mars-avril.

Le Chêne se greffe de même sur enfourchure. Depuis longtemps M. P. de Mortillet multiplie par ce procédé les *Chênes d'Amérique* sur les *Chênes d'Europe*. Nous avons réussi le *Noyer d'Europe* sur le *Noyer d'Amérique*. Peut-être

le Châtaignier et d'autres arbres à bois dur se
grefferaient-ils par le même mode.

Greffe en bifurcation de la Vigne. — Ce greffage se pratique hors de terre, au point de bifurcation de deux branches. Le greffon, aminci
des deux côtés en double biseau, est introduit
sur le sujet par le moyen d'une fente partielle
ouverte à la jonction des deux branches du sujet. Ces deux branches seront étêtées à 0^m,30
environ de leur naissance ; et, dans l'été, les
bourgeons qui s'y développeront seront pincés
et non supprimés dans le but d'attirer la sève
vers le point greffé. Après une année de végétation, les deux branches seront supprimées au
ras de la greffe.

Le moment de greffer est plutôt l'automne,
à la phase terminale de la sève, quoiqu'on ait
encore chance de succès au printemps. La ligature doit être forte et conservée assez longtemps,
le bois de la vigne ayant une tendance à se fendre.

Ce moyen, recommandé par M. Boisselot, de
Nantes, permet de changer la nature d'un cep en
introduisant, sur ses bifurcations, des greffons de
la variété à propager. On pourrait ainsi réunir
une collection de cépages sur la même souche.

SOINS APRÈS LE GREFFAGE EN FENTE.

Nous avons indiqué aux divers modes de greffe
en fente les soins particuliers qu'ils nécessitent.

Il ne nous reste plus qu'à généraliser nos principales recommandations.

On surveillera fréquemment les ligatures.

On procédera au palissage contre des tuteurs, des échalas, des perches ou de simples baguettes, de manière que les scions de la greffe soient palissés au fur et à mesure de leur développement. Le mode le plus simple serait d'attacher une baguette flexible par ses deux extrémités sur le sujet, en la disposant en arc pour recevoir l'accolement des jeunes rameaux.

On ébourgeonnera les jets étrangers à la greffe qui naissent sur le sauvageon ; on agira avec d'autant plus de sévérité que le sujet sera plus fort, et que les scions à ébourgeonner seront plus éloignés de la greffe.

Enfin on recherchera les insectes qui viendraient se cacher dans les fentes de la greffe ou sous les ligatures.

Une greffe en fente manquée au printemps pourrait être remplacée dans la même année par les greffes en couronne, en écusson, de côté par rameau, ou en fente d'été, mais le plus souvent par la greffe en fente d'automne.

Groupe 7.

GREFFAGE A L'ANGLAISE.

Préceptes généraux. — La greffe anglaise comprend un sujet et un greffon qui sont généralement du même calibre. On les taille en biais, l'un dans un sens, l'autre dans un sens opposé, mais sur le même angle, de façon qu'ils coïncident par leur rapprochement. On augmente leurs points de contact par des crans et des languettes qui s'encochent réciproquement.

Le sujet est étêté pour recevoir la greffe. Un sujet plus gros pourrait recevoir deux greffons. Le greffon est un rameau bien constitué d'une longueur de deux à quatre yeux.

Le greffage à l'anglaise est le véritable greffage par copulation. Il est applicable à la majorité des végétaux. Les Anglais le préfèrent à tout autre. Les multiplicateurs de l'établissement André Leroy, d'Angers, n'emploient pour ainsi dire que celui-là. D'autres maisons n'y soumettent que les arbustes d'un faible diamètre.

Le moment de greffer ainsi est en mars-avril ; l'opération réussirait encore en août-septembre, quand la sève se ralentit.

Le nombre de procédés de greffage à l'anglaise étant illimité, nous nous arrêterons à quatre ou cinq genres assez distincts.

Greffe anglaise simple (*fig.* 56). — Le sujet et le greffon, de pareil diamètre, sont taillés en biais sans la moindre coche, afin de moins y risquer la gomme, toujours fatale à la soudure.

Les deux parties sont assemblées aussi parfaitement que possible ; c'est donc une greffe par application pure et simple. Une ligature souple,

comme la laine, ou la spargaine, est rigoureusement nécessaire.

L'emploi d'un tuteur et la surveillance de la
strangulation ne devront pas être négligés.

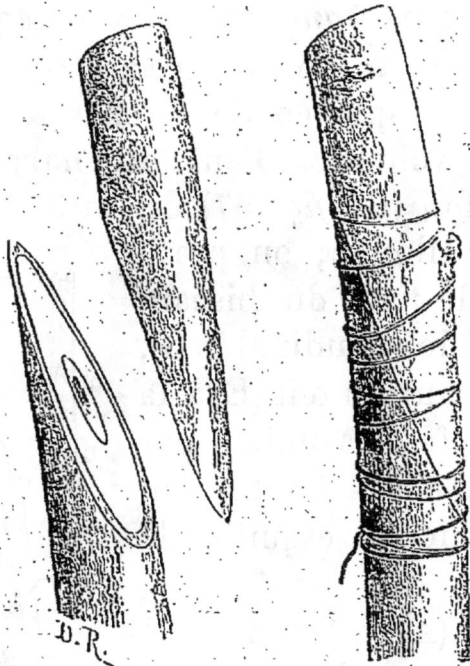

Fig. 56. — Greffe anglaise simple.

Nous avons réussi l'Abricotier par ce procédé.

Dans les pays du Nord où l'on pratique le
greffage en cave pendant l'hiver (voir page 48),
le jeune plant, gros comme un crayon, et gros
comme le greffon, est coupé, taillé et greffé par
copulation ou *à l'anglaise simple*, ligaturé et englué. On le met en jauge dans le cellier, pour
le planter une fois les gelées disparues. D'après

M. Jankowski, de Varsovie, la température de
la cave ne doit pas dépasser + 18°. Le greffage
se fait alors de janvier en mars. Si la différence
de diamètre des deux parties ne permet pas d'appliquer la greffe anglaise simple, on aura recours à la greffe *anglaise compliquée*.

Greffe anglaise compliquée. — Celle-ci
est la plus employée des greffes anglaises, et
représente volontiers l'ente du charpentier.

Le greffon (B, *fig.* 57) est taillé en bec de
flûte très allongé; on prati-
que, vers le tiers du biseau,
une fente longitudinale (D),
en ménageant un œil (E) à la
base. Cette fente s'obtient par
un simple coup d'outil ; on
n'enlève aucune esquille de
bois.

Le sujet (A) est soumis à
une opération analogue : tronçonnement en biais et fente au
tiers supérieur avec bourgeon
d'appel. Une fois les deux biseaux préparés, on les ajuste
l'un à l'autre de manière qu'ils
se touchent en tous points ;

Fig. 57. — Greffe an-
glaise compliquée.

puis, faisant pénétrer la dent (D) dans le cran
(C), on les agrafe intimement.

Quand le greffon est moins large que le
sujet, on le ramène en rive de la tranche du

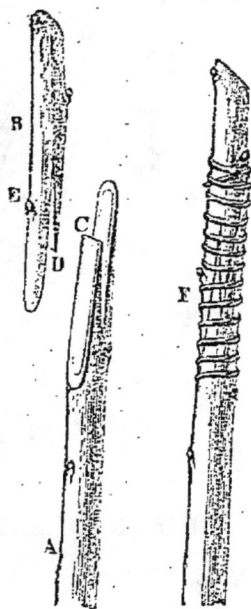

sujet, pour que les épidermes d'un côté se confondent dans la même périphérie.

Ligaturer et engluer copieusement.

Nous donnons (*fig.* 58) une forme de la greffe anglaise pour diamètres égaux ; consultant le

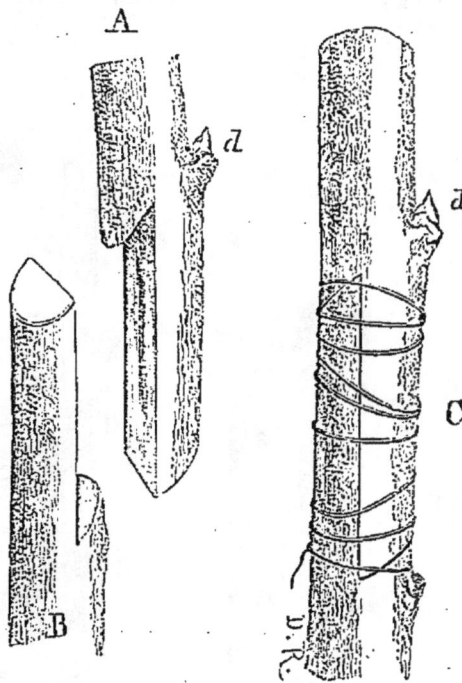

Fig. 58. — Greffe anglaise compliquée dite *trait de Jupiter*.

Dictionnaire du charpentier, nous l'appellerons : greffe anglaise *en trait de Jupiter*.

D'une exécution solide, elle offre une double sécurité par les deux encoches obliques du greffon (A) et du sujet (B) réunis définitivement en C.

Le bourgeon d'appel (*d*) attire les arrivages du cambium chargé d'agglutiner la greffe.

Greffe anglaise au galop. — Traduction de
« Whip-graft » donné par les Anglais à cette
greffe qu'ils pratiquent depuis longtemps.

Des auteurs anglais, Miller en 1731, Bradley
en 1756, Forsyth en 1802, l'ont décrite sous le
nom de « whipe and tongue grafting », *greffe*

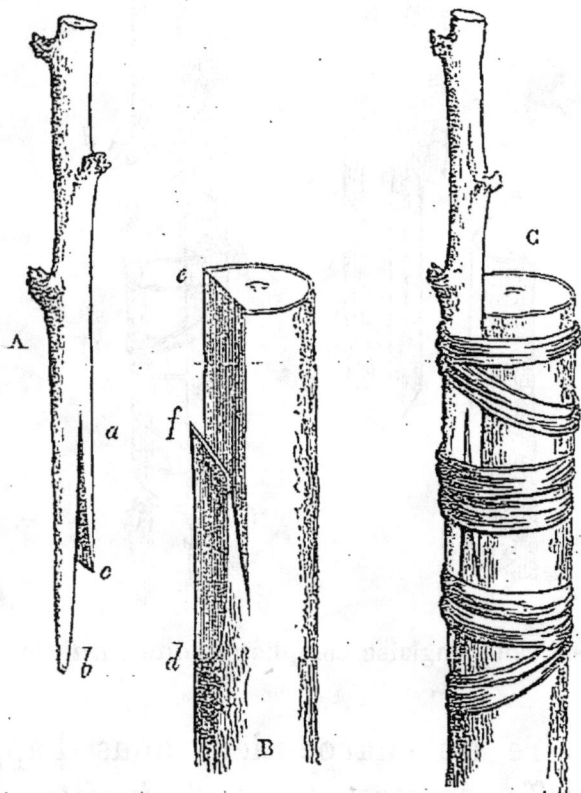

Fig. 59. — Greffe anglaise au galop, simple.

à languette au galop. Vers 1803, Calvel la
nomme « greffe de rapport oblique ». Il en fait
remonter l'origine à Kuffner, auteur allemand
du commencement du dix-huitième siècle, et

estime qu'elle aurait été importée d'Allemagne en France vers 1740.

Greffe au galop, simple. — Le sujet (B, *fig.* 59(est étêté ; avec la serpette ou le greffoir, on obtient la plaie (*d, e*) longue de 0^m,05 à 0^m,06, commençant à l'écorce (*d*), finissant dans l'aubier (*e*). Au tiers environ, d'un coup d'outil de haut en bas, on a la fente (*f*). Le greffon (A), long de 0^m,10 à 0^m,12, aura sa moitié inférieure taillée en biseau plat (*a, b*) ; aux deux tiers du biseau, de bas en haut, l'outil produira la coche (*c*). Il n'y a plus qu'à enchevêtrer les deux parties en C, à ligaturer et à engluer.

Il faut avoir le soin de tailler le greffon en pointe finissant à l'écorce et de l'ajuster sur le bord de la plaie du sujet ; on ménagera, en tête de ce dernier, un bourgeon d'appel.

En rendant compte au gouvernement belge de leurs excursions en Angleterre (1867, 1868), MM. Mertens et Forckel affirment que, dans les grandes pépinières d'outre-Manche, un bon greffeur accompagné de deux aides qui ligaturent et engluent, ayant étêté les sujets la veille, peut, dans une journée de douze heures, faire mille *whip-grafts*.

Cette greffe est applicable à la majeure partie des végétaux ligneux, mais surtout au Pommier, au Poirier, au Prunier, à la Vigne, etc.

Greffe au galop, double. — Le sujet (B, *fig.* 60), étant d'un assez fort diamètre, pourra recevoir deux greffons; il subira la plaie (*d*, *e*) et sera fendu (*f*) au sommet (*e*); le greffon (A) aura son biseau (*ab*) avec la languette (*c*) en tête. On

Fig. 60. — Greffe anglaise au galop, double.

voit (C) comment les deux greffons sont accrochés sur le sujet, de façon que chacun d'eux coïncide avec la zone génératrice du sujet.

Greffe anglaise à cheval. — Le sujet (B, *fig.* 61) est taillé au sommet, en double biseau (*b*), régulier comme l'anche du hautbois. Le greffon (A) est ouvert ou fendu à sa base en *a*,

et placé à cheval sur le sujet (B) qui s'y enclave
en C. Il n'y a plus qu'à ligaturer et à engluer.

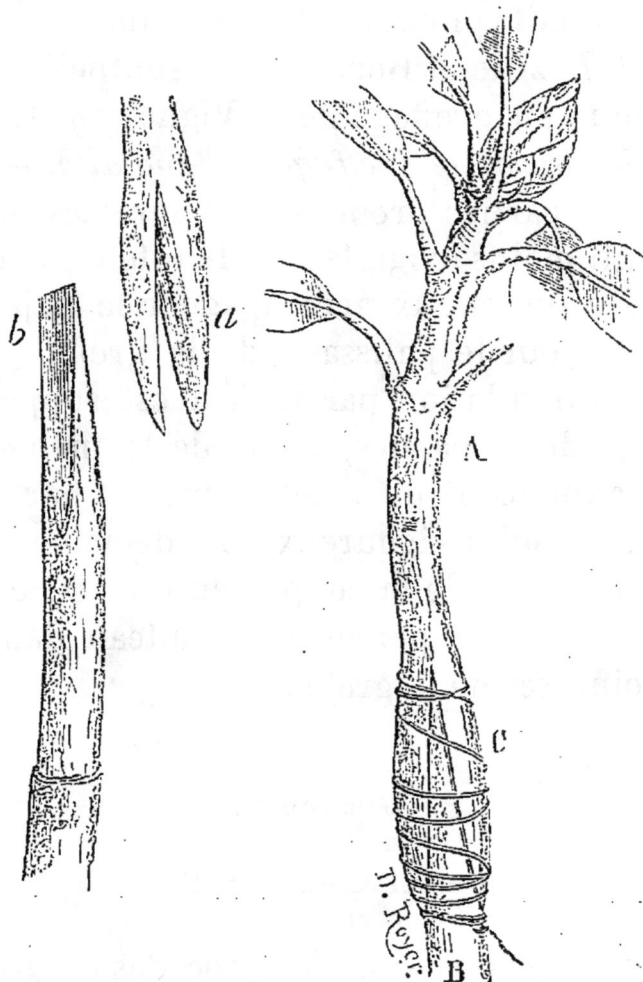

Fig. 61. — Greffe anglaise à cheval (Rhododendron).

Le choix d'un rameau-greffon trapu, terminé par un bouton floral, produit avec le Rhododendron un sujet immédiatement en fleurs.
L'établissement Bertin et Moser, à Versailles,

en a exposé publiquement des collections en variétés différentes d'un charmant effet.

M. Marie, à Moulins, emploie ce procédé pour la multiplication du Camellia.

MM. Bazille et Bouschet, à Montpellier, l'ont appliqué au greffage de la Vigne (*fig.* 127).

Soins après le greffage à l'anglaise. — Plus les deux parties greffées sont agrafées mutuellement, moins exigible sera le tuteur; et cependant il vaut mieux accompagner le sujet d'un échalas pour le palissage de la greffe.

La strangulation par le lien est supposable, car les deux parties, étant de la même grosseur, annoncent un sujet jeune, et par conséquent un sujet vigoureux. On détachera la ligature au lieu de la couper en travers, dans la crainte de faire pénétrer le couteau dans une des jointures de la greffe.

Groupe 8.

GREFFAGE MIXTE.

Nous appelons ainsi les procédés de greffage qui, ayant un but déterminé, se rapportent à d'autres procédés, par la préparation du greffon ou par son rapprochement avec le sujet. De ce nombre sont les greffes-boutures, les greffes sur racine et la greffe de boutons à fruits.

GREFFAGE EN BOUTURE.

Pour multiplier divers genres d'arbres ou d'arbustes qui réussissent au bouturage et moins facilement au greffage par rameau, nous avons recours à un procédé mixte qui a pour base l'emploi d'un greffon ou d'un sujet à l'état de simple rameau-bouture.

Tantôt c'est le greffon qui est la bouture, tantôt c'est le sujet; et quelquefois l'un et l'autre sont deux rameaux-boutures.

Greffe par greffon-bouture. — Seul, le greffon est une bouture. Le sujet, enraciné, sera greffé en tête ou de côté.

Greffe-bouture à basse tige (*fig.* 62). — Il y a deux systèmes basés, l'un sur l'amputation préalable du sujet, l'autre sur sa conservation. Dans le premier cas, on a tronçonné le sujet à 0^m,10 ou 0^m,20 du collet. On prend un rameau à greffer d'une longueur suffisante pour que, sa base étant enfoncée en terre comme une bouture, il puisse être enté sur le sujet et garder deux yeux au-dessus (V. fig. 116).

Le second cas (*fig.* 62), nommé *greffe par approche en bouture*, par Noisette, avait été dédié par Thouin à Pepin, de Montreuil.

Étant donné le greffon (A, *fig.* 62), on le taille en C. Le sujet est préparé en B, au moyen d'une triple incision qui soulève les écorces. On réunit les deux parties en E comme une greffe par approche, le greffon ayant sa base (F) enterrée, pour y former des racines, ou seulement pour s'y entretenir dans un état vivace. On ligature et on couvre de cire à greffer.

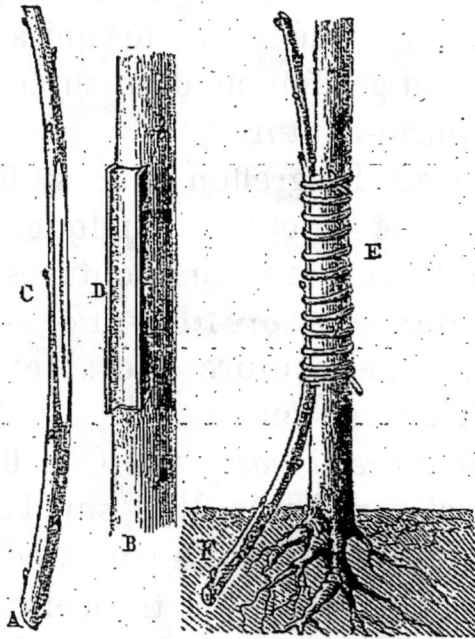

Fig. 62. — Greffe par rameau-bouture avec sujet non étêté.

Le greffage fait au printemps nécessite l'étêtage gradué du sujet pendant le cours de l'année même ou de l'année suivante.

Greffe-bouture à haute tige (fig. 63). — Si la longueur du greffon est insuffisante pour qu'il se trouve à la fois bouturé dans le sol et greffé sur le sujet à une hauteur déterminée, nous y suppléerons au moyen d'un vase rempli de terre et couverte d'un paillis, ou d'une fiole

pleine d'eau, supporté à la hauteur de la greffe
et recevant la base du greffon.

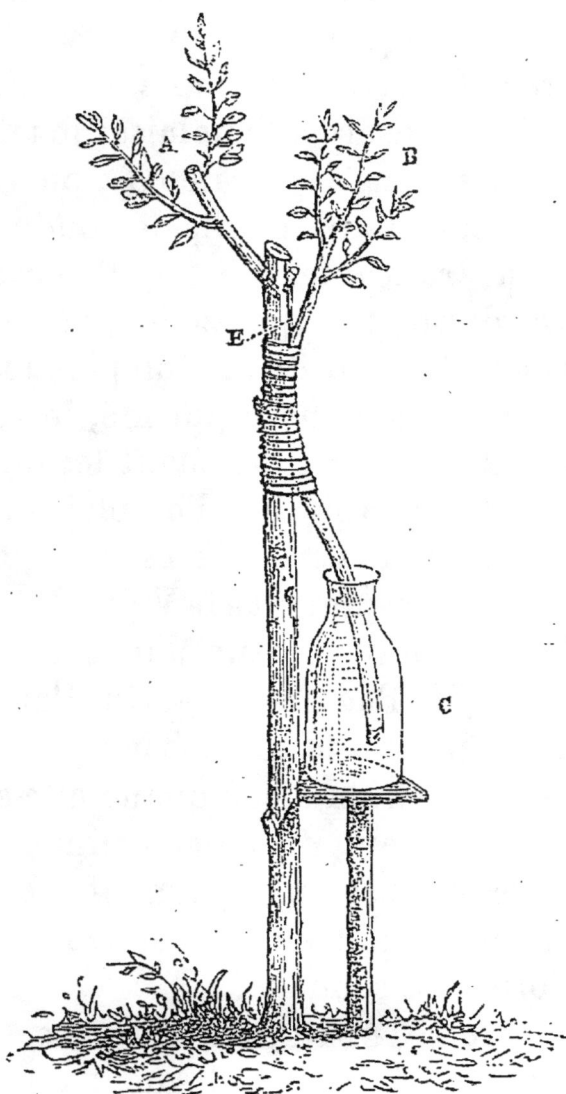

Fig. 63. — Greffe par rameau-bouture à haute tige.

La fraîcheur devant être constamment main-
tenue au talon du rameau, nous emplirons le

vase de sable-gravier, moins susceptible de se
dessécher que la terre végétale, et nous préfé-
rerons les vases en grès, comme les bouteilles à
encre, aux vases en verre.

La figure 63 est un exemple du procédé. Le
greffon (B) est inséré à l'anglaise, le talon a été
tenu au frais dans la carafe (C); on reconnaît
à sa végétation et aux points de soudure que le
sevrage est praticable. Pincer d'abord les rameaux (A) du sujet et, quinze jours après, étêter
celui-ci en E. Le pied du greffon plongeant dans
le vase sera également supprimé, le rôle auxiliaire du sable ou de l'eau étant terminé.

Ce procédé, modifié par l'emploi du greffon
herbacé, d'après le baron de Tschudy, en 1825,
a été appliqué récemment à la Vigne de plein air,
par M. Ledoux, à Nogent-sur-Marne, et à la vigne
en serre par M. Baggio, à Carvin. Par suite de
l'absorption puissante de la vigne en sève, on
recharge la provision d'eau quand elle s'épuise.
L'ébourgeonnement du sujet commence lorsque le greffon est suffisamment développé;
celui-ci subira le pincement des jeunes pousses
pour favoriser la soudure.

Greffe par sujet-bouture. — Le sujet (T)
(*fig.* 64) est un fragment d'Aucuba du Japon
préparé pour le bouturage; la base est coupée
sous un œil, et le sommet muni d'un œil et
d'une feuille (V), juste en face de l'endroit destiné à recevoir le greffon. Les feuilles de la par-

tie à enterrer seront coupées sur leur pétiole, et
celles de l'extérieur réduites à moitié du limbe.

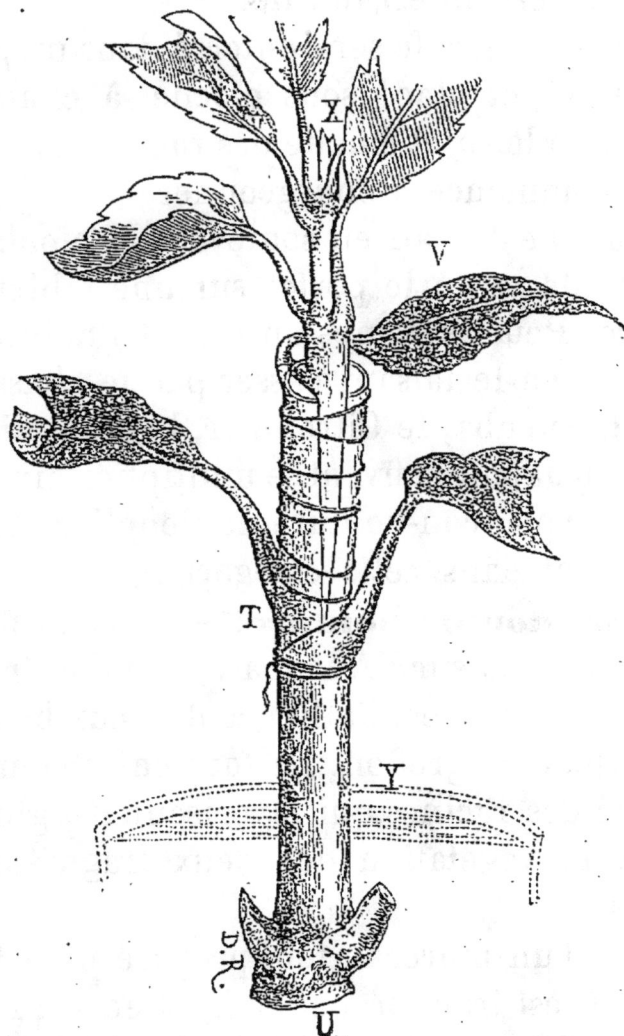

Fig. 64. — Greffe par sujet-bouture (Aucuba).

Le greffon (X) est de la variété à propager ;
on le taille en lame de couteau, et on l'insère
au sommet du sujet par le procédé des greffages
en fente ou en incrustation.

On devra le ligaturer avec un lien souple, large et plat, telle serait la spargaine. Sous verre, l'engluement est inutile.

Le sujet ainsi greffé sera enterré dans un pot à bouture (Y), et placé sous cloche, à chaud, jusqu'à ce que le sujet émette des racines et que le greffon commence à bourgeonner.

On lui donne de l'air en soulevant la cloche, et on ne tarde pas à le porter sur une tablette de la serre. Peu de temps après, on l'habitue à l'air libre, en le faisant passer par le châssis et l'abri. L'Aucuba, le Citronnier, le Camellia, le Fusain du Japon peuvent se multiplier ainsi.

Greffés sur plançon-bouture, le Peuplier et le Saule rentrent dans cette catégorie.

Greffe par double bouture. — Cette greffe (*fig.* 65), pratiquée sur l'Aucuba et sur d'autres végétaux analogues, est l'alliance de deux boutures, le sujet et le greffon. Ils forment chacun de leur côté des racines qui favorisent l'agglutination et la végétation des deux fragments rapprochés.

Le sujet est un morceau tout préparé pour le bouturage. Il est tronqué net en L et en K ; les feuilles de la base sont coupées sur le pétiole, et celles du sommet sur le limbe.

Le greffon (I) est taillé en double biseau à faces égales, comme le *greffage de côté dans l'aubier* (*fig.* 42). On entaille l'écorce et les premières couches ligneuses du sujet ; on place le greffon dans cette ouverture et on ligature avec un lien souple.

Le tronçon ainsi greffé est mis en pot et sous cloche dans la serre à multiplication. Des raci-

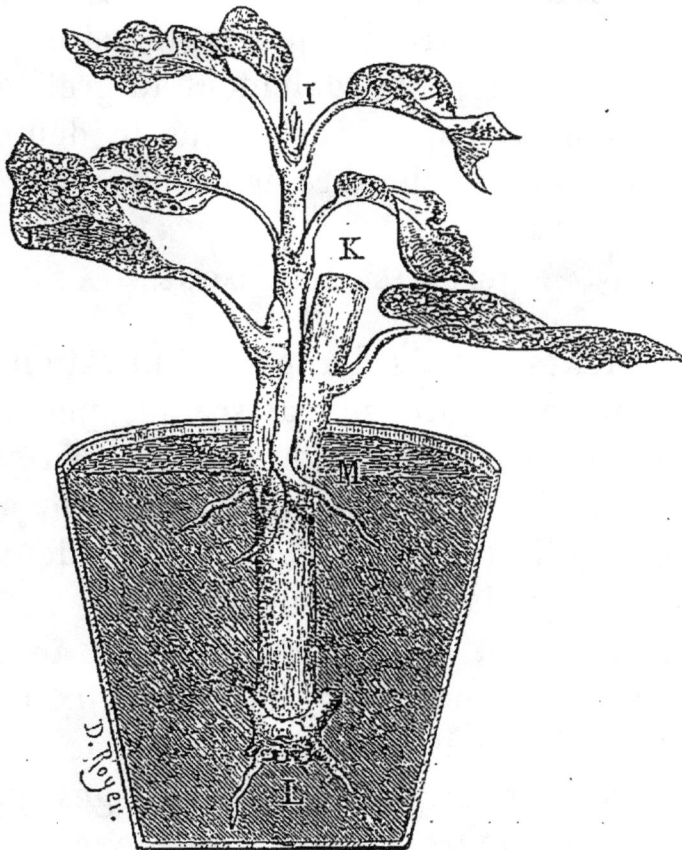

Fig. 65. — Greffe par double bouture (Aucuba).

nes ne tarderont pas à se développer à la fois en L sur le sujet et en M sur le greffon. Le jeune élève y puisera une vigueur plus grande.

Après une année de végétation au moins, on coupera le moignon supérieur du sujet entre le sommet K et la greffe ; mais il vaudra mieux conserver la base enracinée du sujet, au lieu d'en sevrer la greffe. Celle-ci, par sa couronne de racines à fleur du sol, finira par annihiler l'autre placée au-dessous, et ne lui laissera pas le temps d'émettre des jets souterrains.

La Vigne se prête également au greffage par double-bouture, ainsi que nous le démontrerons au dernier chapitre de cet ouvrage.

GREFFAGE SUR RACINE.

Plusieurs plantes d'une multiplication difficile, ou de nature suffrutescente, peuvent se reproduire par le greffage d'un rameau sur un fragment de racine qui leur appartient ou qui appartient à une autre plante : de là, deux subdivisions de la greffe sur racine.

Greffe d'un végétal sur ses racines. — Il est probable que les végétaux ligneux pour le greffage desquels on ne connaît pas d'espèce congénère pourraient être propagés par le greffage de leurs rameaux sur leurs propres racines.

Le docteur Loiseau, de Montmartre, après Columelle et Agricola, avait commencé des expériences sur ce sujet ; mais il est mort avant d'avoir achevé ses essais. Il serait intéressant de les continuer, par exemple en opérant avec des végétaux reprenant lentement ou difficilement par le bouturage. Ainsi le *Mélèze de Kæmpfer*, le *Chionanthe de Virginie*, le *Chænomeles du Japon*, le *Liquidambar Copal*, l'*Exochorda* (Spirée à grande fleur), réussissent au greffage de leurs rameaux sur fragments de leurs propres racines.

Un horticulteur anglais, M. Westland à Witley-Court, greffe le *Ficus elastica* de serre sur racine de notre Figuier, *Ficus Carica*, de plein air. M. Lemoine, à Nancy, et beaucoup d'autres fleuristes, greffent les *Aralia* de serre sur racine des Angéliques épineuses, *Aralia spinosa*, *chinensis*, et *elata*, de pleine terre, tandis que M. Delchevalerie a pratiqué, au contraire, l'insertion de jeunes racines à la base de rameaux-boutures de Caféier, de *Ficus* et d'*Aralia*, rameaux et racines de la même espèce. Ici, la racine, devenue greffon, est placée *sous* le sujet, et contribue à son alimentation. On voit que les auteurs et les cultivateurs n'ont pas tout dit sur cette matière.

Greffe en approche sur racine. — En 1867, M. Grasidou, jardinier au Jardin botanique de Montpellier, parvint à greffer un arbrisseau rare du Mexique, le *Convolvulus macranthus* (*Ipomœa murucoides*), dont un exemplaire unique existait dans l'établissement.

Les rameaux, toujours attenant à la plante, ont été greffés en approche sur des fragments de ses racines en sève; la portion de racine dégagée du sol était restée adhérente à la mère, et se trouvait plantée dans un godet rempli de terre. Un mois après, la soudure était assurée. Quelques semaines plus tard, on procédait successivement à un double sevrage : d'abord la racine que l'on détachait de la souche, ensuite le rameau que l'on isolait peu à peu de la plante-mère. Les élèves ont prospéré et ont reproduit plusieurs exemplaires de cette plante.

Greffe en fente sur racine. — Extraire un fragment de racine que l'on fendra par un coup de greffoir pénétrant la moitié seulement de son épaisseur. Tailler le greffon en biseau triangulaire pour l'insérer sur le sujet-racine. Ligaturer sans engluer ; enfin couper l'extrémité des ramifications radiculaires, et planter le tronçon greffé, à mi-ombre, en le penchant dans la rigole et en le couvrant de bonne terre jusqu'au bourgeon supérieur du greffon.

Greffe anglaise sur racine. — Ayant une racine d'une dimension inférieure à celle du greffon, on fend la base du greffon, et on l'enfourche au sommet de la racine amincie en double biseau, de manière à obtenir une *greffe à cheval* (*fig.* 61) sur racine. On ligature avec de la laine. La plantation des jeunes sujets greffés se fait à l'ombre, dans un compost léger. Quand la racine-sujet est longue, on peut l'incliner dans la terre au lieu de la planter droite, afin d'en exciter la végétation.

Greffe sur racine distincte. — Contrairement à la catégorie précédente où le sujet est une racine de l'individu même qu'il s'agit de multiplier, celle-ci comprend comme sujet une racine distincte du végétal porte-greffe.

Greffe sur fragment de racine. — La Bignone (*fig.* 66), la Pivoine en arbre, la Glycine (*fig.* 67),

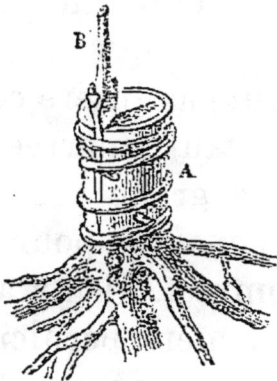

Fig. 66. — Greffe sur fragment de racine (Bignone).

Fig. 67. — Greffe sur fragment de racine (Glycine).

seront greffées au printemps, avant la sève, ou en août, quand la végétation entre dans la période de lignification.

On prend des tubercules, des tronçons de racine, pour sujet. On choisit des greffons (B, *fig.* 66) pris sur des rameaux de l'année précédente ; en pratiquant l'opération à l'automne, les greffons seront de l'année courante. On les taille en coin assez mince, pour les introduire sur le sujet (A), en fente ou en incrustation; ligaturer modérément ou pas du tout, l'engluement est inutile.

Les tronçons greffés seront mis en pot, et placés sous verre à l'étouffée. Si l'on craint que les gouttes d'eau de condensation ne s'introduisent dans la fente de la greffe, on incline les pots en les enterrant sous la cloche ou sous le châssis. Dès que la végétation commence, on aère graduellement.

Au lieu d'être mise en pot, la plante pourrait être à racine nue.

Le biseau du greffon n'étant pas inséré complètement, et la racine-sujet étant enterrée au-dessous du niveau du sol, la greffe produira du chevelu, et par suite *s'affranchira* pour former un végétal simple et complet. Il n'y aura plus à redouter le drageonnement pernicieux d'une racine étrangère ; — drageonnement facile à atténuer par l'ablation préalable du sommet des racines-sujets et par l'éborgnage de leurs yeux latents.

Le *Rosier du roi* est également greffé en fente sur tronçon de racine d'Églantier.

Certains pépiniéristes américains vont chercher en forêt des racines de Poirier, de Pommier, de Prunier sauvage. Ils les placent à la cave et les greffent en fente, pendant le chô-

mage d'hiver. Mises en jauge à l'abri, les racines greffées seront plantées en pépinière, au
départ de la gelée.

En Angleterre, on opère dans les mêmes
conditions, par la greffe au galop (*fig.* 59) sur
racine ou sur collet de Prunier, avec des greffons de Pêcher, d'Abricotier ou de Prunier.

Greffe sur collet de racine. — Le greffage de
la *Clématite* se fait habituellement en serre sur
le collet ou sur une racine isolée, avec des greffons herbacés, non effeuillés, coupés sur des
sujets en serre au moment où le bourgeon se
gonfle pour végéter. Les sujets, après leur greffage, seront mis en pot et sous cloche à l'étouffée;
ils y resteront jusqu'à ce que des racines nouvelles apparaissent autour de la motte, et que les
bourgeons entrent en sève.

L'*Althéa des jardins* réussit à l'air libre,
greffé rez terre. Mais le sujet a l'inconvénient
d'émettre, au-dessous du bourrelet, trop de
rameaux épuisants. On évite en partie cet inconvénient en insérant le greffon sur tronc de
racine, coupé immédiatement au-dessous du
collet, ou en l'insérant sur racine secondaire.
Les tronçons étant greffés, on les plantera
dehors, dans une terre ordinaire.

Le *Noyer* réussit par le greffage sur jeune
plant, à fleur du sol. On déchausse le collet,
on le greffe en fente; puis on le butte jusqu'à
l'œil supérieur du greffon. A cause des tissus

moelleux du Noyer, on taille le greffon sur
bois de deux ans, en biais (*fig.* 50), et on fend le
sujet obliquement (*fig.* 49).

Le *Magnolier* se soumet au greffage par incrustation au collet de la
racine, en juillet-août. Les
sujets greffés sont placés
sous châssis pendant un
mois, puis transportés au
nord des abris, après un
rempotage.

La *Vigne*, dont il sera
question plus loin, se prête
au greffage en fente et en incrustation sur collet de racine (*fig.* 68), avant la montée de la sève; en février

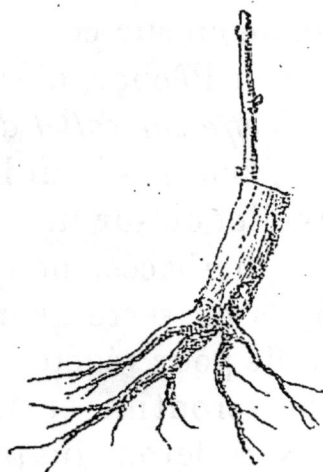

Fig. 68. — Greffe en fente
sur tronçon de la Vigne.

dans le Midi, en mars-avril dans les contrées
moins précoces.

GREFFAGE DE BOUTONS A FRUITS.

Cette opération intéressante, plus spéciale au
Poirier, a un double but : 1° utiliser les boutons à fruits surabondants d'un arbre; 2° faire
fructifier un sujet vigoureux, privé jusque-là
d'éléments fructifères.

Vers le mois d'août, les boutons à fruits du
premier arbre, qui en possède trop, seront
greffés sur le second qui en manque; et l'an-

née suivante, les boutons greffés fleuriront et
fructifieront avec plus de succès que s'ils n'a-
vaient pas été déplacés.

L'opération sera pratiquée quand la sève
commence à devenir moins abondante, de juillet
en septembre; cependant il faudra se garder
de greffer tardivement.

Mieux que tout autre, un arbre très vigoureux, une branche gourmande se prêtent parfaitement à ce greffage ; leur fructification
ainsi forcée les domptera et les amènera à
fructifier naturellement. On peut donc, par fantaisie, posséder plusieurs sortes de fruits sur
le même arbre.

Les greffons sont choisis de préférence sur
les arbres qui sont trop chargés à fruit. Les
boutons à fruits destinés à être supprimés par
la taille prochaine pourront être également
employés à cet usage. On détache les greffons
de l'étalon au moment de les employer; on a
soin de couper leurs feuilles aussitôt, et de les
tenir au frais dans un vase rempli d'eau ou
garni de mousse humide.

Les moyens habituels de préparer les greffons sont ceux que nous avons décrits sous les
noms de *greffes de côté par rameau simple* (*fig.* 28
et 29) ou *avec embase* (*fig.* 30).

Un greffeur habile sait les utiliser par des
procédés différents. La figure 69 montre deux
greffons préparés. Les biseaux (E, G) sont

taillés sur le dos et à la base du greffon. Le sujet (F) a été incisé en T, et sous les écorces soulevées, le greffon (D) a été inséré. Parfois on

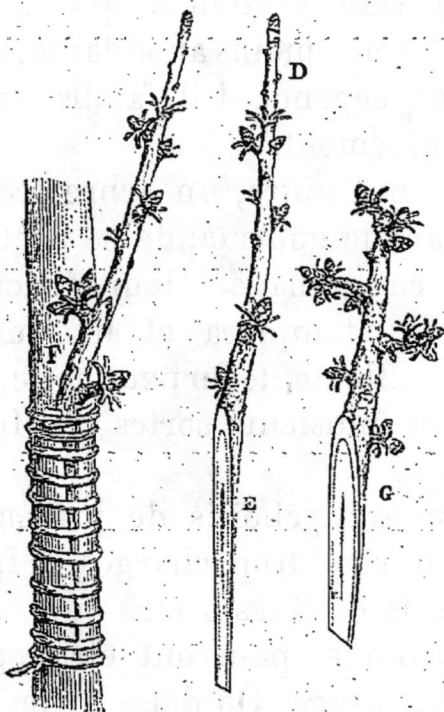

Fig. 69. — Greffe de brindille fruitière (Poirier).

est obligé d'entamer l'écorce à la tête du T pour faciliter le glissement du greffon.

Un greffon d'une certaine longueur n'est pas à rejeter ; il suffira que le biseau occupe une plus grande étendue, soit environ la moitié de la longueur totale de la greffe ; de cette façon quelque bouton fruitier, placé sur le dos du greffon, pourra se trouver enchâssé dans l'incision du sujet.

Souvent le greffon est un rameau excessive-
ment court ou un simple bouton à fruit (*fig.* 70).

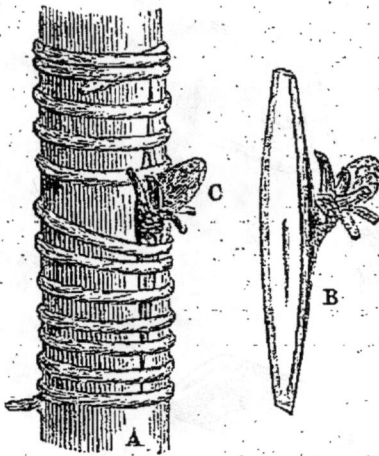

On le lèvera avec une
plaque d'écorce et d'au-
bier (B) longue de 0^m,03
à 0^m,06. On se gardera
bien de lui soustraire
la moindre esquille li-
gneuse au revers de
l'embase ; il suffira d'en
polir la surface pour en
assurer l'adhérence ;
puis on l'inoculera, en
C, sur le sujet (A) par
le moyen de l'incision
en T.

Fig. 70. — Greffe de lam-
bourde de Poirier.

La ligature doit être strictement serrée partout ; on couvrira les joints avec de la boue, du
mastic ou une feuille d'arbre, s'il reste quelque
tissu mal recouvert. La ligature sera conservée
jusqu'au commencement de l'été suivant, alors
que le nouage du fruit est assuré.

Si l'on a quelques lambourdes ou dards
fructifères à greffer quand la sève n'est plus
assez abondante, on emploiera la greffe en
fente, en incrustation ou en couronne (*fig.* 71).

Le Poirier est l'arbre qui se prête le mieux
à cette opération. Les variétés très fertiles et à
gros fruit, telles que *de l'Assomption*, *Wil-
liam*, *Colmar d'Arenberg*, *Duchesse d'Angoulême*

Beurré Clairgeau, etc., donneront de superbes productions par cette méthode. Les poires de

Fig. 71. — Greffe de dard à fruits (en couronne).

Doyenné d'hiver et de *Saint-Germain* y sont parfois aussi saines qu'en espalier.

Les boutons à fruits persistent dans leurs qualités fructifères. La figure 72 montre le résultat d'une greffe âgée de dix ans ; et, pendant ces dix années, elle a toujours fructifié. Nous avons reconnu cet avantage depuis trente ans que nous pratiquons la greffe à fruits dans nos écoles fruitières. Nous en devons la connaissance à Gabriel Luizet, d'Écully; il en a été le vulgarisateur, bien qu'elle eût été trouvée et dédiée à la famille *Girardin*, de Montreuil, avant qu'il ne l'eût mise en pratique.

M. F. Burvenich, arboriculteur à Gand, a
réussi la greffe de boutons à fruits du Poirier

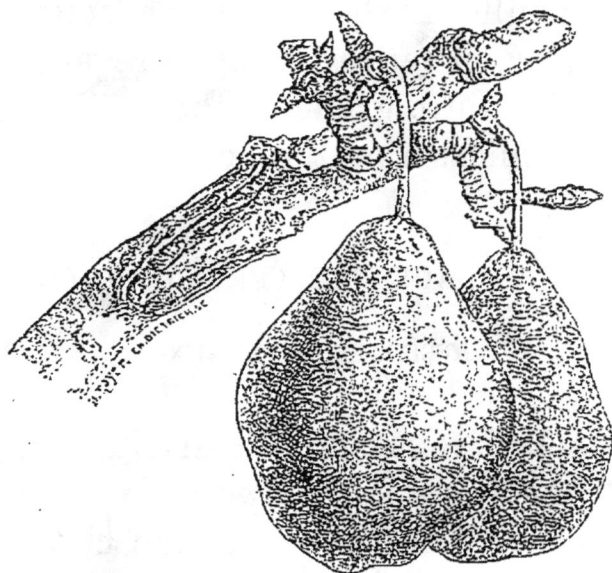

Fig. 72. — Produit de la greffe de boutons à fruits.
(Poire Belle angevine.)

sur l'*Aubépine parasol*, le *Poirier à feuille de
Saule*, et sur une haie de *Cognassiers*.

Le Pêcher a des bourgeons renflés, disposés
à fleurir et à fructifier, que l'on peut utiliser
par le procédé ordinaire de l'écussonnage appliqué sur des scions vigoureux. Mais quand
ces yeux sont placés au sommet de petites brindilles trapues dites *bouquets de mai*, la levée de
l'œil est difficile; alors on a recours à la greffe
de côté par rameau simple (*fig.* 28), en ayant
le soin d'allonger le biseau pour qu'il soit terminé par une lamelle d'écorce. L'œil terminal

est rigoureusement conservé. L'incision en T du sujet ne devra pas dépasser la longueur du biseau à insérer. Ligaturer, garantir du soleil par une feuille d'arbre. Enlever cette feuille avant l'hiver, et retirer la ligature aussitôt les fruits noués. Notre greffeur, Pierre Payn, a été l'un des premiers à pratiquer cette greffe.

§ III. — GREFFAGE PAR ŒIL OU BOURGEON.

PRÉCEPTES GÉNÉRAUX.

Nous considérons comme parfaitement synonymes les mots *œil* et *bourgeon* appliqués à la désignation du bouton ou gemme chez les végétaux ligneux.

L'œil ou bourgeon, accompagné d'une certaine portion d'écorce, détaché d'un rameau, est le greffon de cette troisième division du greffage.

Le lambeau d'écorce qui supporte l'œil doit comprendre toute l'épaisseur de la couche corticale, jusqu'à l'aubier exclusivement. Si le greffeur ne peut y arriver d'une façon rigoureuse, il vaudrait mieux entamer un peu de bois que d'oublier le moindre feuillet du liber. Le fragment cortical représente un écusson d'armoirie ou prend une forme tubulaire. De là, deux groupes : le greffage par écusson, le greffage en flûte.

Le sujet est un arbre en végétation. L'inoculation du greffon se pratiquera sur le sujet,
en soulevant son écorce, qui doit alors se détacher de l'aubier, par suite de son état de
sève. Les rameaux qui auraient pu gêner le travail de l'insertion du greffon ont dû être retran-
chés assez de temps à l'avance, sur le sujet, pour
que le cours de la sève n'y soit pas arrêté au
moment du greffage.

Groupe I.

GREFFAGE EN ÉCUSSON.

L'origine du mot écusson provient de la
forme du lambeau d'écorce qui accompagne
l'œil-greffon. Cependant la forme en est variable ; elle devient elliptique, carrée, triangulaire, obtuse. La désignation héraldique, *écusson*, n'en persiste pas moins.

En général, les greffons sont pris sur des
rameaux de l'année courante, si le greffage est
fait en été ; de l'année précédente, s'il est fait au
printemps. Les rameaux-greffons de grosseur
moyenne sont préférables aux rameaux trop
forts ou trop faibles. Les yeux doivent être bien
formés, et non développés.

Nous admettons deux subdivisions de la
greffe en écusson, établies d'après le mode d'insertion du greffon sur le sujet : 1° par ino-

culation ou sous l'écorce du sujet; 2° en placage, ou à la place d'un fragment d'écorce du
sujet.

ÉCUSSONNAGE SOUS L'ÉCORCE OU PAR INOCULATION.

Préceptes généraux. — Le sujet doit se trouver en sève pour recevoir le greffon. On s'en
assure en soulevant l'écorce avec le greffoir;
l'écorce s'isolera de l'aubier, sans déchirure, et
laissera voir une légère humidité qui facilitera
la soudure de l'écusson.

Il est assez important que les deux parties
soient à un degré analogue de végétation.
Mais, s'il y avait inégalité, il vaudrait mieux
que le sujet fût dans un meilleur état de sève
que le greffon.

Les rameaux à greffer, qui ne sont ici que
des porte-greffons, seront en sève et suffisamment ligneux. Leur état de sève est reconnu
si, avec l'outil ou l'ongle, on isole facilement
l'écorce de l'aubier. On reconnaît leur aoûtement à la nuance bien accusée de l'épiderme,
à la formation de l'œil terminal, et à l'élasticité
de leurs tissus, sous la pression des doigts.

Un rameau-greffon avancé en maturité vaut
mieux que s'il était encore herbacé; mais il est
préférable de l'avoir tel que nous venons de
l'indiquer.

Dans les pays froids, brumeux, où l'état de

sève se prolonge au détriment de l'aoûtement des tissus, la Hollande, l'Angleterre, la Norwège, le Danemark, la Russie, il convient de préparer cette phase de lignification par le pincement préalable du rameau-greffon et l'aération donnée au sujet, à l'endroit même qui sera soumis à la greffe.

Dans les pays chauds et secs, Nice, l'Algérie, l'Italie, l'Espagne, le Portugal, où l'on peut écussonner l'Oranger en pleine terre, la période de l'écussonnage est relativement plus courte. Le cambium se lignifie plus promptement que dans nos climats tempérés; Pancher l'a constaté encore dans la Nouvelle-Calédonie.

Écussonnage ordinaire. — De tous les systèmes de greffage, celui-ci est le plus répandu dans les pépinières et dans les jardins.

Préparation des greffons. — Les rameaux-greffons étant choisis d'après les recommandations précédentes, on les prépare en rejetant ce qui est inutile à l'écussonnage. Disons d'abord que les yeux situés au milieu du rameau sont généralement convenables au greffage en écusson; ceux de la base et du sommet ont souvent le défaut d'être incomplets, mous, herbacés, éteints, ou trop disposés à fruit. Ici, un greffon de choix serait un œil bien constitué, ni latent, ni fructifère, ni avarié en aucune façon. Les rameaux anticipés, les rameaux trop florifères sont de mauvais porte-greffons.

Cependant, quand on n'est pas suffisamment
approvisionné de bons greffons, on peut employer les yeux douteux en les doublant sur le
sujet. Il y a des bourgeons qui paraissent in-
certains, mais qui fournissent une bonne végétation, les soins de l'ébourgeonnage aidant. Les
bourgeons saillants, éperonnés, ne sont pas à
dédaigner, ni ceux qui se trouvent accompagnés de plusieurs feuilles. L'œil bruni par l'insolation est mieux aoûté que l'œil verdâtre et
privé de soleil.

Le rameau (A, *fig*. 73) de Poirier étant accepté,
on en retranche les extrémités B et C, impropres
au greffage, et l'on coupe les feuilles sur leur
pétiole, à 0^m,01 du gemme de la partie conservée (D); de manière qu'il en résulte le greffon
multiple (D'). Les stipules qui bordent le pétiole seront enlevées à la main.

Les scions ainsi préparés devront être immédiatement placés à l'ombre et au frais, leur
extrémité inférieure plongée dans un vase rempli d'eau ou de mousse humide. Dans l'eau, le
rameau-greffon ne doit pas rester au delà de
cinq ou six heures, à moins qu'il ne soit dans
un état de dessiccation; alors on pourrait le laisser pendant une journée, le pied dans l'eau, à
l'ombre, et une nuit dans la mousse pour lui
rendre l'humidité naturelle qu'il aurait perdue.
Le pépiniériste qui prépare, dès la veille, les
greffons pour le lendemain, leur fait passer la

nuit dans de l'herbe fraîche ou dans un linge mouillé. Si l'on manquait d'eau dans la pépinière, on enterrerait les rameaux de toute leur

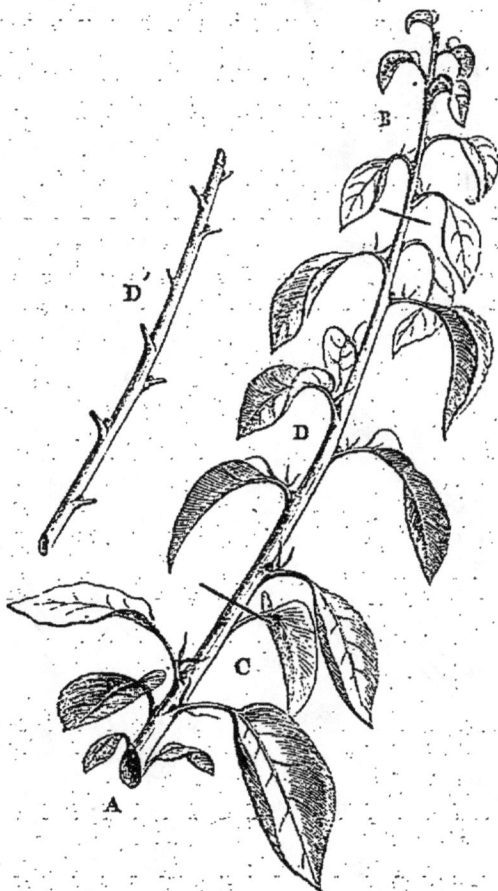

Fig. 73. — Préparation du rameau-greffon pour l'écussonnage.

longueur, en attendant qu'ils soient employés. Cet état transitoire ne saurait durer plus de vingt-quatre heures.

Les greffons d'arbres à feuillage persistant ne seront pas effeuillés ; on coupera les feuilles à la

moitié du limbe, sans toutefois que ce soit de rigueur. Nous verrons, au chapitre VIII, quel-

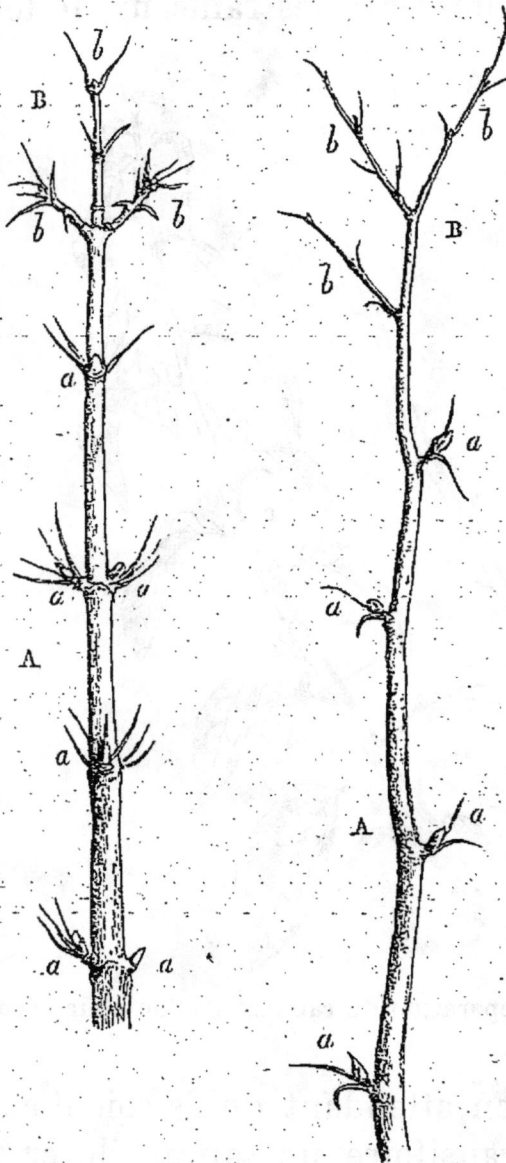

Fig. 74. — Rameaux-greffons de deux ans (Érable et Bouleau).

ques variétés toujours vertes, comme le Photinia, dont le greffon doit être effeuillé.

Chez certains arbres, tels que l'Érable, le Bouleau, le Hêtre, le Marronnier, l'Oranger, on peut utiliser pour l'écussonnage d'été des yeux saillants, mais non sortis, sur des rameaux de l'année précédente (fig. 74).

La partie (B) où se sont développées les ramilles (*b*) est à rejeter, tandis que les bourgeons (*a*) de la base (A) seront utilisés à l'écussonnage.

Levée de l'écusson (fig. 75). — Nous prenons

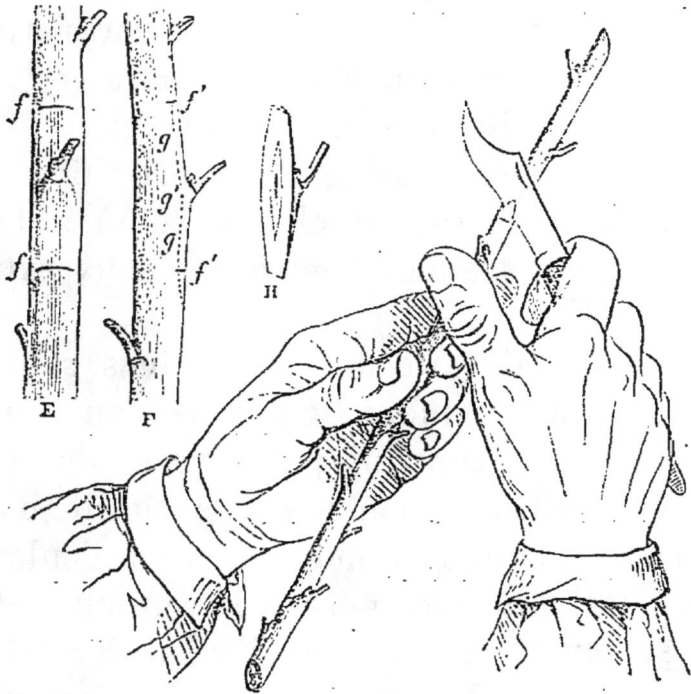

Fig. 75. — Manière de lever le bourgeon-écusson.

le rameau d'une main, et le greffoir de l'autre ; nous marquons les bords supérieur et inférieur de l'écusson, par un coup de greffoir, à

$0^m,010$ ou $0^m,015$ au-dessus de l'œil qui tranche les couches de l'écorce ; et par un trait semblable à $0^m,015$, ou $0^m,020$ au-dessous de l'œil, comme on le voit en *f*, *f*, sur le fragment du rameau E.

Maintenant, en suivant les indications de la figure 75 pour la position des mains, nous plaçons la lame de l'outil au-dessus du trait supérieur, et, l'inclinant, nous la faisons pénétrer jusqu'à l'aubier ; puis, en la faisant glisser sous l'écorce, nous arrivons au trait inférieur, après avoir suivi la ligne ponctuée (*gg*) et observé l'inflexion coudée du rameau sous l'œil (en *g'*).

Par le fait des deux incisions primitives (*f'*, *f'*), l'écusson se trouve obtenu comme il est figuré en H, tranché net à ses deux extrémités.

Au revers, il reste un peu de bois sous le bourgeon ; ce fragment ligneux est son *germe*, pour ainsi dire ; sans lui, pas de végétation possible. S'il était accompagné d'une esquille d'aubier, en haut et en bas, nous pourrions l'enlever en la détachant vivement par la sommité ; car, eu la soulevant par la base, il y aurait à craindre d'arracher le germe, et l'œil ainsi vidé serait impropre à la végétation. Cependant, quand le sujet est en grande sève, il n'y aurait aucun inconvénient à laisser une mince parcelle de bois sous l'écorce de l'écusson ; elle rendrait la jonction tout aussi intime. Dans la

plupart des cas, un greffeur retranche rarement ce morceau d'aubier; il a su l'éviter, et
il craindrait, par cette extraction, de fatiguer
l'œil ou de l'exposer trop longtemps à l'air.
Quand il est suffisamment pourvu de greffons,
il n'hésite point à rejeter un écusson levé d'une
manière douteuse, pour en détacher un autre
et l'inoculer sur-le-champ. A peine prend-il le
temps de recouper carrément les bords supérieur et inférieur tranchés irrégulièrement.

Quelques greffeurs procèdent dans un sens

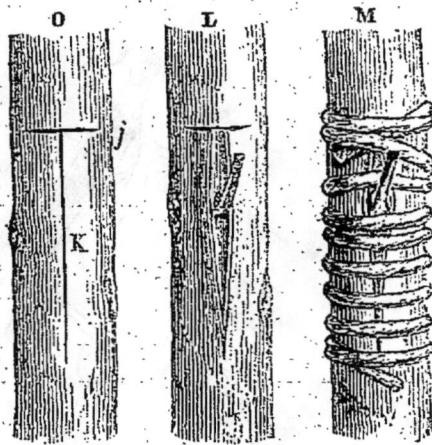

Fig. 16. — O, sujet incisé. — L, sujet écussonné. — M, sujet
écussonné et ligaturé.

opposé; entre autres, M. Édouard André. Il
tient le rameau-greffon la tête en bas, et il en
détache l'œil en commençant à passer la lame
sous le coussinet jusqu'au delà du bourgeon. Le
plastron d'écorce ayant la forme d'un écu de
chevalerie, carré au sommet, aigu à la base,
sera facile à inoculer sur le sujet.

Inoculation de l'écusson. — L'écusson étant détaché du rameau, nous ouvrons l'écorce du sujet avec le greffoir, en pratiquant sur toute son épaisseur deux incisions en forme de T (*fig.* 76); avec la spatule en ivoire de l'outil, nous

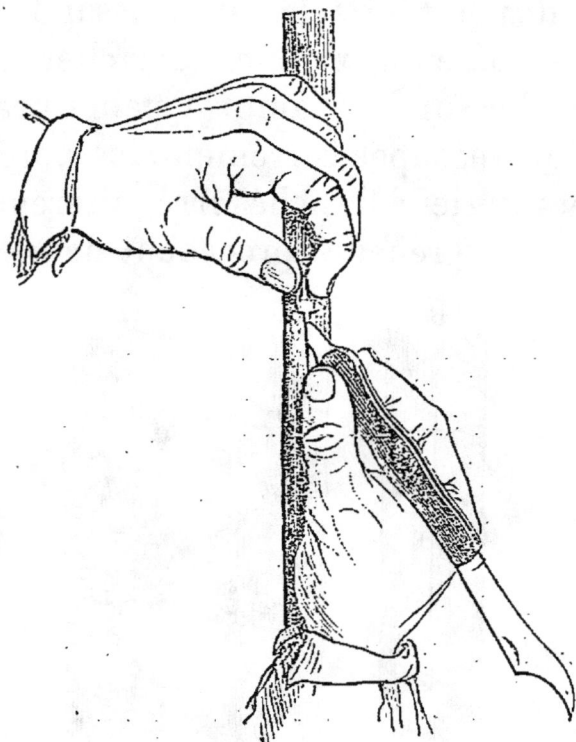

Fig. 77. — Inoculation du bourgeon-écusson.

soulevons les bords du trait longitudinal (K) à son point de jonction sur le trait (*j*). En même temps, la main qui tient l'écusson par le pétiole (*fig.* 77) le glisse dans l'incision, assez vivement pour que les parties internes ne souffrent point du contact de l'air. On aura donc soin de ne lever l'écusson qu'au moment où il

doit être inoculé. Il faut éviter qu'aucun corps
étranger ne vienne s'introduire en même temps
dans l'incision. Le greffon inoculé est représenté en L (*fig.* 76).

Ligature de l'écusson. — Les meilleures ligatures pour l'écussonnage sont la laine, le raphia, la feuille de massette ou de spargaine.
Nous avons dit, au chapitre des Ligatures (p. 21),
comment on les prépare pour qu'elles soient
souples au moment de leur emploi. Avec la
ligature, on fait plusieurs tours successifs en
spirale autour du sujet (M, *fig.* 76). En commençant par le haut, il n'y a pas à craindre de faire
remonter l'écusson et de le faire sortir de l'incision ; ce qui pourrait arriver avec des greffons
gros et larges. On placera un bout de la ligature sur le trait transversal du T, et on le croi-
sera avec deux ou trois tours, en continuant à
enrouler le lien autour de la partie greffée par
des spires rapprochées, jusqu'à la pointe du trait
longitudinal. Le second bout de la ligature sera
passé sous l'avant-dernière spire, et serré con-
venablement.

Les points à brider plus ferme sont le sommet
et la base de l'incision, la gorge de l'œil et son
coussinet. Cette tension du lien a des limites ;
elle ne doit pas aller jusqu'à érailler la greffe.
Une ligature bien faite ne bouge pas quand on
passe le doigt dessus.

Les pépiniéristes orléanais qui emploient

généralement le coton et le raphia, assez difficiles à couper en travers, ont l'habitude de
pratiquer la ligature de bas en haut et de terminer par une boucle. Lors du grossissement
du sujet, on tire la boucle et on enlève la ligature qui pourra être réemployée au besoin.

Préservatifs contre la sécheresse. — Outre la
ligature, on attache une feuille d'arbre sur la
partie écussonnée, lorsque le sujet est en espalier en plein soleil.

L'engluement n'est jamais employé pour l'é-
cussonnage. Il n'y aurait que dans le cas où la
ligature menacerait de se détendre ; alors l'application d'un onguent la maintiendrait et pré-
serverait la greffe de l'action de la température.

L'écussonnage de la Vigne nécessite un apport de terre autour du sarment écussonné. Le
greffage en a lieu vers la fin de juillet, et l'on
conserve la terre autour de la greffe pendant
quinze jours. C'est ainsi que nous avons vu
opérer avec succès, depuis 1865, M. J. Gagne-
rot, viticulteur à Beaune, et plus récemment,
M. J. Hortolès à Montpellier.

Écussonnage en pépinière. — Dans les pépinières d'une certaine importance, le travail de
l'écussonnage est l'objet d'une attention sou-
tenue. Il faut savoir choisir l'instant propice au
greffage de chaque espèce, de chaque carré, et
surveiller les greffons des variétés rares pour les
utiliser à temps. Les grandes chaleurs activent

ou arrêtent la sève ; les pluies gênent les travail-
leurs ; on doit profiter des beaux jours et opérer
rapidement.

Habituellement, l'écussonnage se fait par deux
hommes, un greffeur et un lieur. En outre, un
ouvrier marche en avant pour essuyer le sujet
rez terre ; le chef prépare les greffons, en opère
le classement, le numérotage, et inscrit le travail sur un registre de pépinière.

Un greffeur habile peut occuper deux lieurs ;
mais il vaudrait mieux qu'il appliquât lui-
même les ligatures, car deux lieurs sont plutôt
exposés à oublier de lier quelques écussons, qui
alors se trouveraient perdus. Aussi est-il toujours de bonne précaution de ne pas quitter un
rang d'arbres nouvellement écussonnés, sans
jeter un coup d'œil pour s'assurer que tous les
sujets sont greffés, liés, et qu'aucune ligature
n'a failli.

Le chiffre de cent écussons par heure est la
moyenne atteinte par un bon greffeur. On comprend qu'avec le Rosier, l'Abricotier, le Marronnier, dont les greffons sont ou épineux, ou coudés, ou saillants, on aille moins vite qu'avec le
Pommier, le Pêcher, le Lilas. Les sujets à haute
tige sont greffés moins rapidement que ceux à
basse tige, bien que pour ceux-ci le greffeur et
le lieur fonctionnent les reins en l'air et la tête
en bas.

Avec les premiers greffeurs de notre établis-

sement, nous avons atteint le chiffre de 250 écussons dans une heure (et même 300 avec le
plant de Pommier doucin planté à 0ᵐ,30 de distance); mais c'est une lutte excentrique et dangereuse pour le greffage : nous ne la recommandons pas. Mieux vaut aller moins rapidement
et agir avec précaution.

Nous ajouterons que les pépiniéristes ne con-
fient les fonctions de *greffeur* qu'aux employés
sérieux, ayant commencé leur apprentissage
par le rôle de *lieur*, et qui se sont essayés suffisamment dans le travail du greffage.

Écussonnage avec incision cruciale. —

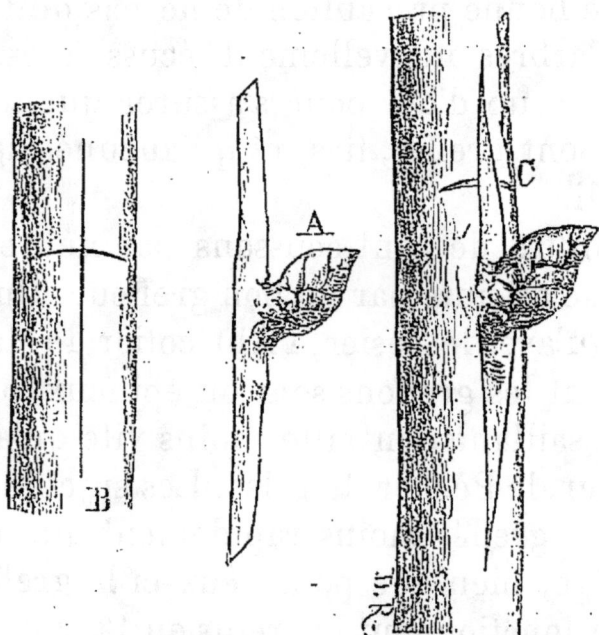

Fig. 78. — Écussonnage avec incision cruciale (Marronnier).

Si l'on rencontrait sur le greffon de trop gros yeux
pour le diamètre du sujet, par exemple ceux

du Sorbier, du Marronnier d'Inde (A, *fig.* 78),
on ne saurait les faire tenir dans l'incision qu'en
donnant à celle-ci une forme cruciale ; les deux
coups de greffoir tranchent l'écorce en croix
(+ au lieu de T) ; le sommet de l'écusson
est glissé sous la tête de l'incision (B) ; il s'y
trouvera suffisamment bridé pour ne pas être
rejeté en dehors, ce qui arriverait par le procédé
ordinaire.

On applique la ligature, soit en commençant
par le milieu de l'incision (C) pour finir aux
deux extrémités ; soit en commençant en haut,
en ayant le soin de bien fermer les écorces.

Écussonnage avec incision renversée. —
Quand la sève du sujet est trop abondante,
comme chez les Érables dans les pays froids, et
chez les Orangers dans les pays chauds, il y
aurait à craindre que l'exubérance de liquide
séveux ne vînt *noyer* l'écusson. On y met obstacle en ouvrant en sens renversé l'incision sur
le sujet (⊥ au lieu de T).

Dans l'incision (A, *fig.* 79), l'inoculation du
bourgeon-écusson (B) se fait alors de bas en
haut (C). Le greffon (A), taillé en pointe au
sommet (*a*), pénétrera mieux dans l'incision,
et s'y maintiendra par sa base (*b*) coupée carrément et s'adaptant au trait transversal du ⊥.

Il est bien entendu que l'incision du sujet
est seule en sens inverse, l'œil-greffon aura toujours sa position ordinaire.

On ligature en commençant au bas de la
plaie pour finir à la tête. En agissant autrement,
on pourrait faire sortir l'écusson de sa loge.

Il y aurait peut-être lieu d'appliquer ce sys-

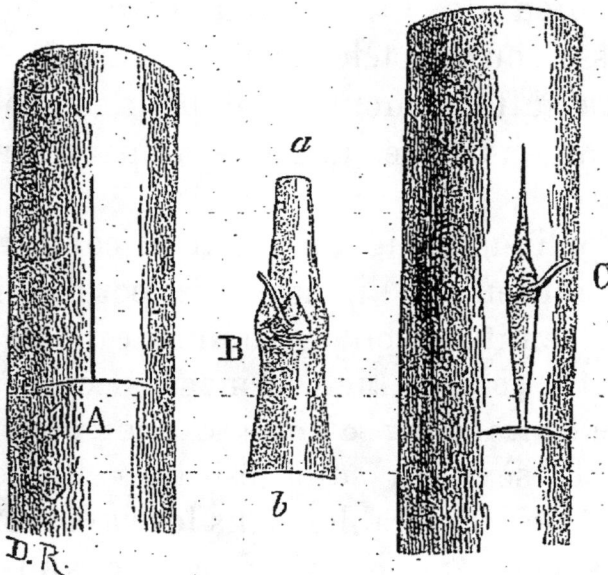

Fig. 79. — Écussonnage avec incision renversée.

tème par incision renversée à l'écussonnage des
Broussonetiers, Robiniers, Mûriers, qui réussit
dans le Midi et qui manque dans le Nord.

ÉCUSSONNAGE EN PLACAGE.

Ce procédé est moins employé aujourd'hui
qu'au temps de Sintard, jardinier en chef au
Jardin des Plantes. Un sujet d'un calibre rela
tivement petit, ou d'une écorce épaisse, difficile
à soulever, un greffon bossu, à bourgeons rap-

prochés, suffisent pour motiver le placage de
l'œil.

L'écusson (A, *fig.* 80) a été levé par le procédé
ordinaire ou par un moyen
plus primitif. Les quatre côtés
du lambeau d'écorce attenant
au bourgeon sont d'abord cer-
nés avec une lame de greffoir ;
on saisit ensuite le bourgeon
à la base du pétiole, et, par
un mouvement de la main
imprimé habilement, on le
détache de son rameau. Si
l'on craignait de vider l'œil,
on s'aiderait de la spatule
simple en ivoire, que l'on ferait glisser entre l'écorce et

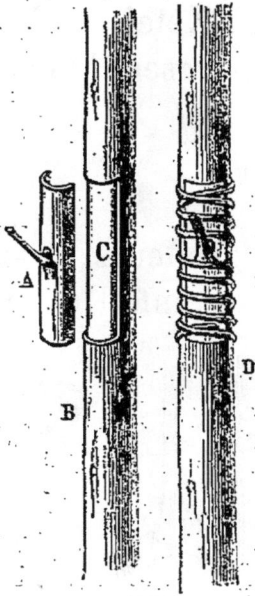

Fig. 80. — Écusson-
nage en placage.

l'aubier. Ce mode est préférable à l'emploi du fil ou du crin
recommandé par d'anciens auteurs.

Nous plaçons le greffon (A) sur le sujet (B),
à l'endroit qui doit le recevoir. Avec l'outil,
greffoir ou métrogreffe, nous y traçons la silhouette de la plaque d'écorce. Il reste à enlever les couches corticales en C, et à y plaquer le greffon. On ligature (D) avec précaution.

Laissant un peu d'aubier sous l'écorce du
greffon, on multipliera ainsi, à l'étouffée, les
variétés rares de Camellia, d'Azalée, de Rhododendron, de Lilas, de Chænomeles, etc.

Imaginé par d'Ourche, l'écusson boisé est adopté en Belgique, dans les serres Van Houtte, Linden, Verschaffelt, Van Geert, Pynaert, et en France, chez MM. Thibaut et Keteleer, Lemoine, Desfossé, Leroy, Marie, Moser, Wood.

ÉCUSSONNAGE COMBINÉ.

On peut être le premier des greffeurs; mais personne ne saurait affirmer son infaillibilité

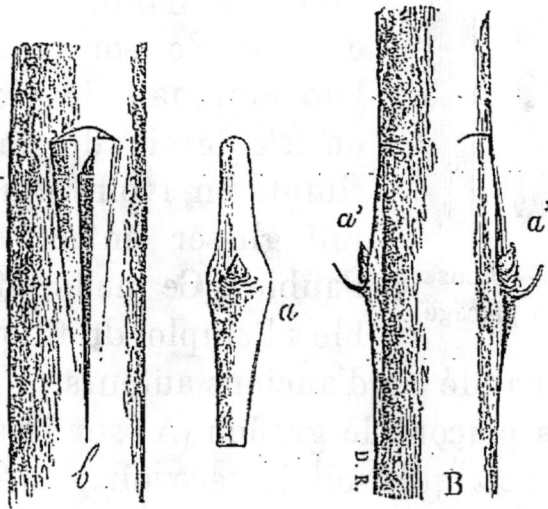

Fig. 81. — Écussonnage double.

quant à garantir le succès de l'opération. Une greffe non réussie, c'est une année perdue, et quelquefois un sujet sacrifié. Il convient donc de doubler les chances de la réussite toutes les fois que la provision de greffons le permettra, à la condition que le sujet sera bien en sève et d'une grosseur suffisante. Nous plaçons deux

écussons (*a'*, *a'*, *fig*. 81) en face l'un de l'autre,
et même trois ou quatre sur une plus forte tige.
Les écussons placés ainsi à la même hauteur
facilitent l'application d'une seule ligature.

Pour l'*écussonnage double*, l'inoculation de
l'œil (*a*) dans l'incision (*b*) devant être répétée

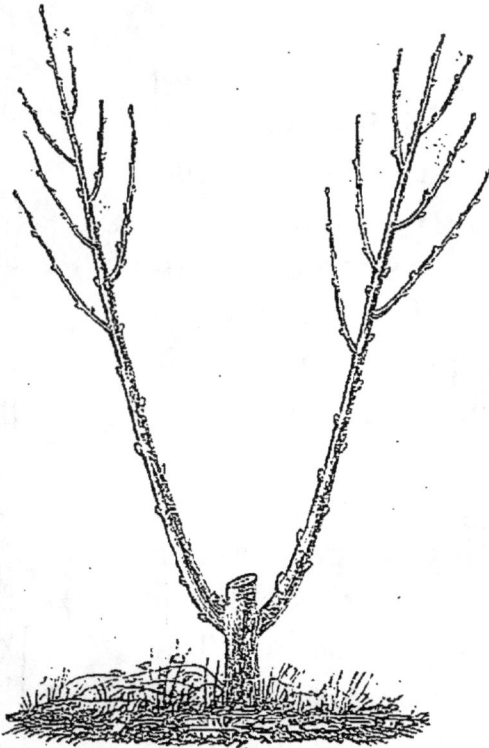

Fig. 82. — Résultat de l'écussonnage double.

en face, et sur la même tige, on aura soin de
ne pas forcer l'ouverture de l'incision, dans la
crainte d'une déchirure circulaire.

La bonne constitution d'un arbre n'admet-
tant pas la coopération de plusieurs greffes,
nous devrons, lors de leur végétation, ne con-

server qu'un seul scion, et supprimer les autres, en les pinçant d'abord, afin de les utiliser à titre supplémentaire. Cependant, lorsqu'il s'agira de former un arbre en éventail, en palmette double, nous conserverons les deux greffes opposées (*fig.* 82), résultant de l'insertion de deux bourgeons.

L'écussonnage multiple est applicable aux divers systèmes de greffage en écusson, par inoculation ou en placage.

L'écussonnage simple ou multiple pourrait être appliqué à des rameaux que l'on veut propager par boutures, lorsque le sujet réussit mieux au bouturage que le greffon ; ou encore lorsqu'il s'agira de greffer par rameau une variété rebelle à toute greffe, mais docile à l'écussonnage. Ce serait alors un *greffage de rameaux écussonnés* (*fig.* 83). Par exemple, les variétés d'Abricotier, de Pêcher qui réussissent difficilement au greffage par rameau pourront

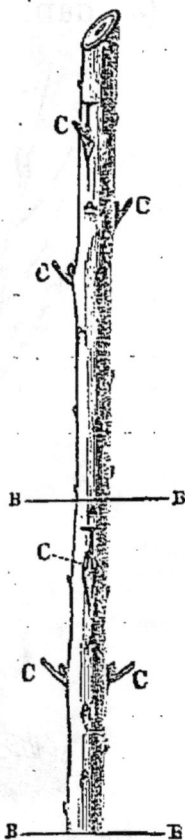

Fig. 83. — Préparation de la greffe par rameau écussonné.

être écussonnées en été sur des scions de Prunier (C, C, C, C, C, C). Au printemps suivant, nous partageons en BB le rameau de Prunier par fractions portant chacune des yeux de Pêcher ou d'Abricotier, et nous les greffons sur le sujet, également de Prunier, soit en fente, soit à l'anglaise ou en incrustation. Le biseau ligneux taillé sur Prunier se soude au sujet identique ; mais, par suite du greffage et de l'ébourgeonnage, ce sont des yeux de Pêcher ou d'Abricotier qui se développeront.

ÉPOQUE DE L'ÉCUSSONNAGE.

Toutes les fois qu'un sujet est en sève, son écussonnage est possible. Mais deux époques distinctes caractérisent le greffage en écusson : 1° au printemps, à la montée de la sève, et lorsque l'on désire faire végéter la greffe immédiatement, c'est l'écussonnage à œil poussant ; 2° dans le cours de l'été, et lorsque la greffe ne doit végéter qu'au printemps de l'année suivante, c'est l'écussonnage à œil dormant.

Incontestablement, le second est préférable ; il est d'ailleurs le plus employé.

Écussonnage à œil poussant. — L'écussonnage à œil poussant doit être pratiqué au commencement de la végétation, pour que la greffe puisse se développer suffisamment et devenir ligneuse avant l'hiver.

Par ce mode de greffer, l'horticulteur hâte la multiplication de végétaux rares. Il en obtient immédiatement de nouveaux spécimens pour son commerce ; et ceux-ci lui fourniront, dans le cours de l'année, des rameaux pour le greffage à œil dormant.

On ne saurait abuser de l'écussonnage à œil poussant, attendu que la végétation forcée qui en résulte peut amener une perturbation sur le sujet greffé.

Assez de temps avant l'évolution de la sève, on a coupé sur l'étalon des rameaux-greffons ; on les a enterrés au nord, en les plaçant de toute leur longueur dans une rigole profonde de $0^m,10$.

Quand le sujet est assez en sève pour que l'écorce puisse se détacher facilement de l'aubier, on déterre les rameaux, et on en écussonne les bourgeons par les procédés ordinaires. On comprend qu'il ne se trouve pas de pétiole pour tenir l'écusson, ce qui en rend le maniement un peu moins facile.

Le Rosier se prête à ce greffage : 1° en avril avec des greffons de l'année précédente ; 2° en juin avec des greffons de l'année courante, le rameau étant préparé suivant la figure 73. On ne doit pas greffer tardivement à œil poussant ; trop souvent on abuse de ce mode de greffer.

Le Pêcher réussit mieux à ce procédé qu'aux greffages d'hiver par rameau ; mais il réussit encore mieux par l'écussonnage à œil dormant.

Dans les pays froids, aux hivers longs et rudes, on greffe l'Abricotier et le Pêcher à œil poussant, en juin avec des greffons conservés dans la glacière. Un œil dormant pourrait être fatigué par la gelée d'hiver.

Écussonnage à œil dormant. — On appelle œil dormant le bourgeon qui ne doit pas végéter avant le printemps qui succède à son inoculation. Les mois de juin, juillet, août, septembre, constituent la période de l'écussonnage à œil dormant.

Le moment exact d'écussonner dépend de l'état de sève des sujets. Les plus âgés, ceux dont la végétation s'arrête de bonne heure, seront opérés les premiers; ensuite les jeunes et les vigoureux. Proportion gardée, on écussonnera les arbres en haute tige avant ceux à basse tige; le plant de l'année après le plant des années précédentes; le Prunier, le Merisier, plus tôt que le Sainte-Lucie et l'Amandier; le Poirier franc, l'Aubépine, avant le Cognassier et le Pommier; les Érables et les Frênes, après les Marronniers et les Lilas. Chez les arbres fruitiers à noyau, le moment propice est moins facile à saisir que chez les arbres à pepins. En général, il vaudrait mieux s'y prendre plus tôt et alors fagoter le branchage du sujet en le greffant (*fig.* 84).

Si l'on craint que la sève du sujet ne s'arrête avant l'aoûtement des greffons, on pincera quinze jours à l'avance le sommet de ces derniers pour en faire devancer la maturation; on pratiquerait cet écimage d'autant plus court que l'on serait plus rapproché du jour du greffage. Pincés trop courts et trop tôt, alors que les yeux ne sont pas apparents, les greffons se ramifient avant leur aoûtement, et ne peuvent être utilisés. D'un autre côté, on pourrait prolonger la végétation active du sujet par des arrosements et des labours. Devancée ici, retardée là-bas, la sève se trouvera à peu près en harmonie dans les deux parties qui vont être rapprochées.

Un binage donné quelques jours avant le greffage active la sève; donné le lendemain, il entretient la végétation et favorise l'agglutination.

Il serait imprudent d'écussonner quand le fluide séveux est trop abondant; l'œil serait *noyé*, ou « perdu de gaillardise », dirait Cabanis. L'insuccès est encore à redouter, si l'on attend que la sève perde son activité, alors que l'écorce des rameaux ne s'isole plus de l'aubier et que les matinées deviennent fraîches.

En écussonnant de la mi-août à la mi-septembre les espèces à végétation prolongée, on prendra ses précautions pour favoriser la soudure de la greffe. Au moment d'écussonner, on réunit les branches du sauvageon en les liant (*fig.* 84).

Aussitôt le greffage terminé, on coupera l'extrémité de ces branches aux deux tiers de leur longueur; le mouvement de la sève éprouvera un temps d'arrêt, et l'agglutination de la greffe en sera la conséquence. Les espèces à végétation luxuriante seront soumises à ce régime. Ainsi, le sujet de Prunier (A) est écussonné en B; les rameaux sont écimés (E) et liés avec l'un d'eux (F). Nous verrons, au printemps suivant, à élaguer le rameau C et à étêter le sujet en D.

Deux ou trois semaines après le greffage, on passera en revue les écussons, et l'on remplacera ceux qui n'ont pas réussi. On les reconnaît à leur écorce noire ou ridée. Mais la circulation de la sève est déjà ralentie; il faut, pour ainsi dire, en chercher les derniers courants à la gorge d'une branche latérale, ou sous l'empâtement d'une branche vigoureuse. Certains Rosiers à bois délicat réussiront mieux avec cet écussonnage d'arrière-saison. Nous y reviendrons.

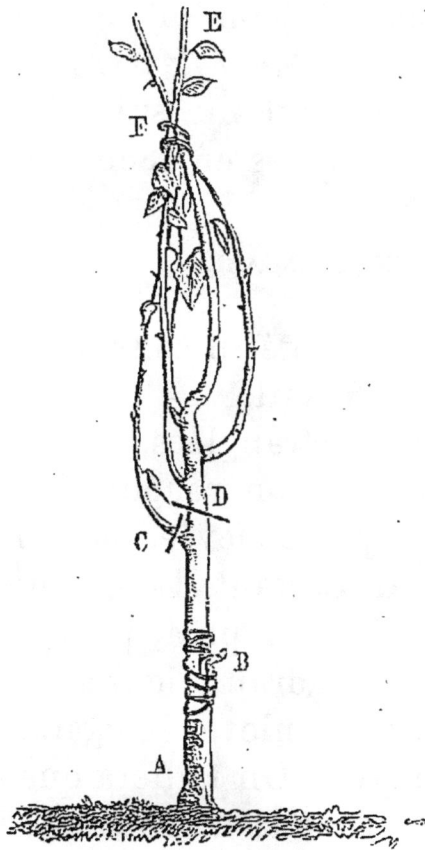

Fig. 84. — Sujet écussonné, ses rameaux liés et rognés.

L'état dormant d'un écusson peut durer plusieurs années. Dans les pépinières, on trouve des yeux *boudeurs* avec l'Abricotier, le Rosier, le Néflier, le Hêtre. En 1873, on vit au parc Monceaux, à Paris, sur le *Frêne à fleurs*, se développer, après tronçonnement du sujet, des écussons de *Chionanthe* inoculés en 1860.

SOINS APRÈS L'ÉCUSSONNAGE.

Aussitôt l'écussonage terminé, il convient de biner le sol piétiné par le travail.

On soulagera les greffes étranglées, en coupant, en retirant la ligature; on renouvelle le lien, si la soudure n'est pas achevée, ou l'on conserve l'ancien en le desserrant. La ligature en coton, quelquefois celle en raphia, pourrait être utilisée à nouveau. Il vaudrait mieux attendre que l'hiver fût passé pour enlever la ligature des greffes sensibles au froid. On taillera quelques branches volumineuses à la tête des sujets fatigués par la strangulation.

Avec l'aide du sécateur ou de la serpette, on commencera l'étêtage des sujets écussonnés à *œil poussant*, huit jours après le greffage; et l'on continuera à leur retrancher successivement branches et tige jusqu'à $0^m,10$ au-dessus de la greffe, dès que la soudure en sera certaine.

Sur les arbres greffés à *œil dormant*, on coupera le sujet après les gelées et avant la végétation, à 0ᵐ,10 au-dessus de la greffe, en D (*fig.* 84).

L'onglet conservé sert au palissage de la jeune greffe ; on le retranchera à la fin de l'été suivant (d'après la ligne B *fig.* 87), en commençant par les espèces à cicatrisation lente et par les sujets moins sympathiques à leurs greffes. Pour cette besogne, on emploiera la scie, la serpette ordinaire, la serpette à désongletter.

Nous reviendrons sur ces opérations, communes à plusieurs sortes de greffes, à l'occasion des TRAVAUX COMPLÉMENTAIRES DU GREFFAGE (chapitre VII).

Groupe 2.

GREFFAGE EN FLUTE.

Préceptes généraux. — Le nom de greffage en flûte ou en sifflet a été donné à ce système en raison de la ressemblance que l'on trouve, quant au mode de détacher le greffon, avec la manière de faire des flûtes rustiques, des chalumeaux, au moyen de tubes d'écorce enlevés d'une branche en sève.

En 1802, Cabanis déclarait que les paysans du Limousin ne greffaient pas autrement les Châtaigniers et les Noyers. Aujourd'hui, cette greffe est peu usitée. Quoiqu'on l'ait remplacée par des systèmes plus expéditifs, il est cependant des personnes qui l'emploient encore pour multiplier le Châtaignier, le Noyer, le Mûrier, le Figuier, le Cerisier, l'Amandier, le Saule.

L'époque de greffer en flûte est au printemps, dès les premières évolutions de la sève. On pourrait encore opérer vers la fin de l'été, avant que les nouvelles zones génératrices fussent séchées par le ralentissement de la végétation.

Il y a deux modes principaux de greffer en flûte ; ils se ressemblent quant à la préparation du greffon.

Le greffon (A, *fig*. 85) est une portion d'écorce de forme tubulaire, portant au moins un œil. On l'isole du rameau-greffon en pratiquant d'abord avec le greffoir une incision circulaire à 0^m,03 au-dessus de l'œil, et une autre au-dessous. Ces deux traits limitent la hauteur du greffon ; on les relie par une incision longitudinale. Alors on prend le greffon par le coussinet, et avec dextérité on détache la partie d'écorce comprise entre les incisions. Si l'on craignait d'arracher les fibres (vulgairement *germe* ou *racine*) des bourgeons, on s'aiderait de la spatule du greffoir (*fig*. 5).

Le greffon sera rapporté sur le sujet, à la place d'un cylindre d'écorce, semblable en hauteur, détaché au même instant.

Il est convenable de fonctionner habilement, par un temps calme, pour éviter de fatiguer les couches internes mises à nu.

L'écimage préalable du sujet pour faciliter

l'emmanchure du greffon est, quoi qu'on dise, une opération vicieuse. Il est plus rationnel de greffer sur le corps de la tige, et de l'étêter plus tard, quand la soudure sera certaine.

Un sujet jeune et vivace se prêtera mieux au greffage en flûte que s'il était vieux ou endurci. Un sujet trop gros sera greffé sur ses branches plutôt que sur le corps de la tige.

En ménageant des lanières d'écorce sur les parties non recouvertes par le greffon, il est rare que l'on ait besoin d'employer la cire à greffer.

Greffe en flûte ordinaire. — Le greffon (A, *fig.* 85) est rapporté sur un sujet non étêté (B), aux lieu et place (C) d'un tuyau d'écorce enlevé par le même procédé. Nous le plaçons de façon que l'œil se trouve au-dessous d'un bourgeon du sujet ; ce bourgeon attirera la sève vers la greffe et en activera la reprise. On ligature ; et, s'il reste quelques jointures à découvert, on appliquera un liniment froid.

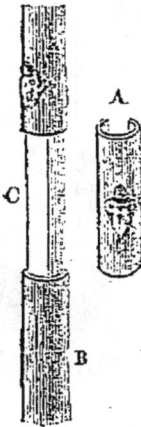

Fig. 85. — Greffe en flûte ordinaire.

Si le greffon avait un diamètre supérieur à celui du sujet, il serait facile de remédier à cet état en retranchant au greffon une bande d'écorce d'une largeur égale à la différence.

Au contraire, si le calibre du tube-greffon ne répondait pas à celui du sujet, on ménagerait sur ce dernier une lanière d'écorce détachée ou non, qui recouvrirait la nudité produite par l'insuffisance du greffon.

Greffe en flûte avec lanières. — Le greffon étant préparé de la même façon que le précédent, on coupe l'écorce du sujet en bandes longitudinales (F, *fig*. 86) adhérentes encore par leur base. On les abaisse dès que le greffon se trouve préparé. Aussitôt on place le greffon en E; on relève sur lui les lanières corticales (F), et on les maintient ainsi avec une ligature (G).

Avec les lanières, on couvre les nudités laissées par les greffons étroits.

Soins après le greffage en flûte. — Comme dans tous les greffages, il faut surveiller la ligature, et placer un tuteur qui domine la greffe. Si la tête du sujet est trop chargée de branches, on en taillera quelques-unes. L'étêtage du sujet est basé sur la nature de la greffe; si elle est à *œil poussant*, on étêtera graduellement jusqu'à 0^m,10 de la greffe, en commençant dès que la soudure est assurée. L'étêtage serait définitif et remis au printemps si le greffage avait eu lieu dans le cours de l'été, à *œil dormant*.

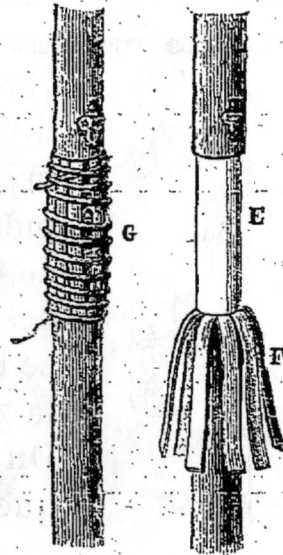

Fig. 86. — Greffe en flûte avec lanières.

VII. — TRAVAUX COMPLÉMENTAIRES DU GREFFAGE.

En décrivant les procédés de greffage, nous avons indiqué sommairement les principaux soins réclamés par chacun d'eux, une fois la greffe terminée. Nous les résumerons en les généralisant.

Surveillance des ligatures. — On veille à ce que la ligature n'étrangle pas la greffe. Lorsqu'elle a pénétré dans l'écorce par l'effet de la croissance du sujet, on doit soulager la greffe en coupant le lien ; il suffira d'un coup de greffoir donné en travers de la ligature, à l'opposé du bourgeon greffé ou des jointures d'écorce ; on laisse le lien tomber, ainsi coupé, sans qu'on y prête la main.

Un commencement de strangulation n'est pas toujours un motif suffisant pour détacher le lien. S'il y a trop peu de temps que le greffage est terminé, si la saison tardive ne laisse pas supposer un étranglement plus prononcé, on peut retarder la section de la ligature, ou couper le lien partiellement, ou bien en remettre un autre à la place de l'ancien.

Lorsque la ligature étrangle le sujet, on la coupe en haut et en bas, puis on la déroule en l'extrayant minutieusement des boursouflures d'écorce qu'elle a suscitées. La moindre esquille oubliée dans les replis de la greffe pourrait occasionner des désordres chez l'individu greffé. Si la strangulation se manifestait pendant la végétation de la greffe, on aurait le soin d'en palisser les jeunes rameaux contre un tuteur, afin d'éviter les ruptures.

Quand la soudure de la greffe n'est pas complète, ou si l'on redoute les effets de la température, on remet un nouveau lien, sinon le même, sur la greffe.

Il vaut mieux enlever une ligature à l'automne qu'en hiver, afin que les épidermes et les points de jonction s'acclimatent graduellement. On laissera jusqu'au printemps la ligature des greffes sensibles au froid ; la ligature des greffes de boutons à fruit est conservée plus longtemps ; on la retire après le nouage du fruit.

Dans les premiers jours qui suivent le greffage, on pourra plus fréquemment rencontrer des ligatures qui se lâchent ; il faudra les renouveler. En même temps, on rapportera du mastic sur les engluements qui n'auraient pas bien tenu.

On profitera de cette première surveillance pour recommencer les greffes non réussies, et pour enlever les cornets de papier et autres écrans placés sur les greffons contre le hâle et la sécheresse.

Étêtage du sujet. — Les végétaux greffés en fente, en couronne, en incrustation, ont été tronçonnés avant d'être greffés. Nous n'avons pas à

nous en occuper, puisqu'il en a été question à
l'occasion de l'*Éducation des sujets* (page 45).

Les arbres greffés par approche seront soumis au sevrage. Cette opération comprend l'é-
têtage du sujet et la séparation de la mère, son
but est de localiser la sève dans le sujet et
dans le greffon réunis et soudés. Le sevrage
est décrit et figuré pages 75 et suivantes.

Les sujets greffés latéralement, par écusson,
en placage, sous écorce, dans l'aubier, en flûte,
seront écimés de suite ou après l'hiver :

1° Si le greffage est à *œil poussant*, c'est-à-dire
pratiqué assez tôt en saison pour que le greffon
ait le temps de pousser suffisamment avant
l'hiver, l'écimage du sujet sera commencé huit
jours après le greffage ; on coupera les sommités des maîtresses branches de la flèche ; huit
jours après, on les taillera encore plus court, et
ainsi de suite à mesure que le greffon se développera, jusqu'à 0^m,10 au-dessus de la greffe.
On ménagera des rameaux sur l'onglet pour
aider le greffon à attirer la sève.

2° Si le greffage, au contraire, est à *œil dormant*, c'est-à-dire si le greffon ne doit pousser
qu'au printemps suivant, on attendra que l'hiver
soit passé, et l'on étêtera le sujet d'un seul coup,
à 0^m,10 au-dessus de la greffe.

Lorsqu'il y a des greffes sur plusieurs branches, chaque branche sera tronçonnée comme
les tiges greffées.

Le moignon conservé au-dessus de la greffe prend le nom d'onglet, de chicot. On le tiendra plus court, si le greffon est douteux ou muni d'yeux peu saillants. Si l'onglet est ramifié, on l'élague (C, *fig.* 84); il suffira de deux ou trois bourgeons pour attirer la sève vers la greffe. Quand les yeux du greffon sont douteux, l'application d'une nouvelle greffe par rameau, auprès de l'ancienne, serait une bonne précaution, sans que l'arbre en soit déshonoré, suivant une expression de l'*École du jardin fruitier*.

Ébourgeonnement du sujet. — Quand la végétation commence, il faut ébourgeonner sévèrement. Plus tard, on agit avec plus de précautions. Nous abattons avec la serpette ou avec la main les bourgeons du sujet situés entre le sol et la greffe. On pourrait en conserver sur les tiges chétives et pincer ces bourgeons pour qu'ils attirent le fluide nourricier sans l'absorber exclusivement à leur profit.

Les bourgeons qui se développent sur l'onglet, autour de la greffe, seront littéralement supprimés; toutefois, au-dessus de la greffe, et afin de ne pas diminuer l'aspiration de la sève indispensable à la soudure, on conserve un ou deux bourgeons à titre d'appelle-sève, et on les pince. On les conservera plus longtemps sur les espèces dont l'onglet se dessèche vite, comme l'Érable, le Cytise. Il sera temps de les élaguer lorsque le scion de la greffe pourra se passer d'auxiliaire.

L'ébourgeonnage est renouvelé dès que l'on remarque une végétation de jets étrangers à la greffe. On modère à chaque fois l'opération sur les arbustes fluets, souffrants, et l'on cesse quand le bourgeon de la greffe persiste à rester engourdi. Chez certaines espèces, comme le Rosier, si l'on taille l'onglet à ras d'une greffe dormante à l'excès, on a la chance d'en exciter la végétation immédiate ou de faire développer de nouveaux rameaux du sauvageon qui, alors, seraient écussonnés ultérieurement. Cette taille de l'onglet est une solution décisive.

Les sujets greffés en tête sur tige préalablement amputée seront ébourgeonnés, entre le sol et la greffe, sur la tige et sur les branches greffées. Çà et là, on ménagera provisoirement quelques petites ramifications, ou des bourgeons, dans le but d'appeler le fluide séveux vers la greffe ou vers les parties faibles.

En tout temps, on extirpera soigneusement, jusqu'à leur naissance, les drageons, les rejets souterrains qui affameraient la greffe.

En ébourgeonnant autour du greffon, on doit se garder de toucher aux yeux de la greffe, avec la main ou avec l'outil, sauf nécessité absolue.

Destruction des insectes. — En même temps que l'ébourgeonnement, aura lieu la surveillance à l'égard des insectes. C'est d'ailleurs un soin qui n'a pas de saison, attendu que le mal est permanent.

On trouve les insectes au centre des feuilles roulées, dans les plaies, sous les ligatures, contre les tuteurs. Leurs attaques sont généralement plus vives à l'égard des bourgeons de la greffe. Si l'on négligeait de les détruire, la jeune greffe serait gravement compromise.

Nous insistons pour une surveillance à toute heure, quelle que soit la température. Les animaux nuisibles sont plus actifs au printemps. Les uns agissent pendant la pluie, les autres sous l'action de la chaleur ; ceux-ci le matin ou le soir, ceux-là en plein midi.

Chenilles, larves, pucerons, lisettes, charançons, araignées, coupe-bourgeons, pique-bourgeons, fourmis, escargots, limaces, allantes, mouches, papillons, hannetons, etc., seront impitoyablement écrasés avec la main ou sous le pied, à toutes les phases de leur existence.

On détruira le tigre, le kermès, les pucerons par des lavages à l'eau de savon noir, avec des infusions de tabac ou de plantes aromatiques ou par les projections de poudre insecticide ; et le puceron lanigère au moyen de frictions à l'huile ou du pralinage à la chaux. Les corps gras sont appliqués sur le greffon, avant qu'il ne bourgeonne, ou lorsqu'il est suffisamment développé. Aux premières évolutions de la sève, il serait trop tôt ou trop tard.

Nous avons dit que l'emploi d'accessoires : tuteurs, coffres, paillassons, toiles, etc., impré-

gnés de sulfate de cuivre, n'était pas favorable
à l'existence des insectes.

Palissage de la greffe. — Sur les arbres

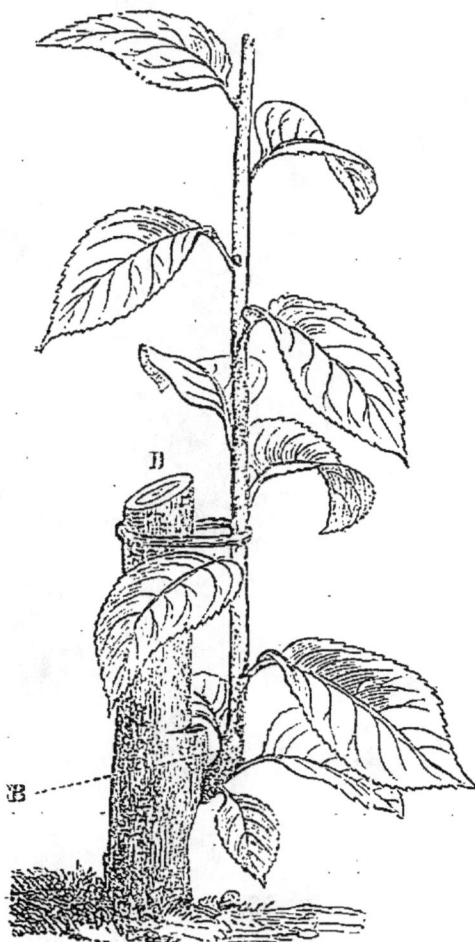

Fig. 87. — Dressage du rameau de   Fig. 88. —Palissage d'une
l'écusson contre l'onglet.   greffe latérale contre le
                                      tuteur.

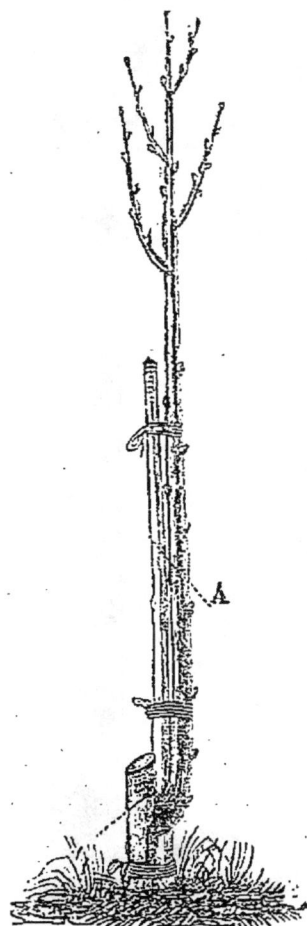

écimés avec onglet, dès que les rameaux de la
greffe atteignent $0^m,10$, nous commençons à les
palisser, en les accolant contre l'onglet. Plus

tard, nous consoliderons le dressage de la greffe avec une baguette ou un tuteur.

La figure 87 montre le palissage du jet de l'écusson contre l'onglet (D) du sujet. Pour les

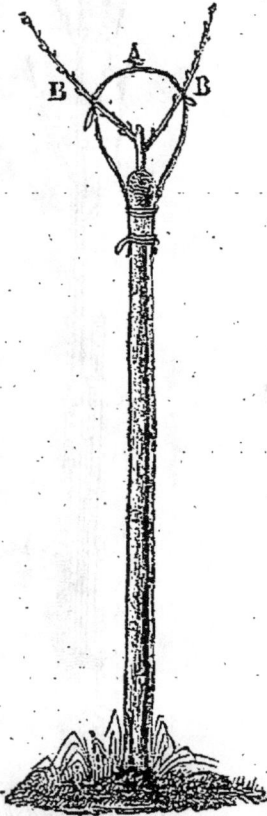

Fig. 89. — Palissage de la greffe à haute tige.

Fig. 90. — Palissage de plusieurs greffons sur la même tige.

espèces d'arbres où l'onglet ne suffirait pas, on ajoutera un tuteur qui sera d'abord lié au collet du sujet, puis à la greffe (*fig.* 88). Les arbres susceptibles de se *décoller* à la greffe, ceux qui donnent des tiges fortes ou tourmentées, ont besoin d'un tuteur dès leur début.

Pour un jeune arbre greffé en tête (*fig*. 89), sans onglet, une baguette flexible (A) réunie par les deux bouts sur la tige servira au palissage des rameaux (B, B) de la greffe.

Si la tige porte plusieurs greffons (*fig*. 90), il faudra un support à chacun d'eux, par exemple une latte ou un petit bâton plus ou moins ramifié, attaché au tronc par deux liens.

Les sujets greffés en basse tige seront accompagnés d'un tuteur d'une dimension calculée sur la végétation probable de la greffe. Ainsi l'Althéa, donnant quelques rameaux courts, n'a pour ainsi dire point besoin de tuteur; tandis que le Robinier Decaisne, quoique greffé à fleur du sol, en exigera un grand, car il peut développer des pousses de trois mètres dès la première année.

Dans les pépinières, on conserve, sur les arbres greffés, les lattes et les baguettes pendant au moins une année. Si l'arbre est destiné à voyager, on renouvelle le palissage au moment de l'extraction du sujet, afin de garantir suffisamment la greffe dans l'emballage.

Les jeunes scions de la greffe sont palissés avec du jonc. Les baguettes et les tuteurs sont attachés au sujet avec deux osiers au moins : un seul osier, ou plusieurs liens en jonc, en paille, ne seraient pas assez solides. Quand le rameau de la greffe devient ligneux, on peut l'accoler avec de jeunes pousses d'osier, avec de la tille, du raphia, des feuilles de Typhacées, de la paille mouillée, des lanières d'écorce.

On palisse avec soin, en évitant de trop comprimer le rameau, d'en écorcher l'épiderme ou d'en tourmenter les feuilles.

Les tuteurs sont en bois arrondi plutôt qu'en brin fendu ; le sulfatage en augmente la durée (Voir page 33).

On place l'échalas plutôt à la face nord de l'arbre, afin qu'il ne gêne point l'action des rayons solaires sur les tissus de l'arbre.

Un tuteur placé contre un arbre à haute tige doit toujours être assez élevé pour dépasser le point greffé. Un tuteur trop court attaché à la tige sans soutenir la greffe exposerait davantage cette dernière à être brisée par le vent. Il vaudrait mieux, alors, ne pas mettre de tuteur ; mais il est préférable que le sujet et la greffe résistent aux bourrasques par le support d'un tuteur commun (C *fig.* 25, page 76).

Des tampons de mousse ou d'écorce entre le tuteur et le sujet, sous la ligature, seront nécessaires lorsque l'on craindra de froisser le sujet.

Au moment des orages, on redoublera de vigilance ; et si des greffes étaient trop agitées par le vent, on chercherait à y remédier, par de nouveaux supports, et même par le rognage et l'effeuillement des rameaux les plus allongés.

On prendra garde que la ligature des tuteurs

ne vienne étrangler le sujet, ce qui l'exposerait davantage aux ruptures, tout en le blessant.

Suppression de l'onglet. — Après une année de végétation, l'onglet de la greffe sera retranché. En le laissant plus longtemps, il meurt et la carie attaque le sujet. Si on le coupe à l'époque du déclin de la sève, la plaie se cicatrise, et le coude produit au point de jonction ne tarde pas à disparaître. Cependant, il n'y aurait aucun danger à conserver pendant deux ans l'onglet d'une greffe faible en végétation.

Dans les pépinières, l'ablation de l'onglet se fait en août et en septembre, quand le travail de l'écussonnage se termine. On commence par les greffes dont la liaison est le moins intime ; par exemple, lorsque deux espèces différentes sont greffées l'une sur l'autre : le Poirier sur le Cognassier, le Cerisier sur le Mahaleb, l'Abricotier sur le Prunier, le Pêcher sur l'Amandier.

On coupera l'onglet en biais, comme l'indiquent la ligne ponctuée B de la figure 87 et celle de la figure 88, la section étant dirigée sur un plan oblique dont la base commence en face du *talon* de la greffe pour finir à la *gorge* même de cette greffe. Si l'onglet était gros et sec, ou placé entre deux greffes (*fig.* 82), on emploierait la scie, et l'on polirait ensuite avec la serpette. Dans les cas ordinaires, la serpette à désongletter (*fig.* 4), est la plus convenable pour les arbres à basse tige.

Le coup de serpette devra être donné avec une certaine habileté, afin de ne pas heurter la greffe avec l'outil.

Un petit chicot pourrait être enlevé au sécateur; on aplanirait ensuite la coupe à l'aide la serpette, en retenant la lame avec la main, pour ne point attaquer la greffe.

L'application de boue, d'onguent, sur l'amputation de l'onglet est favorable à la cicatrisation de la plaie.

En même temps que l'on coupe l'onglet, on retranche les greffes inutiles résultant des greffages multiples, toutes les fois que le branchage sera suffisamment constitué avec une seule greffe. L'alliance de la greffe y gagnera; la chance de divorce y perdra.

Réduction du bourrelet de la greffe. — Lorsqu'il se manifeste, à la naissance de la greffe, un bourrelet proéminent (A *fig.* 91) au détriment de la libre circulation de la sève, nous cherchons à l'atténuer par quelques incisions longitudinales, données au printemps, partant du bourrelet de la greffe (C) pour se continuer sur le sujet chétif (B). Le cambium dégorge par ces issues, dilate les couches génératrices et vient aider à leur accroissement normal.

Fig. 91. — Réduction du bourrelet résultant de la greffe.

Les incisions sont produites par un simple coup de greffoir; elles seront prolongées sur toute la longueur de la tige, et renouvelées dans le cours de la végétation, s'il y a lieu.

Par un procédé analogue, nous utilisons le bourrelet du Poirier sur Cognassier au profit de la vigueur de l'arbre. Le poirier (D *fig*. 92),

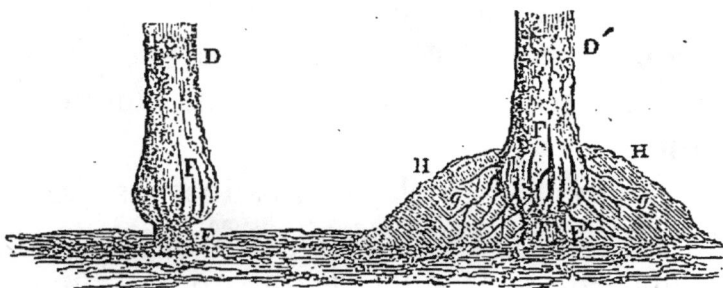

Fig. 92. — Affranchissement du Poirier sur Cognassier.

trop gros relativement au sujet (E) sur lequel il est greffé, ralentit sa vigueur et sa production. Nous y remédions en pratiquant, dans le bourrelet (F), de petites incisions longitudinales; nous buttons en H avec du sable ou de la terre amendée, entretenue humide par l'arrosage, un paillis ou une litière de tan. Des radicelles (G) ne tarderont pas à sortir des fissures du bourrelet (F') sur la greffe; elles deviendront racines et alimenteront l'arbre directement.

Le Poirier (D') ainsi affranchi reprendra une vigueur nouvelle, tandis que le tronc (E), appartenant au sujet de Cognassier, périclitera et finira par disparaître avec ses racines.

VIII. — VÉGÉTAUX A MULTIPLIER PAR LA GREFFE ; ARBRES, ARBRISSEAUX, ARBUSTES.

Il ne suffit pas de savoir greffer. Il convient encore de connaître les végétaux qui se soumettent au greffage, la nature du sujet qui leur convient, et par quels procédés on les greffe.

Ce chapitre, consacré aux principales espèces ligneuses du climat de la France en donnera l'indication.

Les procédés de greffage sont inscrits dans l'ordre de leur importance relative. Nous y ajoutons le mode de reproduction du sujet, et quelques observations dictées par l'expérience.

Pour la détermination botanique des familles, des espèces et des variétés, nous avons consulté l'*Arboretum Segrezianum* de M. Alphonse Lavallée, le *Traité général des Conifères*, par M. E.-A. Carrière, et la *Flore de France*.

Abricotier (*Armeniaca*).

Famille des Amygdalées.

Sujet. — Prunier, *Prunus domestica*, var. Saint-Julien et Damas noir (semis). — Prunier Myrobolan, *P. Mirobolana* (bouture). Dans la zone du vignoble, on le greffe encore sur Abricotier, *A. vulgaris*, sur Amandier, *Amygdalus communis*, sur Pêcher, *Persica vulgaris* (semis).

Greffage. — En écusson (*fig.* 76); juillet-août. — Anglaise simple (*fig.* 56); mars-avril. — En pied ou en tête.

Observations.—Les Anglais emploient comme sauvageon le Prunier *Brussel,* sauf pour l'*Abricotier-pêche* et ses sous-variétés. Les Hollandais ont adopté le Prunier *Grosspflaum.* A Metz, on emploie le Prunier *Quetsche,* à tige, produit par le marcottage en cépée.

En France, vers le Centre ou le Midi, on le greffe sur Prunier, sur Amandier, sur Abricotier et Pêcher franc. Dans le Dauphiné, surtout aux environs de Valence, l'Amandier est employé comme sujet pour les cultures en plein vent. On greffe également sur Abricotier franc les variétés robustes, connues sous les noms d'Abricotier *d'Ampuis* et *Luizet.*

Dans l'Aude, il paraît que l'Abricotier greffé sur franc, en pied, élevé à tige par le développement de la greffe, est plus robuste que s'il était greffé en tête.

Le greffage de l'Abricotier sur Pêcher franc, à mi-tige, se pratique dans une partie du Lyonnais, cantons de l'Arbresle et de Tarare, notamment à Bessenay où l'abricot *blanc,* à confiture, est cultivé dans les vignes.

Dans le département de l'Ain, sur les bords de la Saône, l'Abricotier est parfois greffé sur Pêcher.

La Bourgogne semblerait être la limite nord de la culture de l'Abricotier sur Amandier.

Partout ailleurs, le Prunier est le sujet adopté pour le greffage de l'Abricotier.

Les rameaux-greffons, de grosseur moyenne, et récoltés en plein vent, sont préférables. Rejeter les yeux de la base qui se développeraient mal ; ceux du sommet sont difficiles à employer pour le greffage par bourgeon.

Lors de l'écussonnage sur Prunier myrobolan, on attache entre elles les branches du sujet ; et, aussitôt la greffe terminée, on coupe les sommités de ces branches (*fig.* 84).

Détacher la ligature à l'automne ; sinon, attendre que les froids soient passés.

Détruire les lisettes et les colimaçons.

Palisser rigoureusement, à plusieurs reprises.

Désongletter avant l'hiver.

La greffe anglaise simple (*fig.* 56) ne comportant ni cran ni languette, il faudra y maintenir assez longtemps la ligature et un tuteur.

Le greffage en fente ou en incrustation de rameaux de Prunier écussonnés à l'avance en Abricotier (*fig.* 83) est utile dans quelques circonstances, quand on possède un sujet trop gros pour la greffe anglaise.

Lorsqu'il s'agit d'obtenir un Abricotier à haute tige avec un sujet de Prunier qui s'élève difficilement, on greffe d'abord celui-ci, en pied, avec une variété de Prunier sympathique à l'Abricotier ; la *Reine-Claude de Bavay*, la *Sainte-Catherine*, la *Belle de Louvain*, ou toutes autres sortes vigoureuses, d'une adaptation certaine. Au moins deux ans après, on greffera cette tige de Prunier en Abricotier.

Si le climat était favorable, on pourrait greffer rez terre l'Abricotier et l'élever à tige.

Habituellement en pépinière, dans les carrés de Pruniers destinés au greffage de l'Abricotier, on écussonne la première année avec de l'Abricotier ; mais les greffes manquantes sont remplacées par du Prunier ou de l'Amandier, au *recourage* de première saison, et lors du greffage des années suivantes.

Alaterne (*Rhamnus Alaternus*).

Famille des Rhamnées.

Sujet. — Alaterne à large feuille, *Rhamnus Alaternus latifolia* (semis).

Greffage — En placage (*fig.* 37) (octobre). — En pied ; sous verre.

Observations. — Choisir des plants de deux ans, de la grosseur d'une plume d'oie ; le plant d'un an serait trop fin ; plus âgé, la tige trop grosse sympathiserait moins bien avec les rameaux fluets du greffon.

La soudure étant assez lente à s'achever, on maintient la greffe à l'étouffée pendant deux mois environ.

Les Alaternes se multiplient facilement par marcottage ; mais, dans les sols légers comme ceux de la Champagne, l'Alaterne *à feuille panachée de blanc*, *Rh. Al. albo-variegatus*, végète mal ; de là, sa multiplication par la greffe. Dans nos pépinières, cette variété est plus vigoureuse, greffée, que multipliée par couchage.

Alisier (*Aria*).

Famille des Pomacées.

Sujet. — Aubépine blanche, *Cratægus Oxyacantha* (semis).

Greffage. — En écusson (*fig.* 76) (juillet). — En fente (*fig.* 45). — En incrustation (*fig.* 40) (mars-avril). — En pied.

Observations. — Greffer rez terre, pour éviter la difformité d'un sujet plus étroit que la greffe, et la végétation de pousses affamantes sur le sauvageon.

Rejeter du rameau-greffon : les yeux de la base, ils se développeraient mal, et ceux du sommet sont trop disposés à fleurir.

Althæa (*Hibiscus*).

Famille des Malvacées.

Sujet. — Ketmie des jardins, *Hibiscus syriacus* ou *Althæa frutex*, à fleur simple (semis ; bouture ; fragment radiculaire).

Greffage. — En fente (*fig.* 45). — A l'anglaise

(*fig*. 57). — En incrustation (*fig*. 69); sur collet de racines (*fig*. 68) (avril). — En pied.

Observations. — Les greffons préparés à l'avance seront enterrés dans du sable sec et peu profondément : ils craignent la pourriture. Il serait prudent de les abriter de la gelée. Quand l'hiver n'est pas à redouter, on peut couper, au moment du greffage, les rameaux-greffons sur le sujet étalon. Sous un climat froid, il est indispensable d'empailler les porte-greffons.

Greffer les sujets rez terre, plutôt au-dessous, afin d'éviter les rejets qui pullulent au collet.

On peut greffer en hiver, au coin du feu (page 47), enjauger les plants greffés à la cave, pour les transplanter au premier printemps.

Amandier (*Amygdalus*).

Famille des Rosinées.

Sujet. — Amandier à coque dure, *Amygdalus communis* (semis). — Prunier, *Prunus domestica* (semis ; marcottage par cépée).

Greffage. — En écusson (*fig*. 76) (août). — En fente (*fig*. 45) (mars). — En pied ou en tête.

Observations. — L'écussonnage en pied est préférable sur un sujet ou sur un rameau âgé d'un an ; un mois avant de le greffer, on en élague les ramifications à la place destinée à l'écusson.

Réunir et lier les branches du jeune plant

d'Amandier au moment du greffage (*fig.* 84).

Dans les carrés de Pruniers en pépinière, greffés en variétés de Prunier, lorsqu'on vérifie la réussite du greffage, on pourrait recommencer les greffes manquées avec une variété d'Amandier, si l'on ne tient pas à remplacer par la même sorte de Prunier. L'aspect des arbres est assez différent pour qu'il n'y ait pas d'erreur, lors du choix et de la déplantation des sujets.

La même opération est praticable dans les carrés d'Amandiers greffés en Pêcher. Cette ressource supplémentaire n'empêchera pas la multiplication régulière de l'Amandier dans un endroit spécial.

Dans les contrées du Nord, le sujet Prunier est préféré au sujet Amandier pour le greffage des Amandiers *à coque tendre*, etc.

En Provence, on greffe encore l'Amandier *princesse*, en flûte, sur l'Amandier ordinaire, avec étêtage immédiat du sujet.

Les variétés d'ornement seront greffées en pied, par écusson, sur Amandier ou sur Prunier.

Amelanchier. — Aronia. — Pourthiæa.

Famille des Pomacées.

Sujet. — Aubépine blanche, *Cratægus Oxyacantha* (semis).

Greffage. — Écusson (*fig.* 76) (juillet-août).

— En fente (*fig*. 45) (mars-avril). — En couronne (*fig*. 36) (avril-mai).

Observations. — Opérer avec des sujets jeunes et vigoureux ; greffer aussi près du sol que
possible.

Choisir des yeux-greffons bien formés.

Ébourgeonner sévèrement au printemps.

Ces espèces de vigueur modérée, pourront
être greffées à demi-tige sur de jeunes sujets
en Sorbier, Aubépine, Allouchier, Azerolier,
de semis ou déjà greffés en pied.

Araucaria (*Araucaria*).

Famille des Conifères (*Araucariées*).

Sujet. — Araucaria (semis, bouture).

Greffage. — De côté avec incision oblique
(*fig*. 43). — En placage (*fig*. 93) (février, août).
— En pied ; sous verre.

Observations. — Le genre Araucaria se sub-
divise en Colymbea, Eutacta, Dammara. Les
Colymbea imbriqué et *du Brésil*, les *Eutacta élevé*
et *de Cunningham* sont de bons sujets pour
supporter le greffage des Araucarias.

Lorsqu'on manque de sujets, on pourrait
multiplier l'étalon par le bouturage de *têtes*;
mais le nombre de rameaux nés par suite du
tronçonnement de la flèche étant restreint, et
le bouturage n'étant pas d'une réussite aussi
certaine que le greffage, on commencera par

bouturer des rameaux de côté; plus tard, on greffera ces sujets de bouture avec des greffons de tête. Les greffons de tête sont des jets qui naissent à l'aisselle du verticille supérieur de branches, la flèche ayant été écimée à cet effet.

Arbousier (*Arbutus*).

Famille des Éricacées.

Sujet. — Arbousier des Pyrénées, *Arbutus Unedo* (semis).

Greffage. En placage (*fig.* 37) (février, septembre). — En pied ; sous verre.

Observations. — Choisir de jeunes plants âgés de deux ans, afin d'opérer sur des tissus jeunes. Greffer sous cloche ou sous châssis. Maintenir le sujet greffé à l'étouffée pendant deux mois pour en assurer la reprise. L'amener ensuite graduellement à l'air libre.

Aubépine (*Cratægus oxyacantha*).

Famille des Pomacées.

Sujet. — Aubépine blanche (semis).

Greffage. — En écusson (*fig.* 76) (juillet). — En fente (*fig.* 45). — Anglaise (*fig.* 57) (mars). — En couronne (*fig.* 35) (avril). — En pied.

Observations. — Écussonner sur des plants de grosseur moyenne.

Les greffages se font à basse tige, assez près

de terre, à cause des nombreux rameaux qui se développent sur le sauvageon.

On greffe à haute tige les sujets bien constitués, et destinés à recevoir la greffe de variétés à bois fin, à rameaux étalés ou retombants. Cependant, à cause de la tige noueuse du sujet, il conviendrait de pratiquer un double greffage. On grefferait en pied, sur le sauvageon, une sorte vigoureuse, soit l'*Épine à fleur rose double*, le *Néflier de Smith*, le *Sorbier des oiseaux*. Une fois celle-ci élevée à tige, on y greffera la variété délicate à la hauteur voulue.

Surveiller l'ébourgeonnement du sauvageon.

Aucuba (*Aucuba*).

Famille des Cornées.

Sujet. — Aucuba du Japon (bouture).

Greffage. — En placage (*fig.* 37). De côté dans l'aubier (*fig.* 43). Greffe-bouture du sujet (*fig.* 64); et double bouture (*fig.* 65) (d'octobre à février). — En pied ; sous verre.

Observations. — Lorsqu'on manque de sujets, on confectionne des boutures d'Aucuba du Japon ; en même temps, on les greffe en placage ou en fente dans l'aubier, avec la variété à propager. On les place sous cloche ; la soudure s'accomplira tandis que la bouture s'enracine.

Au cas d'insuccès, les greffes de côté laissent

le sujet plus facilement utilisable que par les greffes en tête.

Ce végétal étant dioïque, on pourrait greffer toutes les branches des arbustes mâles, à l'exception d'une seule, en Aucuba femelle ; et, sur les arbustes femelles, greffer une branche en variété mâle. Avec le même arbuste, on obtiendrait une fructification ornementale ; il faudrait alors opérer sous verre avec le greffage dans l'aubier (*fig.* 42).

Aune (*Alnus*).

Famille des Bétulacées.

Sujet. — Aune glutineux, *Alnus glutinosa*. — Aune blanchâtre, *Alnus incana* (semis).

Greffage. — En approche (*fig.* 20). — En couronne (*fig.* 35). — En fente (*fig.* 47) (mars-avril). — En pied ou en tête.

Observations. — Les greffages par rameau détaché réussissent encore avec des greffons dont le bois est âgé de deux ans. Mais il est préférable que le bois du sujet étêté soit âgé de deux ans au moins, à l'endroit du tronçonnement.

Les variétés se greffent sur leur type.

Le greffage sous verre se pratique de juillet en septembre.

Azalée (*Azalea*).

Famille des Éricacées.

Sujet. — Azalée dit *de l'Inde, Azalea indica* (semis), pour les variétés à feuille persistante. — Azalée du Pont, ou pontique, *A. pontica* (semis), pour les variétés dites *d'Amérique*, de *Chine, du Japon* (*A. mollis*), à feuille caduque.

Greffage. — En placage (*fig.* 37). — En fente (*fig.* 94) (de juillet à septembre). — En pied ou en tête ; sous verre.

Observations. — Greffage à l'étouffée dans la serre à multiplication. Les sujets greffés sont mis sous cloche hermétiquement fermée, et y séjourneront pendant deux mois ; cette longue période est nécessaire à la réussite des greffes.

Les jeunes plants ont été clairsemés, puis ébourgeonnés. On les conservera entiers pour le greffage ; s'ils étaient trop effilés, on en pincerait la sommité en les greffant.

Les sujets ont été mis en pot à l'avance ; au besoin, on aurait pu les y mettre juste au moment du greffage, et la réussite serait la même.

Dans plusieurs établissements belges et à Versailles chez M. Truffaut et M. Moser, on utilise comme sujets les *Az. ind. lateritia, phœnicea, concinna, amœna*.

Le greffage en fente ou en incrustation à l'air libre, au printemps, donne souvent de bons résultats. On a soin de conserver un bourgeon sur le sujet, en face du greffon.

Sous le climat de Cherbourg, où l'on propage par marcotte l'Azalée dit *de l'Inde*, à feuille persistante, on greffe seulement les variétés nouvelles et les variétés à fleurs panachées. Le mode de greffage est le placage (*fig.* 37), sur plant levé en motte. On opère en juillet, sous châssis froid, et l'on tient les greffes à l'ombre.

L'Azalée pontique sera greffée avec les variétés à feuille caduque en juillet, sous verre, greffe en placage au collet avec des greffons semi-herbacés.

Azérolier (*Cratægus Azarolus*).
Famille des Pomacées.

Sujet. — Aubépine blanche (semis).

Greffage. —En écusson (*fig.* 76) (juillet-août). — En fente (*fig.* 45) (mars-avril). — En couronne (*fig.* 34) (avril-mai). —En pied ou en tête.

Observations. — Le greffage en pied à rez terre est préférable.

Pour obtenir en haute-tige les variétés à rameaux délicats, horizontaux ou retombants, on emploie à titre intermédiaire une espèce vigoureuse telle que le Néflier de Smith, *Mespilus Smithii*, l'Aubépine à fleur rose double, *Cratægus oxyacantha flore plenoroseo*; celle-ci est greffée en pied, et deux ou trois ans après, on greffera l'espèce délicate à la hauteur projetée de la couronne.

Les observations qui précèdent s'appliquent également aux espèces classées botaniquement parmi les Mespilus, Cratægus, Aria, Sorbus, Torminaria, sympathiques à l'Aubépine blanche.

Baguenaudier (*Colutea*).

Famille des Légumineuses.

Sujet. — Baguenaudier ordinaire, *Colutea arborescens* (semis).

Greffage. — En écusson (*fig*. 79) (août). — Anglaise (*fig*. 57) (mars). — En pied.

Observations. — Choisir en hiver des plants plutôt faibles, et les planter dans une terre très ordinaire; une végétation modérée se prête mieux à la soudure.

Faire la chasse aux colimaçons, assez friands du Baguenaudier.

Bibacier (*Eriobotrya*).

Famille des Pomacées.

Sujet. — Cognassier commun, *Cydonia vulgaris* (bouture avec talon; marcottage par cépée). — Aubépine blanche, *Cratægus oxyacantha* (semis).

Greffage. — En fente (*fig*. 48) (avril). — En pied; à l'air libre et sous verre.

Observations. — Le greffon pris sur un rameau âgé de deux ans est plus convenáble que s'il était choisi sur un rameau de l'année.

Si l'on opère à l'air libre, on coupe les feuilles du greffon sur le pétiole ; on préservera la greffe de l'action de l'air jusqu'à ce qu'elle bourgeonne.

En greffant à l'abri, sous verre, on gardera les feuilles, mais légèrement tronquées.

Greffer à fleur de terre.

Le greffage en plein air, par rameau ou par bourgeon, expose le jeune arbuste à la gelée.

Les Japonais multiplient le Bibacier type, *E. japonica*, par semis, et greffent sur ce sujet les sous-variétés qu'ils en ont obtenues. Mais notre Cognassier d'Europe leur était à peu près inconnu avant que le directeur du Jardin d'expériences à Yedo « Ycou-chu-Ba », M. Masana Maéda ne vînt, en 1877, chercher nos arbres fruitiers qui manquaient à sa patrie. Attendons les expériences comparatives.

Greffé sur Cognassier, le Bibacier, sous le climat de Paris, vit plus longtemps que greffé sur Aubépine, et devient plus robuste que s'il était franc de pied. M. Nardy, à Hyères, croit avoir reconnu qu'à la suite du greffage de l'arbuste sur Aubépine, le fruit gagne en saveur plutôt qu'avec le Cognassier.

Bignone (*Tecoma*).

Famille des Bignoniacées.

Sujet. — Bignone de Virginie, *Tecoma radicans* (fragment de racine).

Greffage. — En fente ou en incrustation sur racine (*fig.* 66) (avril-mai).

Observations. — Les fragments de racine sont longs de $0^m,10$; une fois greffés, on les met en terre, de manière que les tronçons soient couverts totalement jusqu'à l'œil supérieur du greffon (Voir page 162).

La première végétation pourrait être excitée par le concours d'une cloche sur couche tiède.

Avec un greffon, rameau à fleur, on obtient un arbuste moins disposé à *grimper*.

Bouleau (*Betula*).

Famille des Bétulacées.

Sujet. — Bouleau commun, *B. alba* (semis).

Greffage. — De côté avec rameau simple (*fig.* 28) (août). — En approche (*fig.* 19 (de mai en août). — En écusson (*fig.* 74 et 76) (août). — En fente herbacée, sous verre (juillet-août). — En pied ou en tête.

Observations. — Le Bouleau réussit à l'écussonnage. Chez les variétés à forts rameaux comme le B. à canot, *B. papyrifera*, on choisit l'œil-greffon saillant, aoûté, à la base d'un scion de l'année ; mais avec les variétés à rameaux effilés, comme les *B. lacinié, pyramidal, pleureur*, l'œil-greffon sera pris sur un rameau de l'année précédente ; l'œil est renflé et non développé (*fig.* 74). Avec d'autres variétés, par exemple le *B. pourpre*, on utilise les yeux âgés d'un an ou de deux ans suivant le diamètre du rameau-greffon.

L'écussonnage offre cet avantage aux pépiniéristes que, au cas d'insuccès, le sujet reste vendable comme Bouleau ordinaire. Cependant on greffe sur flèche de l'année, par approche en tête ou à l'anglaise, en mars-avril, des greffons dont le diamètre s'adapte à celui du sujet.

En plein air, le Bouleau est encore greffé au mois de juillet :

1° En fente, sur une jeune flèche obtenue par une taille au printemps précédent ;

2° En placage, avec des greffons déjà lignifiés, munis de leurs feuilles coupées à moitié.

M. Henri Desfossé, d'Orléans, a greffé le Bouleau *pourpre* de la manière suivante. Le sujet, mis en pot une année à l'avance, a été recépé au printemps. Au mois de juin, il y insère par la greffe en fente herbacée, sur la jeune flèche, un greffon mi-herbacé, mi-ligneux, au même degré de *tendreté* que le sujet. Quinze jours après, la soudure a lieu. — L'opération se fait dans la serre, à froid.

Bourgène (*Rhamnus frangula*).

Famille des Rhamnées.

Sujet. — Bourgène ou Nerprun bourdaine, *Rhamnus frangula* à feuille caduque. — Bourgène à feuille d'olivier, *Rh. oleifolius*, à feuille persistante (semis).

Greffage. — En fente (*fig.* 48 et 94) (février, août-septembre). — En pied ; sous verre.

Observations. — Ici, le greffage est plutôt employé à l'égard du *Rhamnus oleifolius* et du *Rh. incana* qui ne se reproduisent point par semis ; alors on emploie comme sujet le semis du *Rh. oleifolius*. Le greffage se fait en fente, à l'étouffée, sous châssis.

Les autres variétés se greffent sur leur type, par le même système, si la reproduction en est impossible par le semis ou par le marcottage.

Les variétés à feuille caduque seront greffées sur le Bourgène, *Rhamnus frangula.*

Buisson-ardent (*Pyracantha*).

Famille des Pomacées.

Sujet. — Cognassier commun, *Cydonia vulgaris* (bouturage ; cépée).

Greffage. — En fente (*fig.* 48 et 94) (mars-avril). — En pied.

Observations. — Habituellement, on multiplie le Buisson-ardent, *Pyracantha coccinea,* par semis ou par bouture; mais on obtient des arbustes vigoureux en pépinière, par le greffage rez terre sur Cognassier.

Les horticulteurs de Dijon en élèvent des carrés spéciaux; ceux de Metz se contentent des souches de Cognassier devenues trop grosses pour le greffage du Poirier; ils y greffent le Buisson-ardent directement.

Un rameau-greffon de deux ans est préférable.

Le *Buisson-ardent de Lalande,* recherché des amateurs, a été jusqu'ici rebelle au greffage. On le propage par bouture herbacée en été.

Broussonetier (*Broussonetia*).

Famille des Morées.

Sujet. — Broussonetier, dit Mûrier à papier. *Broussonetia papyrifera* (semis).

Greffage. — En incrustation (*fig.* 41). — En fente (*fig.* 45), à l'air libre (en avril). Greffage semblable sur collet ou sur fragment de racine (*fig.* 67); sous verre (de février en avril). — En pied ou en tête.

Observations. — Le Broussonetier *à feuille laciniée* réussit sur racine avec ou sans collet, sous cloche, à chaleur modérée. Si l'on opère en plein air, on choisira de petits sujets et de gros greffons, pour équilibrer les deux parties.

Le Broussonetier *à feuille cucullée* réussit

avec les greffes en fente et en incrustation.

Le Broussonetier *de Kæmpfer*, d'une espèce différente, *B. Kæmpferi*, a l'inconvénient de donner des scions trop florifères ou sensibles à la gelée. Dans ce cas, pour l'opération à l'air libre, on aura recours aux greffons formés de bois de deux ans, moins disposés à la fleuraison et à l'annulation des yeux. Avec le greffage sous verre, il n'y a pas les mêmes craintes.

Camellia (*Camellia*).

Famille des Ternstrœmiacées.

Sujet. — Camellia à fleur simple, *Camellia japonica* (semis ; bouture).

Greffage. En placage (*fig.* 37). En fente dans l'aubier (*fig.* 42) (juillet à septembre). — Anglaise à cheval (*fig.* 61). Par sujet-bouture (*fig.* 64) (septembre, avril). — En pied.

Observations. — Pour les greffes de côté, en placage et en fente, on opère sous cloche et en serre ; on aère cinq semaines après, la soudure étant assurée. L'étêtage du sujet aura lieu plus tard, lorsque la greffe aura végété.

Le sujet est un plant de semis ou de bouture enracinée. Au pis aller, le rameau-bouture constituerait un sujet.

M. Marie, horticulteur à Moulins, multiplie le Camellia avec un succès remarquable par la greffe de rameau-bouture, de la manière

suivante. Au commencement de septembre, il
enlève, sur des variétés vigoureuses de Camellia,
des rameaux-boutures en bois d'un an ou quelquefois de 2 ans munis de feuilles. Il les frac-
tionne en tronçons de $0^m,10$; le bout inférieur
est taillé carrément, le supérieur reçoit sur-
le-champ la greffe de la variété à propager.

Il est à remarquer que, sur le bois d'un an,
on placera un greffon d'un an ; sur celui de deux
ans, un greffon ayant deux années de pousse,
portant quelques brindilles. Quand le sujet-
bouture et le greffon sont de même grosseur,
on emploie la greffe anglaise à cheval (*fig.* 64).
Quand la bouture est plus grosse, on a recours
à la greffe en fente (*fig.* 94) ou à la greffe en
placage (*fig.* 37).

Il suffira de ligaturer par quelques tours de
fil, et de traiter les plants greffés comme de
simples boutures, sous châssis, placés sur couche tiède et en terre de bruyère sableuse.
Tenir à l'étouffée, ombrer pour atténuer l'effet
des rayons de soleil sans priver de lumière,
maintenir le sol légèrement humide. Environ six semaines après, les sujets sont racinés
et les greffes soudées ; on les conserve sous
châssis jusqu'en juillet, août ; alors on lève
les sujets en motte pour les mettre en pot.
Pendant dix mois, on les traitera comme des
plantes adultes, et les châssis seront remplacés
par des claies.

M. Marie a déjà fabriqué plus de cent mille Camellias par l'emploi du sujet-bouture, la réussite est meilleure qu'avec le plant enraciné. Il en manque à peine 1/20 et le bourrelet de la greffe est à peine saillant.

A Rouen, MM. Wood greffent le Camellia en hiver, à chaud, en fente herbacée.

En Angleterre, Richard Sandford opérait en avril-mai, quand les yeux gonflent, par la greffe *en selle* ou *à cheval*.

Dans les jardins d'hiver et dans les localités où le Camellia croît en pleine terre, on le greffe par approche, et même en fente ordinaire.

Caragana (*Caragana*).

Famille des Légumineuses.

Sujet. — Caragana en arbre, *Caragana arborescens* (semis).

Greffage. — En fente (*fig.* 48). — En incrustation (*fig.* 41) (mars-avril). — En pied ou en tête.

Observations. — Le sujet étant d'une grande vigueur par rapport aux variétés que l'on y greffe, il y aurait avantage à le déplanter dans l'hiver qui précède le greffage.

Pratiquer le greffage de très bonne heure.

Les variétés à rameaux délicats seront greffées à la hauteur fixée pour le branchage.

Surveiller l'ébourgeonnement. Détruire les escargots.

Catalpa (*Catalpa*).

Famille des Bignoniacées.

Sujet. — Catalpa du Japon, *C. bignonioides* (semis).

Greffage. — En fente (*fig.* 50) (avril). — En couronne (*fig.* 35) (mai). — En écusson à œil poussant (*fig.* 76) (avril-mai). — En pied ou en tête.

Observations. — Pour le greffage par rameau, on choisit des greffons munis de bois de deux ans, en totalité ou à leur base. On les coupe peu de temps avant de les employer, et on les place dans du sable sec.

Le sujet étant moelleux, l'insertion du greffon pourrait se faire de biais, la fente côtoyant la moelle, suivant les préceptes de Calvel, ou tel que nous l'indiquons à la *greffe en tête dans l'aubier* (page 115).

M. Henri Desfossé, horticulteur à Orléans, nous a montré un carré de Catalpas écussonnés *à œil poussant*, ayant produit des jets de 1 mètre. L'œil-greffon doit être bien formé, jamais éteint, et choisi sur un rameau plutôt mince, mais parfaitement aoûté et coupé, sur l'arbre-étalon, le jour même de l'écussonnage.

Le Catalpa doré, *C. bignonioides aurea*, greffé en pied, pourra s'élever à tige, mais le Catalpa boule, *C. Bungei nana* doit être greffé à la hauteur fixée pour la tête de l'arbre.

Céanothe (*Ceanothus*).

Sujet. — Céanothe d'Amérique, *Ceanothus americanus* (semis).

Greffage. — En fente sur tronçon de racine (*fig.* 67). En placage (*fig.* 37) (août-septembre). — En pied ; sous verre.

Observations. — Choisir pour sujets des tronçons de racine, et avoir soin de conserver les chevelus qui en garnissent l'extrémité.

Couper les feuilles du greffon par la moitié.

Placer les sujets greffés sous cloche ou sous châssis ; leur agglutination s'opère au bout de cinq ou six semaines.

Nous avons vu, en 1879, M. Vauvel, chef des pépinières au Muséum d'histoire naturelle à Paris, multiplier par la greffe le joli Céanothe azuré, *Gloire de Versailles*, de la façon suivante.

Cette variété ne se reproduisant point par semis, et des éléments suffisants de bouturage faisant défaut, il en sema d'abord les graines au printemps, en pleine terre. Au mois d'août suivant, les jeunes plants ont été arrachés, étêtés, et greffés au collet, dans le laboratoire de la serre à multiplication.

Le greffon est un scion mi-herbacé cueilli sur l'arbuste-étalon que l'on a préalablement taillé pour en obtenir de jeunes pousses non disposées à fleurir; l'insertion se fait en demi-fente ou en incrustation.

Le sujet greffé est aussitôt mis en pot et étouffé sous châssis. Une fois repris, on le place sous cloche en attendant la pleine terre.

A défaut de plants de semis, on emploie des plants de boutures enracinées de la grosseur d'une plume d'oie.

Le Céanothe, ainsi fabriqué par la greffe, constitue, après hivernage, une bonne plante de massif ou de marché.

Cèdre (*Cedrus*).

Famille des Conifères (*Abiétinées*. § *Sapinées*).

Sujet. — Cèdre du Liban, *Cedrus Libani* (semis).

Greffage. — En placage (*fig.* 93). En fente oblique, de côté dans l'aubier (*fig.* 43) (septembre). — En pied, sous verre.

Observations. — Choisir pour greffons des sommités de branches latérales. On les greffe sans étêter le sujet. Deux mois après, on peut découvrir le plant et l'amener progressivement à l'air libre.

Le Cèdre du Liban est un sujet robuste pour le greffage des formes ou sous-variétés des *Cedrus atlantica*, *Deodora* et *Libani*. A son défaut, on prendra le Cèdre de l'Atlas, *C. Atlantica*.

Cerisier (*Cerasus*).

Famille des Rosinées.

Sujet. — Cerisier Merisier, *Cerasus Avium.* — Cerisier odorant ou de Sainte-Lucie, *Cerasus Mahaleb* (semis). — Cerisier franc, *C. caproniana* (semis, drageon).

Greffage. — En écusson (*fig.* 76) (été). — En flûte (*fig.* 85) (juin). — En couronne (*fig.* 36) (mai). — Anglaise (*fig.* 57) (printemps). — En fente (*fig.* 45). — En incrustation (*fig.* 40) (automne). — En tête pour le C. Merisier ; en pied pour le C. Mahaleb.

Observations. — Le *C. Merisier* à fruit rouge se prête mieux à l'écussonnage que le Merisier à fruit noir. On le greffe en tête et non en pied ; soit en écusson lorsque l'activité de la sève commence à se ralentir, soit en fente vers la fin de l'été, avant que la sève ne soit engourdie.

M. Audusson-Hiron père, d'Angers, est un des premiers qui ait eu l'idée d'appliquer en grand le greffage d'automne à la multiplication du Cerisier sur tige de Merisier. On sait que ce dernier est parfois rebelle à l'écussonnage en pleine sève, tandis qu'il est assez docile au greffage par rameau, à la chute des feuilles (Voir page 130).

M. Jamin (Jean-Laurent), à Bourg-la-Reine, M. Baltet Lyé-Savinien, — notre père vénéré

— à Troyes, ont propagé dans leur région ce procédé de multiplication du Cerisier.

La greffe réussit mieux sur le Merisier lorsqu'il est dans une situation aérée; c'est pourquoi, dans les pépinières, on le plante souvent en bordures d'allées.

La greffe anglaise pratiquée sur la jeune flèche laisse rarement des traces de bourrelet au point de jonction.

Comme cela se pratique en Belgique, on pourrait encore greffer le Merisier au mois de juin, à œil poussant, soit en couronne, soit de côté par rameau. On choisirait des greffons semi-ligneux à la base des pousses nouvelles; et on les couvrirait de boue ou d'un capuchon. Dans ce cas, nous donnerions la préférence à l'écussonnage à œil poussant sur celui à œil dormant. Le dernier manque parfois, quand les sujets viennent à perdre subitement la sève par suite de fortes chaleurs. Les pousses que l'on obtient par l'œil poussant n'atteignent pas toujours, il est vrai, une force suffisante dans l'année ; mais, à la saison suivante, ils donnent de fort beaux sujets.

Sous le climat de Paris, et dans une région tempérée, l'écussonnage à œil dormant du Merisier est le plus employé.

— Le C. *Mahaleb* ou *Sainte-Lucie* vient en terrain sec ; il sera greffé en pied et non à haute tige, plutôt par écusson. Si la variété à propager ne pouvait s'élever d'elle-même à tige, on aurait recours à un procédé combiné. Greffer d'abord en pied une variété vigoureuse, par exemple de Bigarreautier, *C. duracina*, de Guignier, *C. Juliana* ; quand celle-ci sera à tige, au moins deux ans après, on y greffera en tête la variété de Cerisier moins vigoureuse.

Le système de *surgreffage* des arbres fruitiers destinés à la haute tige a été pratiqué en grand, dès 1840, et recommandé dans les pépinières par mon oncle Lyé Baltet-Petit.

Le plant de Mahaleb de grosseur moyenne est à préférer ; on l'écussonne à 0ᵐ,10 du sol, dès la première année. On choisira un temps chaud, vers la fin de la période consacrée à l'écussonnage. La sève s'y maintient assez longtemps pour nécessiter le fagotage et le rognage des rameaux du sujet au moment où il se trouve greffé (*fig.* 84).

Quinze jours après, on vérifie les ligatures et la réussite des greffes.

Étêter le sujet après les froids.

Désongletter avant la chute des feuilles.

Aux Riceys (Aube), les vignerons greffent, en Cerisier *Anglaise* et *Montmorency*, les C. Mahaleb de leurs friches, par la greffe en flûte avec étêtage immédiat du sujet. Ils opèrent vers la Saint-Jean, par un temps couvert ; la greffe ne tarde pas à se développer.

— Le *C. franc* est robuste et se prête aux

divers modes de greffage ; cependant il est
moins employé que les précédents.

— Les Cerisiers d'ornement, *C. serrulata*,
Pseudo-cerasus, *C. Chamæcerasus*, *C. semper-
florens* à rameaux effilés, diffus ou retombants
réussissent sur Merisier : 1° au printemps par
l'écussonnage à œil poussant, avec des greffes
retardées à froid ; 2° en août par le greffage
dormant d'yeux écussonnés ou de sommités de
rameau glissées sous l'écorce du sujet (*fig.* 28).

Les Mahaleb d'ornement seront greffés sur le
type *C. Mahaleb, odorant* ou *de Sainte-Lucie*, à
la hauteur fixée pour le branchage.

Chalef (*Elæagnus*).

Famille des Éléagnées.

Sujet. — Chalef à rameaux réfléchis, *Elæa-
gnus reflexa* (bouture ; semis).

Greffage. — En placage (*fig.* 37). — En fente
oblique dans l'aubier (*fig.* 43) (août). — En
pied ; sous verre.

Observations. — On opère sous cloche dans
la serre à multiplication ou sous châssis ; six
semaines après, on découvrira le plant greffé,
et on lui fera supporter la transition déjà indiquée au greffage sous verre (page 59).

Chamæcyparis. — Retinospora.

Famille des Conifères (*Cupressinées*).

Sujet. — Chamæcyparis de Boursier, *Ch. Boursieri*. — Thuya de Chine, *Biota orientalis*. — Thuya du Canada (semis), *Thuya occidentalis*. *Greffage*. — En placage (*fig.* 93). Dans l'au-

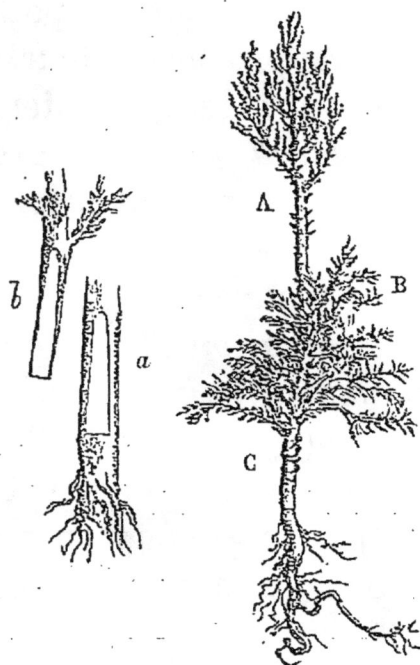

Fig. 93. — Greffe en placage du Retinospora sur le Biota.

bier avec fente droite (*fig.* 42) ou oblique (*fig.* 43) (février ou septembre), sous verre. — En fente sur bifurcation (*fig.* 54) (avril-mai). — En pied ou en tête.

Observations. — Les greffes en placage et de

côté se pratiquent en serre ; la soudure a lieu au bout de six semaines.

La greffe en fente sur bifurcation (Voir *fig.* 54, page 138) se fait en plein air. Les sous-variétés y sont greffées sur leur type.

Les *Chamæcyparis Boursieri* (vulg. *Cupressus Lawsoniana*) et *C. Nutkaensis* (vulg. *Thuiopsis borealis*) sont employés comme sujet, concurremment avec le *Biota orientalis*, pour les arbres dont la *forme* se rapproche de leurs *caractères*.

Le *Ch. de Boursier* est généralement préférable. Le *Ch. obtusa pygmea*, greffé sur ce sujet prendra une forme élancée, tandis que ses branches resteront traînantes s'il est greffé sur Biota ou sur Thuya.

— Les *Retinospora pisifera, obtusa, dubia, leptoclada, squamosa, juniperoïdes, acuta*, seront greffés en placage (*fig.* 93) sur le Biota.

On peut encore les greffer sur Thuya d'Occident en tête, par le greffage en fente sur bifurcation (*fig.* 54), au mois d'août en plein air.

Chænomeles (*Chænomeles*).

Famille des Pomacées.

Sujet. — Chænomeles, dit *Poirier* ou *Cognassier du Japon*, particulièrement le Ch. ombiliqué, *Ch. umbilicata* (semis, bouture de racine).

Greffage. — En écusson (*fig.* 76 et 80) (été),

en plein air. — En fente (*fig.* 94). En placage (*fig.* 37) (août) ; en serre. — En pied.

Observations. — La végétation précoce de l'arbuste indique qu'il faut le greffer assez tôt.

Employer, comme greffons, des rameaux qui ne soient pas trop durs ; l'agglutination y gagnera. Bien que l'espèce soit à feuillage caduque, on conserve une ou deux feuilles au greffon.

La greffe en placage d'œil ou de rameau se pratique en août, pour que la soudure soit achevée au repos de la sève.

Même observation pour la greffe en fente qui peut se pratiquer sur racine.

L'écussonnage en plein air est peut-être ici le meilleur système de multiplication. Nous l'avons réussi sur le sujet *Ch. rose, à ombilic.*

Surveiller le drageonnage.

Charme (*Carpinus*). — Ostrya.

Famille des Corylacées.

Sujet. — Charme commun, *Carpinus Betulus* (semis).

Greffage. — En fente (*fig.* 45) (mars-avril). — En approche (*fig.* 20) (mai à juillet). — En pied ou en tête.

Observations. — Le greffage en tête est plutôt employé à l'égard du *Charme pleureur* ; le greffage en pied est appliqué aux variétés cultivées pour leur port ou leur feuillage.

La greffe en approche à l'anglaise en tête (*fig.* 22) est applicable au Charme.

L'*Ostrya* et ses variétés seront greffés de même sur le Charme commun.

Châtaignier (*Castanea*).

Famille des Cupulifères.

Sujet. — Châtaignier commun, *Castanea vulgaris* (semis).

Greffage. — En fente (*fig.* 48); sur bifurcation (*fig.* 55). Anglaise (*fig.* 57) (avril). — En couronne (*fig.* 36). En flûte (*fig.* 85) (mai). — En écusson (*fig.* 79) (août-septembre). — En pied ou en tête.

Observations. — Aux premiers mouvements de la sève, on pourrait greffer par rameau de côté sous l'écorce (*fig.* 28).

Dans les contrées du Nord, on détache le greffon avant les fortes gelées et on le conserve en terre pour le retarder.

Le Ch. à gros fruits, dit *Marronnier de Lyon*, se greffe encore, par écusson, sur le Châtaignier commun. MM. Desfossé-Thuillier et fils l'ont réussi en Sologne, dans un sol où la végétation se prolonge à l'automne.

Le Châtaignier réussit parfois au greffage sur

Chêne, au moyen de jeunes plants semés en
place ou nouvellement repiqués. On les greffera à rez terre, en fente ordinaire ou sur bifurcation. Il est alors préférable de greffer à
fleur du sol. Il existe un bel exemplaire de
cette espèce, greffée sur chêne, au Jardin botanique de Dijon.

Chêne (*Quercus*).

Famille des Cupulifères.

Sujet. — Chêne pédonculé, *Q. pedunculata*,
pour les variétés indigènes. — Chêne chevelu,
Q. Cerris, pour les variétés d'Amérique. Chêne
vert, *Q. Ilex*, pour les variétés à feuillage persistant (semis).

Greffage. — En fente sur bifurcation (*fig.* 55).
— Anglaise (*fig.* 57) (mars-avril). — En approche
(*fig.* 21 et 22) (mai-juin). — En pied ou en tête.

Observations. — Les Chênes à feuilles caduques seront greffés sur le Chêne commun,
Q. pedunculata ou *Q. Robur*, soit en fente ou
sur bifurcation, au printemps et à l'air libre,
soit de côté, en placage fin été et sous verre.

Les variétés du Chêne chevelu, *Q. Cerris*,
seront greffées sur leur type, en placage, en
juillet-août, à l'étouffée.

Les Chênes toujours verts seront greffés en
fente (*fig.* 94) ou dans l'aubier (*fig.* 43) sur

Q. Ilex, et même sur *Q. Cerris*, soit en mars ou en juillet-août, sous cloche, soit en avril, à l'air libre. On coupera les feuilles au greffon.

Le greffage du Chêne est, en général, exposé à beaucoup de non-réussites. Par les printemps peu favorables, il réussira rarement en plein air. Aussi en Hollande, en Belgique et dans le nord de l'Allemagne, le greffe-t-on à peu près exclusivement sous verre.

A Majorque, les habitants propagent les types de bon rapport du Chêne à glands doux, *Q. Ballota*, par la greffe en couronne, à la montée de la sève, sur les jeunes sauvageons en plein bois. Le greffon est effeuillé un mois à l'avance et couché en terre. On lui taillera un biseau de $0^m,10$ portant deux yeux qui seront insérés dans l'écorce fendue du sujet.

Chionanthe (*Chionanthus*).

Famille des Oléacées.

Sujet. — Frêne à fleurs, *Fraxinus Ornus*. Frêne commun, *Fraxinus excelsior* (semis).

Greffage. — En incrustation (*fig.* 40). — En fente (*fig.* 45) ; (mars-avril). — En écusson (*fig.* 76) juillet-août. — En pied ou en tête à l'air libre ; greffage sous verre, dans les pays froids.

Observations. — Le Chionanthe, *Ch. virginica*, greffé est plus vigoureux, mais durera peut-être moins longtemps que s'il était franc de pied.

Le Frêne à fleurs, *Fraxinus Ornus*, est préférable au Frêne commun, *Fraxinus excelsior*, pour le greffage du Chionanthe.

M. Carrière a remarqué que le Chionanthe greffé sur Frêne fleurit sans fructifier et ne vit pas longtemps. Étant franc de pied, ses graines sont fertiles ; alors on peut l'obtenir ainsi en le greffant sur ses propres racines, sous verre et en enterrant la greffe.

Clématite (*Clematis*).

Famille des Renonculacées.

Sujet. — Clématite d'Italie à fleur bleue, *Clematis Viticella cærulea* (racine).

Greffage. — En fente sur fragment de racine, sous verre (*fig.* 67) (mai). (Voir page 162.)

Observations. — Le sujet est une fraction radiculaire sur laquelle on conserve les chevelus qui se trouvent aux extrémités.

Les greffons sont de jeunes pousses de l'année ; on leur ménage quatre folioles à peu près, avec extrémités coupées.

Une fois greffés, les sujets sont maintenus à l'étouffée jusqu'à ce qu'ils aient prouvé leur reprise par le bourgeonnement des yeux du greffon ; on les amènera à l'air libre, en suivant l'ordre des transitions indiqué page 59.

Cognassier (*Cydonia*).

Famille des Pomacées.

Sujet. — Cognassier ordinaire, *Cydonia vulgaris*. C. d'Angers, *C. vulg. macrocarpa* (bouturage; marcottage par cépée). — Aubépine blanche, *Cratægus oxyacantha* (semis).

Greffage. — En écusson (*fig.* 76) (juillet-août). — En fente (*fig.* 45). Anglaise (*fig.* 57) (avril). — En pied.

Observations. — L'écussonnage se fait avec des sujets jeunes. On attend, pour cette opération, que la force de la sève soit calmée. Si la végétation était vigoureuse, on lierait les branches du sujet, aussitôt l'écussonnage terminé.

Éviter d'employer les yeux de la base des rameaux-greffons.

Lors de la végétation de la jeune greffe, on l'accole contre l'onglet ou un tuteur; abandonnée à elle-même, elle pourrait se *décoller*.

Désongletter avant la chute des feuilles.

Nous avons vu, dans quelques pépinières de Hollande, et en France, dans le Lyonnais et le Mâconnais, greffer le Cognassier de Portugal, *Cydonia lusitanica*, sur Aubépine, en pied. L'arbre y vit longtemps et prospère dans les terrains secs.

Le Cognassier de Chine, *C. sinensis*, plutôt d'ornement, sera greffé en pied, sur le Cognassier ordinaire.

Cornouiller (*Cornus*).

Famille des Cornées.

Sujet. — Cornouiller à fruits, *Cornus Mas* (semis). — Cornouiller à fruit blanc, *Cornus alba*. Cornouiller sanguin *Cornus sanguinea* (semis ; marcotte), suivant la variété à propager.

Greffage. — Par rameau de côté sous écorce (*fig.* 28 et 30) (juillet). — En écusson (*fig.* 79) (juillet-août). — En pied ou en tête.

Observations. — Pour le greffage de côté sous écorce (*fig.* 28), préférable s'il s'agit du Cornouiller à fruits, *C. Mas*, on choisit, s'il est possible, pour greffons des rameaux longs de 0^m,08 à 0^m,10, munis de bois de deux ans à leur base.

Le greffage de côté par rameau avec embase est applicable au Cornouiller (*fig.* 30).

Éviter de greffer trop tard : le cambium durcit assez vite chez le Cornouiller.

On peut le greffer sous verre en juillet.

Les Cornouillers d'ornement réussissent également par écusson en plein air, sur leur type, *C. sanguinea*, à bois corail, indigène, *C. alba*, à fruit blanc, *C. sibirica*, de Sibérie.

L'écussonnage se fait assez près du sol, avec des yeux bien formés ; à la pousse, on en surveillera l'ébourgeonnement.

Cotoneaster. — Raphiolepis.

Famille des Pomacées.

Sujet. — Aubépine blanche, *Cratægus oxya-cantha*, Cotonéaster de l'Himalaya, *Cotoneaster himalayensis* (semis).

Greffage. — En écusson (*fig.* 76 et 80). — Sous écorce avec rameau simple (*fig.* 28) (été). — En fente (*fig.* 45). — En incrustation (*fig.* 41) (mars-avril). — En pied.

Observations. — Greffer très près du sol, plutôt au-dessous qu'au-dessus. Choisir pour greffons des rameaux bien aoûtés.

Ébourgeonner sévèrement.

Les Cotonéasters toujours verts greffés sur tige d'Aubépine ne vivent pas longtemps.

Le Cotonéaster de l'Himalaya est un bon sujet pour les variétés à feuilles caduques ou à feuilles persistantes. On greffe en fente, sous cloche, à froid, au mois de septembre.

Il est encore possible de greffer en fente, rez terre, le Cotonéaster sur le Cognassier.

— Le *Raphiolepis*, à feuille persistante, peut être greffé sur Aubépine, en fente, sous verre.

Cryptomeria (*Cryptomeria*).

Famille des Conifères (*Cupressinées*, § *Taxodinées*).

Sujet. — Cryptomeria du Japon, *Cryptomeria japonica* (semis).

Greffage. — En placage (*fig.* 93). — De côté en fente oblique (*fig.* 43) (février, août). — En pied ; sous verre.

Observations. — Employer comme sujets des plants assez jeunes, élevés en pot.

Greffe de côté, sans étêtage immédiat.

Deux mois après on commencera l'aération.

Cyprès (*Cupressus*).

Famille des Conifères (*Cupressinées*).

Sujet. — Cyprès pyramidal, *C. fastigiata*, Thuya de Chine, *Biota orientalis* (semis).

Greffage. — En placage (*fig.* 93). — En fente de côté (*fig.* 43) (février-septembre). — En fente sur bifurcation (*fig.* 54) (avril). — En pied ou en tête.

Observations. — Greffer en placage à l'étouffée ; la reprise est complète au bout de deux mois. Pour le greffage de côté, on peut fendre le sujet obliquement (*fig.* 43).

La greffe sur bifurcation, décrite page 138 (*fig.* 54), réussit en plein air ; on opère sur la flèche de l'année précédente, à l'aisselle d'une enfourchure.

Sous notre latitude le Biota est le sujet à préférer, le cyprès y est gelif et lent à grossir. Le Genévrier de Virginie, *Juniperus Virginiana*, réussit quelquefois.

Cytise (*Cytisus ; Lembotropis ; Laburnum*).

Famille des Légumineuses.

Sujet. — Cytise des Alpes, *Laburnum vulgare* (semis).

Greffage. — En écusson (*fig.* 76 et 79) (juillet-août). — En fente (*fig.* 45). — Anglaise (*fig.* 57). — En incrustation (*fig.* 41) (avril). — En pied ou en tête.

Observations. — Les Cytises (*Cytisus* et *Lembotropis*), *pourpre, rose, blanc, carné, noir, élégant, à trois feuilles*, etc., ne réussissent guère qu'au greffage en fente, à cause de la ténuité des greffons. Si l'on opère avec soin et précision, on peut en obtenir de bons résultats. On insérera le greffon sur le sujet à la hauteur définitive pour le branchage, car leur tête devient ramifiée sans pouvoir être montée plus haut.

Les Cytises (*Laburnum*), *Adam, bifère, odorant, à grande fleur, à feuille sessile, à feuille bullée, à feuille de Chêne*, etc., se multiplient par la greffe en écusson, aussi bien que par les greffes à l'anglaise, en fente, en incrustation. Les rameaux sont assez vigoureux pour que, se trouvant greffés rez terre, ils s'élèvent à tige.

Lorsqu'on étête le Cytise pour le greffer en fente ou en incrustation, il faut absolument conserver un bourgeon à la tête du sujet, à l'opposé ou sur le côté de l'insertion du greffon. La fonction de ce bourgeon est importante pour entretenir la vie sur le Cytise greffé.

Il vaut mieux détacher les rameaux-greffons de l'arbre-étalon peu de temps avant le greffage ; mais dans les localités exposées aux gelées d'hiver et de printemps, on peut couper à l'avance les rameaux-greffons des Cytises à bois fin et les conserver en terre.

Lors de l'ébourgeonnage au printemps, on conserve, sur l'onglet, des scions qui seront pincés à deux feuilles ; on les élaguera quand le jet de la greffe sera assez fort, alors que la force de la sève sera ralentie.

Détruire les colimaçons, assez abondants sur le Cytise.

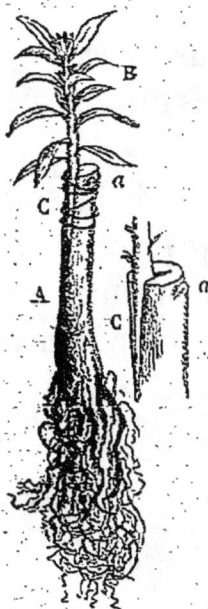

Daphné (*Daphne*).

Famille des Thymélées.

Sujet. — Daphné Lauréole, *Daphne Laureola* (semis).

Greffage. — En fente (*fig.* 94). En placage (*fig.* 37) (février-mars). — En pied ; sous verre.

Observations. — Ce sont les variétés à feuilles persistantes que l'on greffe sur *Daphné Lauréole* ; cependant elles pourraient réussir aussi bien que les variétés à feuilles caduques ou à peu

Fig. 94. — Greffe en fente du Daphné sur D. Lauréole.

près, si elles étaient greffées sur le Daphné Mézéréon, *D. Mezereum.*

La greffe en placage réussit en tête; on ménage au sujet un œil qui servira d'appelle-sève.

Jadis, Riché, fleuriste au Muséum, greffait le Daphné à l'anglaise compliquée.

Épine-Vinette (*Berberis*). — Mahonie (*Mahonia*).

Famille des Berbéridées.

Sujet. — Épine-vinette ordinaire, *Berberis vulgaris* (semis).

Greffage. — En fente (*fig* 45 et 94). En placage (*fig.* 37) (août-septembre); sous verre.

Observations. — Choisir des plants qui paraissent moins disposés au drageonnage.

Greffer au collet du sujet; quand la soudure sera complète, planter le sujet greffé, en enterrant la greffe pour l'exciter à prendre racine; sans cette précaution, le tronc pourrait affamer la greffe par son émission de drageons.

Érable (*Acer*).

Famille des Acérinées.

Sujet. — Les espèces et les variétés-types des Érables à propager (semis).

Greffage. — En écusson ordinaire (*fig.* 74 et 76). Écussonnage avec incision renversée (*fig.* 79). — De rameau avec embase (*fig.* 30) (août). — En pied ou en tête.

Observations. — L'Érable champêtre, *Acer campestre*, reçoit par greffage ses sous-variétés.

L'Érable de Wagner, *A. Wagneri*, se greffe par écusson sur l'Érable blanc, à fruit cotonneux, *A. eriocarpum*.

En général, l'Érable Sycomore, *A. Pseudo-Platanus*, est le sujet qui sympathise avec les divers groupes; ainsi l'*Acer Ginnala*, sous-variété de l'*Acer tataricum*, se greffe mieux sur celui-là que sur son type.

Pour le greffage en serre, on prend du jeune plant de Sycomore, que l'on met en pot, pour le greffer en fente, en février-mars.

Les variétés très vigoureuses d'Érable seront greffées, en plein air, par écusson avec incision renversée (*fig.* 79), ou en choisissant des yeux-greffons sur des rameaux de l'année précédente (*a, fig.* 74, page 177). — Écimer les rameaux du sujet, dès qu'il est écussonné.

Nous avons remarqué que l'écussonnage de l'Érable plane, *Acer platanoides*, réussit à œil poussant avec rameaux détachés d'hiver.

L'Érable jaspé, *A. pensylvanicum*, se greffe sur le Sycomore par l'écussonnage de petits rameaux anticipés, avec rameaux munis de leur embase (*fig.* 30). Le greffage en pied a le mérite de produire une tige ornementale par son épiderme veiné.

L'onglet de l'Érable ayant le défaut de se dessécher promptement, il faudra réserver, pendant les premiers mois de la végétation, quelques rameaux herbacés sur cet onglet pour y appeler la sève ; on les pincera à trois yeux et on les supprimera quand la greffe sera suffisamment développée.

Les variétés d'*Érable palmé, polymorphe*, seront greffées en fente ou en placage, à l'étouffée, sur le type *Acer polymorphum* que l'on multiplie par couchage et par bouture. Les Japonais les greffent par approche en biais ou en travers, système Forsyth (Voir page 66).

Févier (*Gleditschia*).

Famille des Légumineuses.

Sujet. — Févier d'Amérique, *Gleditschia triacanthos* (semis).

Greffage. — En couronne (*fig*. 35) (mai). — En fente (*fig*. 48) (avril). — En pied ou en tête.

Observations. — Choisir, pour greffons, des rameaux dont la base soit du bois de deux ans (*fig*. 35). Ainsi le greffon comprend un fragment de rameau de deux années. On le prend à la fois au sommet des branches de deux ans et à la base des rameaux de l'année précédente. Le point de jonction des deux âges se trouvera au milieu du greffon (Voir page 99).

Il est indispensable de conserver aussi longtemps que possible un bourgeon ou petit rameau appelle-sève, que l'on pincera fréquemment, en face de la greffe, la tige de Févier étant disposée à se dessécher promptement.

On peut encore greffer le Févier en fente en opérant fin d'avril ou courant de mai avec des rameaux-greffons fraîchement coupés. MM. Looymans, en Hollande, le greffent ainsi sur collet de racine. Dans un climat plus chaud, le Févier pleureur de Bujot, *Gleditschia Bujoti*, est plus robuste, greffé en tête.

Figuier (*Ficus*).

Famille des Artocarpées.

Sujet. — Figuier, *F. Carica* (bouture, cépée).
Greffage. — En flûte (*fig.* 85). — En couronne (*fig.* 36) (avril-mai). — Au collet et sur tronçon de racine.

Observations. — Il est rare que l'on ait recours au greffage du Figuier, étant donnée sa propagation facile par bouture et par marcotte.

Le greffage est pratiqué au collet ou « entre deux terres ».

Lorsqu'on tronçonne le sujet, on attend, quelques heures avant de préparer le greffon, que le suintement du suc laiteux soit arrêté.

Pour le greffage sur racine détachée, on a le soin de tenir le tronçon à froid.

L'écusson est parfois employé dans le Midi.

Pour utiliser tous les yeux et petits rameaux des nouveautés, nous avons vu appliquer le greffage forcé sous verre, au printemps.

En Provence, on greffe en flûte sur plant étêté ; mais on place un second anneau-greffon au-dessus du premier pour préserver celui-ci du desséchement et l'on couvre la plaie de mastic. Nous tenons ce renseignement de M. Marius Faudrin, professeur d'horticulture à Aix.

Frêne (*Fraxinus*).

Famille des Oléacées.

Sujet. — Frêne commun *F. excelsior* (semis).

Greffage. — En écusson (*fig.* 76) (juillet). — En fente (*fig.* 47). — Anglaise (*fig.* 59) (mars-avril). — En pied ou en tête.

Observations. — Rejeter les yeux de la base des rameaux ; ils se développeraient difficilement. Lors de l'écussonnage, on utilisera les sommités des rameaux-greffons en les inoculant sous l'écorce par la greffe de côté simple.

Les variétés à bois court, rabougri, Frêne crépu, *Fr. atrovirens*, Frêne nain, *Fr. nana*, seront greffées à la hauteur destinée au branchage.

Les Frênes pleureurs, variétés du Frêne commun, *Fr. excelsior*, ou du Fr. à feuille de Lentisque, *Fr. parvifolia*, seront greffés en tête, pour former un parasol de branches. En les greffant au pied du sujet, et en dressant la flèche du greffon, les rameaux retombants donneront à l'arbre un aspect original.

Il convient de greffer en pied les variétés cultivées : 1° pour la nuance de leur épiderme, Fr. doré, *Fr. aurea*, Frêne jaspé, *Fr. jaspidea;* 2° pour leur feuillage, Fr. à feuille d'Aucuba, *Fr. hispida*, Frêne à feuille cucullée, *Fr. cucullata;* 3° les jolies espèces de Frêne d'Amérique, Frêne de la Nouvelle-Angleterre, *Fr. novæ Angliæ*, Frêne à feuille de noyer, *Fr. juglandifolia*, Fr. de Californie, *Fr. californica;* 4° les types vigoureux, les Frênes à une feuille, *Fr. heterophylla, simplicifolia, imbricaria.*

Au début de la végétation de la greffe, on ébourgeonnera sévèrement le sujet, tout en conservant, çà et là, des bourgeons foliacés pour attirer et entretenir la sève.

Les variétés du Frêne à fleur, *Fr. Ornus*, seront greffées sur le type.

Fusain (*Evonymus*).

Famille des Célastrinées.

Sujet. — Fusain d'Europe, *Evonymus europæus* (semis) pour les variétés à feuilles caduques. — Fusain du Japon, *Evonymus japonicus* (bouture) pour les variétés à feuillage persistant.

Greffage. — En écusson (*fig.* 76). — Par rameau sous écorce (*fig.* 28) (juillet), en plein air.

—En placage (*fig.* 37) (février, avril), sous verre. — En pied ou en tête.

Observations. — En hiver, on peut greffer en fente, en placage et en incrustation, dans la serre, les variétés de Fusains à feuille persistante. A défaut de plants enracinés, on emploiera, comme sujets, des rameaux-boutures. On pourrait encore opérer sur des plants à racines nues, en les soumettant au greffage à l'étouffée et à la replantation, sans avoir été mis en pot.

Sur ces sujets en *arrachis*, la greffe en placage de côté est préférable, parce que l'on doit greffer très bas pour avoir moins de rejets, alors les bourgeons de la tête du sujet serviront d'appelle-sève.

Avec un plant élevé en pot, on peut greffer en fente, le bourgeon d'appel étant moins nécessaire ; toutefois, nous préférerions encore la greffe en placage de côté ou en tête, avec œil d'appel du sujet.

Pour maintenir la panachure des Fusains à feuilles persistantes, MM. Desfossé, horticulteurs à Orléans, greffent les variétés panachées, marbrées, striées, sur plant enraciné ou sur rameau-bouture de l'ancien Fusain du Japon argenté, *Ev. jap. foliis albo-marginatis.*

On greffe également le Fusain du Japon sur le Fusain d'Europe à tige, pour obtenir une verdure persistante sur une tige nue. Il y a, dans ce cas, certaines combinaisons de travail pour placer les tiges sous la bâche de la serre, de façon que la greffe soit seule étouffée sous cloche. On réussit quelquefois en plein air.

Le Fusain d'Europe reçoit le greffage des variétés à feuilles caduques, par l'écussonnage ordinaire (*fig.* 76), par l'inoculation du rameau simple (*fig.* 28) ou avec embase (*fig.* 30). On greffe en pied ou en tête.

Gainier (*Cercis*).
Famille des Légumineuses.

Sujet. — Gainier ordinaire, *Cercis Siliquastrum* (semis).

Greffage. — En écusson ordinaire (*fig.* 76) ou avec incision renversée (*fig.* 79) (août). — En pied ou en tête.

Observations. — Aussitôt l'écussonnage accompli, on réunira les rameaux du sujet par un lien, et on coupera les extrémités (*fig.* 84). Il n'y aurait pas d'inconvénient à éclairer le bois par un effeuillement assez modéré.

Conserver la ligature sur l'écusson pendant l'hiver; il se trouvera ainsi préservé de l'action de la gelée.

Gattilier (*Vitex*).
Famille des Verbénacées.

Sujet. — Gattilier commun, *Vitex Agnus-castus* (semis; racine).

Greffage. — En fente (*fig.* 45 et 94); sur racine (*fig.* 67 et 68), en septembre, sous verre. — En pied.

Observations. — On greffe avantageusement sur racine, sur plant de semis et au collet. En arrachant une touffe du type, on déchiquette les racines qui constitueront autant de sujets.

Employer des greffons suffisamment aoûtés. Les jeunes plants de semis sont en arrachis ; on les met en pot aussitôt le greffage, puis à l'étouffée sous verre. Au printemps suivant, ils pourront être livrés à la pleine terre.

Genêt (*Genista, Spartium, Sarothamnus*).

Famille des Légumineuses.

Sujet. — Genêt d'Espagne, *Spartium junceum* (semis).

Greffage. — En fente (*fig.* 45 et 94) (mars-avril). — En pied ou en tête.

Observations. — Prendre pour greffons des rameaux de l'année avec un talon de deux ans.

On greffe sur le Cytise ébénier, *Laburnum*, le Genêt multiflore blanc *Spartocytisus albus*, et le *Genista æthnensis*. On choisit des sujets de grosseur moyenne ; on leur conservera un œil au sommet du tronçonnement.

Détruire les colimaçons, assez friands des arbustes de cette famille.

Genévrier (*Juniperus*).

Famille des Conifères (*Cupressinées*, § *Junipérinées*).

Sujet. — Genévrier de Virginie, *Juniperus Virginiana* (semis).

Greffage. — En placage (*fig.* 93) (février et septembre). — En bifurcation (*fig.* 54) (avril). — En pied et en tête.

Observations. — Greffer en placage, ou de côté en fente oblique, à l'étouffée, sous cloche et sous châssis, avec de jeunes plants, bien enracinés. Deux mois après, la soudure est assurée.

La greffe sur bifurcation se fait en plein air, pendant l'été, sur la flèche du sujet (*fig.* 54).

Ginkgo (*Ginkgo*).

Famille des Conifères (*Taxinées*).

Sujet. — Ginkgo bilobé, *Ginkgo biloba* (semis; bouture).

Greffage. — En fente (*fig.* 48) (mars-avril), en plein air. — En placage (*fig.* 37). — Dans l'aubier en fente oblique (*fig.* 43) (septembre), sous verre. — En pied ou en tête.

Observations. — Le Gingko étant une Conifère dioïque, le greffage offrira les moyens de réunir les deux sexes sur le même arbre, et d'en obtenir une fructification.

On propage également par la greffe les quel-

ques variétés du type (*Salisburia adianthifolia*
de certains auteurs), toutes à feuilles caduques.

Glycine (*Wistaria*).

Famille des Légumineuses.

Sujet. — Glycine de Chine, *Wistaria chinensis* (fragment de racine).

Greffage. — En fente ou en incrustation
sur racine (*fig.* 67) (avril-mai).

Observations. — Choisir pour sujets des morceaux de racine longs de 0^m,10 environ; les
greffer en fente ou en incrustation. On plante
les sujets greffés sous châssis, de manière que le
tronçon radiculaire soit complètement enterré.
On les livrera plus tard à l'air libre.

On opère avec les mêmes chances sur des
sujets complets, ou au collet du plant (*fig.* 68).

Grenadier (*Punica*).

Famille des Granatées.

Sujet. — Grenadier ordinaire, *Punica Granatum* (semis).

Greffage. — En fente (*fig.* 94) (avril). — En
incrustation (*fig.* 96) août, sous verre.

Observations. — Dans les climats chauds, le
Grenadier supporte les principaux procédés de
greffage en plein air, particulièrement la greffe
en fente, sur collet, et entre deux terres.

Sous le climat de Paris, on le greffe en serre, à froid, de juillet à septembre, au moyen de la greffe en placage si le sujet est en arrachis, ou de la greffe en incrustation s'il est en pot depuis quelque temps.

On emploie le plant de semis, âgé de deux ans, du Grenadier acide, et on a le soin de ménager un bourgeon d'appel à l'opposé de la greffe.

Groseillier (*Ribes.*)

Famille des Grossulariées.

Sujet. — Variétés de l'espèce à propager. — Groseillier palmé, *R. revolutum* (bouture ; semis).

Greffage. — En écusson (*fig.* 76) (juillet). — De côté par rameau (*fig.* 28) (août). — En fente (*fig.* 48) (septembre). — En pied ou en tête.

Observations. — Le Groseillier se multiplie si facilement par bouture que l'on a rarement recours au greffage. Toutefois on peut, par la greffe, utiliser un œil isolé, un rameau délicat que le bouturage pourrait manquer.

Greffer aussi près que possible des racines, pour diminuer les craintes de jets souterrains. Tel était l'avis de Thory, en 1829.

MM. Croux, à Sceaux, ont réuni sur le même arbuste d'agrément les variétés utiles de Gr. à grappes, *Ribes rubrum*, et de Gr. à maquereau, *Ribes Uva-crispa*. Ce dernier se soumet à la greffe en fente d'automne, août-septembre, sur petite tige du Gr. palmé doré, *Ribes revolutum.*

On peut écussonner sur *Gr. à grappe* (comestible) les variétés de *Gr. à grappes blanches, rouges* ou *noires* et du *Gr. épineux,* mais dans le seul but d'augmenter le nombre des rameaux futurs pour la multiplication par bouture ; le sujet ne tarderait pas à affamer la greffe.

En Allemagne, en Angleterre, en Hollande, on élève sur jeune tige le Groseillier palmé, *R. revolutum,* § *Chrysobotrya,* et le Groseillier de Gordon. *R. Gordonianum,* § *Calobotrya,* variétés purement ornementales ; on y implante, par la greffe, les nombreuses variétés du Groseiller à maquereau, *R. Uva-crispa,* § *Grossularia,* et même le Groseillier à grappes, *R. rubrum,* § *Ribesia,* ainsi que le Cassis, *R. nigrum,* § *Botryocarpum.*

Quelques variétés d'agrément ont réussi sur le Gr. sanguin, *R. sanguineum,* § *Calobotrya.* Cependant on préfère les élever francs de pied.

Hêtre (*Fagus*).

Famille des Cupulifères.

Sujet. — Hêtre commun, *F. sylvatica* (semis).

Greffage. — En fente sur bifurcation (*fig.* 55) (mars-avril). — Par rameau sous écorce (*fig.* 28) (juin-juillet). — En approche (*fig.* 21) (juin). — En pied ou en tête.

Observations. — Les greffons inoculés sous

l'écorce (*fig*. 28) sont des rameaux simples ou plutôt ramifiés de deux ans ; le biseau en sera aminci, vers la pointe, jusqu'au liber.

Le jeune bois du sujet supporte mieux le greffage que le vieux bois. D'ailleurs il faut opérer assez tôt pour avoir une bonne sève.

Le greffage sur bifurcation est décrit page 139.

On réussit l'écussonnage du Hêtre, en juillet, en employant des yeux-greffons choisis sur des rameaux de l'année précédente (*fig*. 74).

La greffe par approche depuis le printemps jusqu'en juin-juillet a toutes chances de succès.

Pour la greffe en fente, on emploie des greffons âgés de deux ou trois ans ; les brindilles du greffon en seront taillées à l'empâtement.

Le greffage en pied a sa raison d'être pour augmenter l'effet des variétés remarquables par leur port ou leur feuillage.

Les beaux types du Hêtre à feuille pourpre, *F. purpurea*, se reproduisent avec leurs caractères, par la greffe mieux que par le semis.

Houx (*Ilex*).

Famille des Ilicinées.

Sujet. — Houx commun, *I. Aquifolium* (semis).
Greffage. — En écusson (*fig*. 79) (mai, août).
— Dans l'aubier en fente oblique (*fig*. 43) (juillet). — En placage (*fig*. 37). — Anglaise simple

(*fig.* 56) ; sous verre (septembre, avril). — En pied ou en tête.

Observations. — L'écussonnage se fait en plein air : à œil poussant, en mai ; à œil dormant, en août. On retranche sur son pétiole la feuille qui accompagne le bourgeon-écusson.

Dans les pépinières de Boskoop, en Hollande, l'écusson, étant posé en août, restera dormant pendant vingt mois, c'est-à-dire qu'on étêtera le sujet au mois d'avril de la seconde année qui suit le greffage. On ne laisse pas d'onglet, mais on tuteure de suite, et le bourgeon écussonné se développe plus vigoureusement que s'il eût été mis à végétation l'année précédente.

Les greffes d'automne se font sous cloche dans la serre ou sous châssis froid ; on laisse les feuilles au greffon. Le sujet greffé restera environ trois mois à l'étouffée pour la reprise de la greffe.

L'opération réussit parfaitement lorsque le sujet est mis en pot au moment du greffage.

Pour la greffe en fente, on choisit des greffons âgés de deux ou trois ans. Les yeux se développent tard, parfois en juillet, mais avec vigueur.

La *greffe en placage à l'anglaise*, indiquée page 105, est applicable au Houx. André Thoin a dédié ce procédé à un jardinier du Muséum, Collignon, qui partagea le sort de l'infortuné La Peyrouse.

Idésie (*Idesia*).

Famille des Bixacées.

Sujet. — Idésie polycarpe, *I. polycarpa* (semis).

Greffage. — En fente (*fig.* 45 et 98); avril, en plein air ; août-septembre, sous verre.

Observations. — L'Idésie étant dioïque, la greffe facilitera la production de la graine. Ainsi, on greffera en fente, en plein air, l'espèce mâle sur une branche de l'arbre femelle; la fructification des grappes florales en sera la conséquence.

D'un autre côté, comme il est impossible de reconnaître le sexe des jeunes sujets, le moyen de reproduire des plants mâles et des plants femelles est le greffage des sujets (semis) avec des greffons de l'un ou de l'autre type ; greffage sous verre dans les conditions ordinaires.

If (*Taxus*). — Cephalotaxus. — Torreya.

Famille des Conifères (*Taxinées*).

Sujet. — If — Cephalotaxus — Torreya ; suivant l'espèce à propager (semis ; bouture).

Greffage. — En placage (*fig.* 93) (février, septembre). — En pied ; sous verre.

Observations. — On peut fabriquer des sujets au moyen de boutures de branches; plus tard, on les greffera avec de jeunes rameaux qui

naissent sur la tête écimée de l'étalon, au verticille supérieur des rameaux. On a recours à ce
procédé pour propager certaines variétés, lorsqu'on ne possède pas de sujets de semis.

Le même étalon fournira donc les sujets par
le bouturage de ses branches latérales, et les
greffons par ses bourgeons du sommet étêté.

L'If commun, *Taxus baccata*, est un bon
sujet pour recevoir le greffage des espèces de
ces trois groupes.

Jasmin (*Jasminum*).

Famille des Jasminées.

Sujet. — Jasmin blanc, *Jasminum officinale*
(bouture).

Greffage. — En fente (*fig.* 94). — Anglaise
(*fig.* 59) (août-septembre); sous verre. — En
pied, ou à petite tige.

Observations. — Choisir un plant en arrachis, non en pot; supprimer les rudiments
d'yeux de la partie souterraine afin d'éviter le
drageonnage futur; greffer en fente, puis étouffer sous verre; la soudure annoncée par la végétation y est assez prompte.

Un sujet mis préalablement en pot aurait l'inconvénient d'être moins vigoureux que s'il était
élevé en pleine terre, et de ne pouvoir être
ébourgeonné aux racines lors du greffage.

On greffe particulièrement sur jeune tige les *Jasmins d'Espagne*, *d'Arabie*, *Poiteau*, d'orangerie, les uns délicats, les autres demi-grimpants, pour les convertir en sujets plus ramifiés, moins volubiles et qui peuvent être dressés en boule sur petite tige.

Laurier (*Laurus*).

Famille des Laurinées.

Sujet. — L'espèce type des variétés ou sous-variétés à propager (semis, bouture).

Greffage. — En placage (*fig.* 37) (février, fin juillet); sous verre.

Observations. — On connaît sous le nom de Laurier plusieurs arbres et arbustes de familles différentes, et qui ne sauraient être greffés l'un sur l'autre. Ainsi le Laurier-rose est un Nérion, *Nerium oleander*, Apocynée; le Laurier-amande un Cerisier, *Cerasus Lauro-Cerasus*, Rosinée; le Laurier de Portugal, un Azaréro, *Cerasus lusitanica*, Rosinée; le Laurier-tin, une Viorne, *Viburnum Tinus*, Viburnée; le Laurier Alexandrin, un Fragon, *Ruscus hypophyllum*, Smilacinée; tandis que le Laurier noble, L. à sauces, L. d'Apollon, *Laurus nobilis*, Laurinée, est un véritable Laurier.

La famille des Laurinées comprend d'autres genres, *Sassafras*, *Cinnamomum*, *Machilus*, *Persea*, *Boldu*, *Lindera*, *Litsæa*, *Tetranthera*,

appelés vulgairement L. Sassafras, L. Cam-
phrier, L. de l'Inde, L. de Caroline, L. du Chili,
L. Benzoin, L. glauque, L. du Japon.

Ces espèces se propagent par semis et par
bouture ; quelquefois, on a recours au greffage
des variétés nouvelles sur leur type. Les procédés de greffage sous verre sont employés (le
Fragon excepté, étant une Monocotylédonée).

Libocedrus (*Libocedrus*).

Famille des Conifères (*Cupressinées*, § *Actinostrabées*).

Sujet. — Thuya de Chine, *Biota orientalis*
(semis).

Greffage. — En placage (*fig*. 93). — En fente
oblique dans l'aubier (*fig*. 43) (août et février) ;
sous verre.

Observations. — Le greffage sous verre a lieu
avec les soins que nous avons indiqués précédemment, chapitre V, page 52.

Il arrive fréquemment en France que le *Libocedrus* greffé est plus vigoureux qu'à l'état de
semis. Les *Libocedrus chilensis* et *L. decurrens*
(vulg. Thuya gigantesque, *Carr.*) greffés sur
Biota en fournissent la preuve.

M. Carrière a remarqué que le *Libocedrus
tetragona*, greffé sur Saxe-Gotha, prend une
forme rabougrie au lieu du port érigé qu'il
conserve lorsqu'il est greffé sur Biota.

Lierre (*Hedera*).

Famille des Araliacées.

Sujet. — Lierre commun, *Hedera Helix*; L. d'Irlande, *H. Helix hibernica* (bouture).

Greffage. — En placage (*fig.* 37) (septembre-octobre). — En pied.

Observations. — En choisissant pour greffons des extrémités de rameaux ayant fleuri ou de nature à fleurir, on produira des Lierres non grimpants, dits Lierres en arbre, particulièrement avec les variétés *Lierre d'Irlande* et de *Rœgner*, *H. Helix hibernica* et *Rœgneriana*.

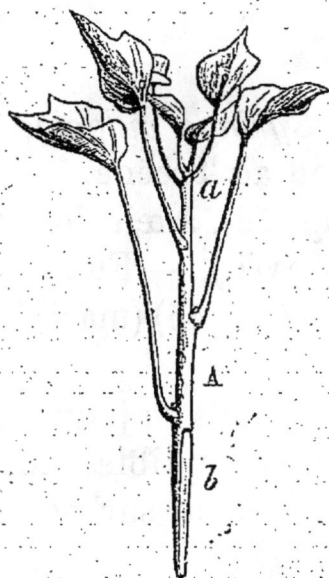

L'opération étant faite à l'étouffée, l'agglutination en sera achevée au bout de deux mois.

Fig. 95. — Rameau-greffon du Lierre arborescent préparé pour la greffe en placage.

Le rameau (A, *fig.* 95) est un greffon de cette nature, son œil terminal (*a*) étant disposé à fleurir. On lui taillera la base en biseau (*b*) et on le plaquera sur le sujet (Voir figure 37).

Il est à remarquer que ce rameau trapu, florifère, du Lierre réussit difficilement par bouture, mais se greffe très bien et formera des arbustes buissonnants, tandis que les rameaux sarmenteux de la même espèce, pris sur le même étalon, deviennent, par le bouturage, des arbrisseaux vigoureux et grimpants; ajoutons que, s'ils étaient greffés, la plante resterait chétive avec des rameaux traînants.

Lilas (*Syringa*).

Famille des Oléacées.

Sujet. — Lilas de Marly, *Syringa vulgaris* (semis); préférable au Frêne ou au Troëne.

Greffage. — En écusson (*fig.* 76), à œil dormant (juillet); à œil poussant (avril). — En incrustation (*fig.* 40). — En fente (*fig.* 45) (mars). — En pied ou en tête.

Observations. — Choisir pour sujets de jeunes plants élevés par semis, moins susceptibles de drageonner. On les greffe au collet, ou sur tige quand le plant est vigoureux.

Surveiller le drageonnement; d'abord nettoyer les racines des yeux latents, avant la plantation; puis dégager la terre et raser net ou arracher sur leur empâtement les rejets souterrains.

Préparer les rameaux-greffons, en retranchant la base, qui se développe mal, et le sommet, trop disposé à fleurir.

Les Lilas à bois fin (*S. persica*), *Lilas de Perse*, et les (*S. dubia*), *Lilas Varin, Sauget, carné de Chine*, seront greffés en pied ou en tête sur *Lilas de Marly*, ou autre variété vigoureuse. Ces espèces réussissent au marcottage.

Les Lilas à gros bois (*S. vulgaris*), *Lilas de Trianon, Charles X, Gloire de Moulins, Aline Mocqueris, Double, Ville de Troyes, Philémon, Virginal, Lucie Baltet, Gloire de Croncels*, etc., et le *Lilas de Chine* (*S. oblata*) doivent être greffés en pied ; ils s'élèveront à tige.

Les types *L. Josikæa, Emodi*, dont l'aspect offre de l'analogie avec le Chionanthe, pourraient réussir sur le Frêne à fleur, *Fraxinus Ornus*. Sur le Lilas de Marly, elles prennent mieux par la greffe en fente que par l'écusson ; mais elles réussissent avec le Troëne.

On peut les greffer ainsi que les Lilas de Perse, Varin, etc., sur tige de Troëne de Californie, *Ligustrum ovalifolium*, par la greffe en fente, jamais par la greffe en écusson, dans les endroits où cette espèce de Troëne n'est pas exposée à geler.

Pour les nouveautés multipliées à l'étouffée, en placage, on peut utiliser chaque œil par l'écusson boisé ou mieux le greffon ligneux portant un seul œil. Le bourgeon terminal du rameau-greffon, simple ou accompagné d'yeux axillaires non disposés à fleurir, taillé avec 0^m,01 de biseau, y réussira de même.

Magnolier (*Magnolia*).

Famille des Magnoliacées.

Sujet. — Magnolier pourpre, *Magnolia obovata discolor*. Magnolier de Soulange, *M. conspicua Soulangeana* (semis; marcotte), pour les espèces à feuille caduque. — Magnolier à grande fleur, *M. grandiflora* (semis; marcotte), pour les espèces à feuille persistante.

Greffage. — En placage (*fig.* 37). — En fente dans l'aubier (*fig.* 42). — En incrustation (*fig.* 41) (février, avril), sous verre. — En approche (*fig.* 22) (avril, juillet). — En pied ou en tête.

Observations. — Le greffage en fente de côté, avec rameau pénétrant l'aubier, au collet du sujet non étêté, se pratique en juillet et en août. Le plant greffé étant placé sous double châssis, la soudure est complète un mois après. Le greffage en placage se fait dans les mêmes conditions. Greffé plus tard, le plant exigerait un plus long séjour à l'étouffée.

La greffe par approche, plus lente à la reprise, est appliquée sur de forts sujets. Le sevrage ne sera commencé qu'au printemps suivant, pour être achevé en plusieurs fois, avant l'hiver.

Les *M. grandiflora* et *fuscata* réussissent également sur le M. pourpre, *M. discolor*.

Dans l'Amérique du Nord, on écussonne,

dit-on, les variétés de Magnolier sur le M. acuminé, *M. acuminata.*

Marronnier (*Æsculus*). — Pavier (*Pavia*).

Famille des Hippocastanées.

Sujet. — Marronnier d'Inde, *Æsculus Hippocastanum* (semis).

Greffage. — Écusson avec incision cruciale (*fig.* 78) (juillet). — Par rameau sous écorce (*fig.* 28) (avril ou juillet). — En fente (*fig.* 47) (mars). — En flûte (*fig.* 85). — En couronne (*fig.* 34) (avril). — En pied ou en tête.

Observations. — Chaque mode de greffage doit être pratiqué de bonne heure.

Refuser pour l'écusson les yeux de la base des rameaux-greffons. Les sommités de rameau avec bourgeon terminal conviennent pour les greffages en tête.

On acceptera les yeux bien formés, choisis sur des rameaux de l'année précédente (*fig.* 74).

Pour la greffe en fente, on prend des greffons âgés de deux ans, en totalité, sinon à la base, pour la taille du biseau.

On greffe encore le Marronnier par rameau sous écorce (*fig.* 28 et 29) à œil poussant et à œil dormant ; on a le soin de retenir par un jonc la tête du greffon sur le corps du sujet. Ce serait le cas de consolider cette greffe par un cran à l'anglaise en tête du biseau, pénétrant dans le sujet (Voir page 90).

Palisser sévèrement les jeunes greffes sur l'onglet et sur le tuteur; le poids et le balancement des feuilles pourraient les briser.

Hâter le développement des sujets pour haute-tige, par l'éborgnage des sous-yeux qui accompagnent le bourgeon terminal de la flèche; l'élagage en sera simplifié.

En pépinière, on peut écussonner les jeunes sauvageons de Marronnier dans les carrés de semis ou de repiquage; l'année suivante, on replantera à distance les petits sujets tout écussonnés. On emploie ce moyen pour le greffage du Marronnier à fleur rouge, *Æsculus rubicunda*. Les arbres à tige de cette espèce, mais greffés en pied, sont généralement recherchés par les planteurs.

L'étêtage préalable des tiges destinées à être greffées en tête, prolonge le mouvement de la sève et assure la réussite de l'écussonnage; sans cette précaution, le greffage ne pourrait souvent avoir lieu, cet arbre perdant sa sève de très bonne heure, et presque subitement, avant que les greffons ne soient aoûtés.

Quant au Pavier, *Pavia*, il est plus vigoureux greffé sur Marronnier d'Inde que sur lui-même; le greffon en sera bien constitué et robuste tandis que le sujet sera sain et de vigueur modérée, attendu que le sujet a une disposition à rester plus fort que la greffe. Aussi conviendra-t-il de greffer en tête les Paviers destinés à la haute tige.

Mélèze (*Larix*).

Famille des Conifères (*Abiétinées*, § *Sapinées*).

Sujet. — Mélèze d'Europe, *L. europæa*. — Mélèze d'Amérique, *L. microcarpa* (semis).

Greffage. — En placage (*fig.* 93) (août). — De côté dans l'aubier (*fig.* 43). — En approche (*fig.* 19) (avril-juin). — En pied ou en tête.

Observations. — La greffe d'automne, en placage, se fait à l'étouffée.

Les greffes en fente et de côté seront pratiquées à l'air libre, sur la flèche, quand le gonflement des bourgeons annonce le réveil de la sève; on coiffera la greffe, provisoirement, avec un cornet de papier.

Le *Mélèze pleureur* peut se greffer en approche à haute tige (*fig.* 19 et 22).

Un multiplicateur belge, M. Van Herzeele, est parvenu à propager le Mélèze de Kæmpfer, *Pseudolarix Kæmpferi*, en le greffant sur ses propres racines. Au commencement de mars, on choisit des bouts de racine de la grosseur d'une plume d'oie et d'une longueur de $0^m,10$; on greffe en fente et on place sous cloche ou sous châssis à une température de $+$ 15° à 18°.

Merisier à grappes (*Cerasus*, § *Padus*).

Famille des Rosinées.

Sujet. — Merisier à grappes, *C. Padus* (semis).

Greffage. — En écusson (*fig.* 76 et 79). — Par rameau sous écorce (*fig.* 28) (juillet). — En fente (*fig.* 48) (mars). — En pied ou en tête.

Observations. — La sommité des rameaux-greffons, ayant les yeux rapprochés, est utilisée en été au moyen du greffage sous écorce par rameau simple (*fig.* 28) et, au printemps, ou à l'automne par le greffage en fente.

Micocoulier (*Celtis*).

Famille des Celtidées.

Sujet. — Micocoulier de Virginie, *Celtis occidentalis* (semis).

Greffage. — En écusson (*fig.* 79) (août). — En incrustation (*fig.* 40). — En fente (*fig.* 45) (avril). — En pied, quelquefois en tête.

Observations. — Choisir du jeune plant pour l'écussonnage.

Si l'on greffe en fente, en incrustation ou à l'anglaise, il convient de couper le rameau-greffon sur l'étalon au moment du greffage, en évitant d'employer les fragments fatigués par l'hiver. Si l'on redoute cette situation, on coupe les greffons avant les froids et on les conserve à l'abri, enterrés dans le sable sec.

Mûrier (*Morus*).

Famille des Morées.

Sujet. — Mûrier blanc, *M. alba* (semis).

Greffage. — En écusson (*fig.* 79) (septembre). — En fente (*fig.* 86) (mars). — En flûte (*fig.* 86) (avril). — En pied ou en tête.

Observations. — Le greffage par bourgeon réussit sur le Mûrier, plutôt dans les contrées favorisées par la chaleur. Là, on l'écussonne vers la fin de juin.

L'écussonnage à œil poussant (avril) est également employé avec succès, au moyen de rameaux-greffons conservés dans du sable.

Dans le Midi, l'écussonnage à œil dormant est souvent retardé en septembre et en octobre.

L'écussonnage se fait en pied. Pour la greffe en tête, on a parfois recours à la greffe en flûte.

Le greffage en fente est pratiqué à rez terre.

Néflier (*Mespilus*).

Famille des Pomacées.

Sujet. — Aubépine blanche, *Cratægus oxyacantha* (semis).

Greffage. — En écusson (*fig.* 76) (juillet). —

En fente (*fig.* 45) (mars-avril). — En couronne (*fig.* 35) (avril). — En pied.

Observations. — Greffer aussi près de terre que possible, afin d'éviter la végétation de rameaux d'Épine qui pullulent sur le tronc.

Choisir des greffons dont les yeux soient saillants, ou bien formés, les yeux de la base s'éteignent facilement.

Éviter de tronçonner trop long les sujets après leur écussonnage. Forcer le développement des bourgeons greffés par un ébourgeonnement sévère, au début de la végétation.

Tuteurer constamment la jeune greffe.

On peut greffer le Néflier commun, *M. germanica*, et ses variétés *N. à gros fruit*, *N. sans pepin*, sur des tiges hautes et droites du Sorbier des oiseaux, *Sorbus Aucuparia*, ou du Néflier de Smith, *Mespilus Smithii*.

En Lorraine, on rencontre de beaux arbres de Néflier greffés sur Poirier franc.

Le greffage sur Néflier franc des bois, sur Azerolier, sur Cognassier, a moins d'avenir qu'avec l'Aubépine.

Nous avons remarqué que des jeunes greffes de Néflier sur Aubépine périssaient après avoir fait un premier jet, à côté d'autres qui continuaient à végéter vigoureusement. D'après M. Octave Thomas, qui a dirigé les pépinières Simon-Louis frères à Metz, l'Aubépine vulgaire serait composée de deux types botaniques bien caractérisés, quoique difficiles à distinguer à première vue. Y aurait-il l'une de ces espèces qui serait antipathique au Néflier, tandis que l'autre lui serait on ne peut plus sympathique? Il y a là une intéressante particularité à étudier, en procédant par semis séparés. Le *Cratægus oxyacantha*, Linné, est le type le moins répandu ; son fruit renferme deux ou trois graines. Sa variété, *Cr. oxyacantha. monogyna*, Jacquin, fleurit quinze jours plus tard ; son fruit ne contient qu'une graine.

Négondo (*Negundo*).

Famille des Acérinées.

Sujet. — Négondo à feuille de Frêne, *N. fraxinifolium* (semis).

Greffage. — Écusson ordinaire (*fig.* 76), ou avec incision renversée (*fig.* 79) (fin août). — En pied ou en tête.

Observations. — Choisir pour greffons du *Négondo panaché* des rameaux vigoureux et suffisamment chlorosés, mais conservant assez de couleur verte sur l'épiderme et sur les feuilles. Les rameaux à feuillage trop blanc périssent, une fois greffés, et entraînent la perte de l'arbre.

De jeunes sujets sont préférables pour le greffage. Quand il s'agit d'obtenir des buissons de *Négondo panaché*, on plante en pépinière des plants assez minces, à faible distance, et on les écussonne dès la première année.

A Orléans, à Angers, on écussonne à bonne heure le Négondo, tandis qu'à Troyes et à Metz on attend que le coup de sève soit calmé.

Le bourgeon d'appel est nécessaire pour entretenir la vie dans l'onglet, son dessèchement ayant une tendance à descendre au-dessous du niveau de la greffe.

Noisetier (*Corylus*).

Famille des Corylacées.

Sujet. — Noisetier ordinaire, *Corylus avellana*. — Noisetier de Byzance, *Corylus Colurna* (semis ; marcotte).

Greffage. — Par approche (*fig*. 21 et 22) (mai à juillet). — En plein air. — En fente herbacée. — Sous verre.

Observations. — Le Noisetier se propage facilement par le marcottage en cépée. On n'a donc recours à la greffe que pour multiplier certaines variétés ornementales sur tige, les *N. pleureur*, *N. pourpre*, *N. à feuille laciniée*.

On plantera des sujets à tige, couchés près du sol, pour faciliter leur greffage en approche avec l'arbrisseau étalon.

MM. Transon, d'Orléans, ont réussi le greffage à l'étouffée du Noisetier. Le sujet, élevé en pot, est recépé ; sur cette jeune tige on greffera en fente, au mois de juillet, un greffon d'une contexture également semi-herbacée.

Noyer (*Juglans*).

Famille des Juglandées.

Sujet. — Noyer d'Europe, *J. regia* (semis).

Greffage. — En couronne (*fig.* 36 et 37). — En flûte (*fig.* 85) (avril-mai). — En fente au collet (page 164); sur bifurcation (*fig.* 55); de biais (*fig.* 49) (mars-avril, ou sous-verre, juillet). — En approche (*fig.* 21) (avril en juillet). — En pied ou en tête.

Observations. — Autant que possible le greffon du Noyer sera de moyenne grosseur et tranché de biais sur la moelle, de manière qu'un seul côté du biseau la mette à nu (*fig.* 50).

Un greffon composé de bois de deux ans à sa base donne de bons résultats, de même qu'un greffon couronné de son œil terminal.

Un sujet greffé près du sol devra toujours être butté de terre jusqu'à l'œil supérieur du greffon.

La greffe en approche convient plutôt aux variétés de Noyer de fantaisie qu'aux arbres destinés à fournir du bois de service.

Éviter de greffer des Noyers à végétation précoce sur ceux à végétation tardive. Le contraire ne présente pas autant d'inconvénients, mais il est préférable de rapprocher des variétés qui offrent quelque harmonie dans l'entrée en végétation.

Le *Noyer à feuille laciniée* se greffe en fente au mois d'août (sous cloche) sur des sujets mis en pot, et avec des greffons aoûtés, c'est-à-dire déjà lignifiés ; ici les greffons munis de l'œil terminal sont les meilleurs.

Nous avons vu, dans le Berry et le Dauphiné, greffer le Noyer, avec succès, en flûte (*fig.* 85) et en couronne perfectionnée (*fig.* 36).

Les variétés de Noyer d'Amérique, *J. nigra*, pourraient être greffées sur leur type.

Nous avons réussi le greffage (en fente sur bifurcation), à haute tige, du Noyer d'Europe sur le Noyer d'Amérique. En réalisant ce vœu d'André Michaux, l'importateur des beaux arbres des États-Unis, nous espérons pouvoir bénéficier de la valeur industrielle de la tige, et de la production alimentaire de la tête.

Olivier (*Olea*).

Famille des Oléacées.

Sujet. — Olivier commun, *Olea europæa* (semis).

Greffage. — En fente (*fig.* 45) (février-mars). — En couronne (*fig.* 35 et 36) (mars-avril). — En écusson (*fig.* 76 et 79) (de mai à septembre). — En pied ou en tête.

Observations. — Dans le midi de la France,

les jeunes Oliviers sauvages sont écussonnés à
œil poussant, en mars, sur leurs branches latérales. Quand l'arbre est vieux, on emploie la
greffe en couronne, rez terre et buttée. M. Duclaux, à Draguignan, ligature avec des lanières
d'écorce de Mûrier, passées à l'eau bouillante.

M. F. Sahut, à Montpellier, nous signale l'é-
cusson *en placage avec lanière* (greffe Aristote),
en mai, pour restaurer les gros Oliviers, signalé par Olivier de Serres. On facilite la soudure par une incision au-dessus de l'écusson
(procédé Magneville).

Oranger (*Citrus*).

Famille des Aurantiacées.

Sujet. — Bigaradier, *Citrus bigaradia*. —
Citronnier, *C. Limonium*. — Oranger, *C. Au-
rantium* (semis).

Greffage. — En écusson (*fig.* 74, 76 et 79).
Par rameau sous écorce (*fig.* 28), à œil dormant
(de juillet à septembre), à œil poussant (d'avril
à juin), en plein air. — En placage (*fig.* 37).
En incrustation (*fig.* 96). En fente (*fig.* 94)
(septembre), sous verre. — En pied ou en tête.

Observations. — L'écussonnage en plein air
ne se pratique que dans les pays chauds. On
suit les prescriptions indiquées au chapitre de
l'Écusson, tant pour le choix et la préparation
des greffons que pour le tronçonnement im-

médiat ou à terme du sujet. Si le rameau-greffon est délicat ou anguleux, on préférera un œil sur rameau de deux ans (*a*, *fig*. 74).

Dans les contrées méridionales, en Italie par exemple, on emploie encore l'écussonnage avec incision renversée (*fig*.79).

Le greffage par rameau en incrustation, adopté dans les localités plus tempérées, se fait sous verre, en septembre, sur des plants de deux ans, semés par dix ou douze sujets groupés dans le même pot. Les feuilles du greffon sont conservées entières ou à peu près. Après l'hiver, on isolera les plants greffés, pour les empoter.

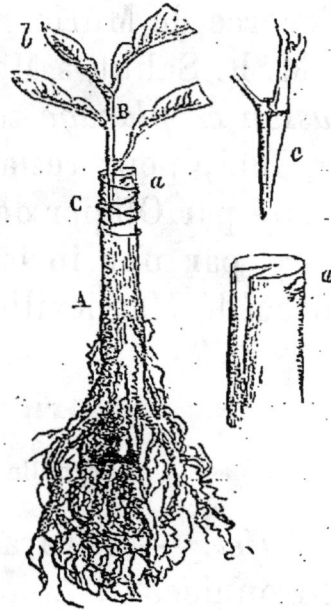

Fig. 96. — Greffe en incrustation de l'Oranger.

Le sujet (A, *fig*. 96) tronqué avec œil d'appel (*a*), reçoit en C le greffon B taillé en biseau triangulaire (*c*) ; les feuilles sont écimées, sauf les petites (*b*) conservées entières.

On a reconnu que, pour sujet, le Bigaradier, *C. bigaradia*, était plus rustique que le Cédratier, *C. medica*, et plus vigoureux que le Citronnier, *C. Limonium*, après deux années de semis. Le rameau-greffon ayant l'inconvénient, par ses arêtes, de gêner le lever de l'écusson,

M. Robillard, horticulteur à Valence, greffe le Bigaradier, en pied, avec les diverses espèces d'Aurantiacées, par rameau sous écorce (*fig.* 28).

Le sujet, planté en pleine terre, a la grosseur d'un crayon; on opère au réveil de la sève, alors que les écorces peuvent se détacher de l'aubier, soit à la mi-mars, dans ce climat. En 1879, une pépinière de 15,000 Orangers greffés ainsi, n'a donné que 5 p. 100 de non-réussite; les greffes avaient atteint, à sept mois de pousse, de 0ᵐ,50 à 0ᵐ,80 de hauteur.

Au Japon et en Chine, on greffe encore sur Kara-tachi, Kum-Quat, notre robuste *Citrus japonica*.

Orme (*Ulmus*).

Famille des Ulmacées.

Sujet. — Orme commun, *Ulmus campestris*, à petite feuille, ou à grande feuille (semis).

Greffage. — En écusson (*fig.* 76 et 79) (juillet). — En fente (*fig.* 45) (mars-avril). — En pied ou en tête.

Observations. — En levant le bourgeon-écusson, on évitera de pénétrer l'aubier avec la lame de l'outil; le bois filandreux de l'Orme se coupe mal. D'ailleurs, s'il reste une tranche ligneuse et mince sous l'écorce de l'écusson, on ne l'ôte pas. Il est préférable d'insérer l'écusson sur une partie vive du sujet.

Les tiges à écorce rugueuse se prêtent aux

greffages par rameau, en fente et en couronne.

Les Ormes à rameaux serpentants ou retombants, à feuilles panachées ou poudrées, destinés à la haute tige, seront greffés en tête ; les
autres variétés en pied.

Dans le Nord, on forme de belles avenues
d'Ormes avec une variété vigoureuse bien élancée, un *Orme gras*, genre de l'Orme de mon-
tagne, *Ulmus montana*. Le greffage est pratiqué,
en pied, sur plant de semis ou de cépée.

Osmanthe (*Osmanthus*).

Famille des Oléacées.

Sujet. — Troëne commun, *Ligustrum vulgare*
(semis).

Greffage. — En placage (*fig.* 37) (fin octobre);
sous verre. — En pied, au collet.

Observations. — Préférer, pour sujet, le plant
en arrachis, c'est-à-dire à racines nues, afin de
pouvoir le greffer plus bas, au moins rez terre,
et diminuer par là l'émission des jets au-dessous de la greffe. Aussitôt greffé, on met le
plant en pot et sous verre, à l'étouffée, jusqu'à
parfaite soudure.

La greffe en placage a cet avantage sur la
greffe en fente qu'elle conserve un bourgeon
d'appel au sujet, très précieux pour l'avenir
d'un plant mis en pot au moment du greffage.

Dans nos pépinières, les variétés d'Osmanthe

soumises au greffage sont plus vigoureuses que par le bouturage.

Pêcher (*Persica*).

Famille des Rosinées.

Sujet. — Amandier, *Amygdalus communis.* — Prunier, *Prunus domestica.* — Pêcher, *Persica vulgaris* (semis).

Greffage. — Écussonnage (*fig.* 76), à œil dormant (juillet pour le Prunier, août pour l'Amandier), à œil poussant (avril). — En pied ou en tête.

Observations. — Les bons rameaux porte-greffons du Pêcher proviennent d'arbres en espalier non palissés, ou d'arbres en plein vent. Les yeux doubles ou triples sont les meilleurs ; les rameaux de moyenne grosseur, bien constitués, les fournissent ainsi. Sur des rameaux gourmands, on rencontre trop d'yeux plats ; sur les brindilles, il se trouve trop d'yeux à fleur.

Dans les grandes pépinières, où une certaine quantité d'yeux d'une même sorte sont nécessaires pour l'écussonnage, on a soin de conserver, dans les carrés, un ou deux sujets de chacune de ces sortes pendant deux ou trois ans : on récolte ainsi en abondance de bons greffons suffisamment aoûtés.

Lorsqu'il s'agit d'écussonner à bonne heure, on pourrait craindre que la végétation active prolongée du Pêcher ne fournisse pas assez tôt

des greffons en maturité. Il suffira de pincer
l'extrémité des rameaux porte-greffes dès que
les yeux seront apparents. Avec un pincement
plus tôt, il résulterait trop d'yeux annulés à la
base, tandis que ceux du sommet se développeraient. Quand il n'y a pas un long intervalle
entre l'époque du pincement et celle du greffage, on rogne moins sévèrement le rameau à
greffer; un simple écimage suffit.

En juin et en juillet, on prépare le sujet en
lui élaguant les ramifications de la base jusqu'à 0m,15 du sol. En août, on l'écussonne; on
place l'écusson à la face nord du plant, pour
qu'il soit moins exposé aux avaries de la température. Cette condition n'est pas absolue,
car le Pêcher est souvent multiplié par l'écussonnage double (*fig.* 81 et 82).

— L'*Amandier à coque dure* avec amande
douce, *A. dulcis*, est le sujet favori du Pêcher.

En pépinière, le plant d'Amandier est le produit d'amandes semées directement à l'automne,
ou stratifiées en hiver et semées au printemps.
On écussonnera le plant dès la première
année de pousse.

Le semis en rigole de l'amande germée forçant la racine à se couder, on plantera l'amande
dans un sens tel que le coude rejette les racines vers le nord, soit du côté où l'écusson
sera posé. Cette combinaison donnera des Pêchers propres à la plantation contre un mur

exposé au soleil, le tronc radiculaire n'étant
point gêné par la fondation du mur, et la coupe
de l'onglet de la greffe ne laissant pas une plaie
exposée au soleil.

L'étêtage des sujets écussonnés se fait après
l'hiver, en mars. Les sujets où la greffe a manqué sont recépés pour être écussonnés de nouveau, au mois d'août suivant. On pourrait
même éviter de les recéper, pour les écussonner à œil poussant, en avril-mai, avec des rameaux enterrés au nord dans du sable ou à la
glacière. Quelquefois on laisse le sauvageon
monter à tige pour être greffé en tête.

— Le *Prunier* qui convient à la greffe du
Pêcher est le P. Damas noir (*P. Damascena*),
que l'on obtient par semis, ou toute autre race
d'une adaptation reconnue particulièrement
chez les espèces à bois duveteux. On l'écussonne
en juillet. Sur Prunier Myrobolan (*P. Mirobolana*), le Pêcher ne vit pas longtemps.

En Angleterre, on greffe les Pêchers indigènes sur le Prunier *Brompton*, les espèces à
chair jaune et les Brugnoniers sur le Prunier
Muscle, et les espèces à chair blanche ou rouge
sur le *P. Damas de Toulouse*; nous supposons
que le *P. Damas noir d'Orléans* serait moins
capricieux. A Metz, on emploie un *Damas gros
noir hâtif* qui se propage par drageon.

Dans les pépinières, quand on possède une
espèce sauvage ou cultivée de Prunier sympa-

thique au Pêcher, on l'emploie au rôle d'intermédiaire. On la greffe rez terre sur le plant de Prunier, quelle qu'en soit la race ; puis, au mois d'août de sa première végétation, on y écussonnera, à 0^m,10, un œil de Pêcher. Au cas d'incertitude, on doublera les chances de réussite par l'inoculation d'un œil d'Abricotier ou de Prunier, au-dessus ou en face de l'écusson du Pêcher. Lorsque les nouveaux jets auront atteint 0^m,15, on pincera la greffe de Prunier ou d'Abricotier, et on la supprimera lors de la coupe de l'onglet. Si la greffe de Pêcher venait à péricliter, on conserverait l'autre, et l'arbre ne serait pas compromis.

En pépinière, les *recourages* (greffes de deuxième saison) peuvent être faits en Prunier, ainsi que le greffage des années suivantes.

— Les *Pêchers en haute tige* sont greffés plus généralement à la hauteur de la couronne, sur Amandier ou sur Prunier. Les Anglais se servent des Pruniers *Muscle* et *Brompton*, multipliés par bouture ou par cépée ; on les élève à tige pour les greffer en Pêcher. Le *Prunier-Pêche* se prête au greffage du Pêcher.

— La *greffe par rameau* du Pêcher se fait en serre pour la multiplication de variétés rares.

En plein air, on pourrait essayer la *greffe mixte* de rameaux de Prunier écussonnés une année à l'avance (*fig.* 83) avec des yeux de Pêcher ; on les grefferait en fente au printemps suivant.

Le *Pêcher reine des vergers* est un de ceux qui réussissent le mieux en fente. Il est prudent de recouvrir la greffe d'un capuchon.

— Le *Pêcher franc* n'est pas aussi robuste comme sujet; on l'emploie rarement.

— Pour la culture forcée d'arbres en pot, on a été satisfait, en Belgique, du greffage sur Pêcher franc, mieux que sur Amandier; tandis qu'en Angleterre, M. Rivers emploie le Prunier *Pershore* de semis, jamais de drageon.

Greffé sur Prunier *Mirabelle*, le Pêcher en pot reste nain, mais la chute prématurée des feuilles du sujet empêche la formation des yeux à fleur du Pêcher.

— Les *Pêchers d'ornement* se propagent de la même façon que les variétés à fruit comestible.

Au cas d'erreur lors de la déplantation des Pêchers en pépinière, il est prudent de greffer dans des carrés spéciaux les Brugnons et Nectarines, les Pavies, les Pêchers d'ornement.

Peuplier (*Populus*).

Famille des Salicinées.

Sujet. — Peuplier blanc, *P. alba.* — Peuplier suisse, *P. canadensis.* — Peuplier d'Italie, *P. pyramidalis.* — Peuplier tremble, *P. Tremula,* selon les variétés à propager (bouture).

Greffage. — En fente (*fig.* 45) (mars-avril). —En couronne (*fig.* 34) (avril-mai). — En écusson (*fig*. 76 et 79) (août). — En pied ou en tête.

Observations. — Avec les greffages par rameau, on peut employer des sujets nouvellement déplantés. En opérant sur *plançon*, on exécute une greffe par sujet-bouture.

On greffe seulement les nouveautés, les variétés à rameaux retombants, à feuilles panachées, ou qui ne reprennent pas assez bien par bouture.

Les espèces indiquées ici comme sujet, si précieuses dans l'industrie, ainsi que les espèces ornementales et utiles, Peuplier Eugène, *P. canadensis, Eugenii*, Peuplier de Caroline, *P. angulata*, Peuplier du lac Ontario, *P. candicans*, etc., se propagent par bouture.

Photinia (*Photinia*).

Famille des Pomacées.

Sujet. — Cognassier ordinaire, *Cydonia vulgaris*. — Cognassier d'Angers, *C. macrocarpa* (bouture avec talon; marcotte par cépée).

Greffage. — Écussonnage en plein air (*fig*. 76) (août). — En fente en plein air (*fig*. 45) (avril). — En placage (*fig*. 37) (février, septembre); sous verre. — En pied.

Observations. — En opérant à l'air libre, on doit supprimer les feuilles au greffon, œil ou rameau. On les conserve entières, ou coupées à moitié, pour le greffage en serre; ici la soudure s'accomplira en cinq ou six semaines.

Forcer l'ébourgeonnage en plein air ; pincer les jeunes greffes à 0^m,30 pour les faire ramifier.

Pour le greffage en fente en plein air, on emploiera des greffons de deux ans.

Pour l'écussonnage, on utilisera même les yeux peu apparents ; ils se développeront sous l'influence d'un ébourgeonnement sévère.

Pin (*Pinus*).

Famille des Conifères (*Abiétinées*, § *Pinées*).

Sujet. — Choisir l'espèce-type de la variété à propager, ou bien une espèce congénère portant un même nombre de feuilles à chaque petit faisceau (semis).

Greffage. — En placage (*fig.* 93) (mars et septembre) ; sous verre. — En fente terminale (*fig.* 52 et 53), avec rameaux herbacés (mai) ; en plein air. — En tête, sur flèche.

Observations. — La greffe sous verre se fait à l'étouffée, au printemps ou à l'automne, dans les conditions habituelles.

La greffe terminale herbacée se pratique à l'air libre, aussi bien en forêt qu'en pépinière (Voir page 137).

Les sujets seront, autant que possible, analogues aux variétés à multiplier. Ainsi les Pins à cinq feuilles sympathiseront avec les *P. élevé* et *du Nord* ; les Pins à deux et à trois feuilles avec les *P. sylvestre, d'Autriche, Laricio* ; les variétés à gros bois sur ces deux derniers. On choisira l'espèce qui conviendra mieux au sol.

Les Pins de *Lambert*, *monticole*, tribu des Strobus, le Pin *Cembro*, tribu des Cembra, vivent ici greffés sur les *Pinus strobus* et *excelsa*, tribu des Strobus, mieux que par semis.

Dans le midi de la France, les *Pinus Alepensis*, *pyrenaica*, et *Laricio*, tribu des Pinaster, sont de bons sujets pour la greffe des Pins à deux feuilles. Plus au nord, on se suffit avec le Pin sylvestre, *P. sylvestris*, et le Pin noir d'Autriche, *P. austriaca*, de cette même tribu, avec lesquels on peut propager la majeure partie des Pins, tribu des Cembra, Strobus, Pseudo-strobus, Tæda, Pinea, Pinaster.

Le greffage en tête herbacée du Pin pratiqué par M. Noisette, à Paris, et d'autres horticulteurs habiles, fut mis en relief par les travaux et les communications du baron Tschudy, à Colombé, près de Metz, et aussitôt mis en pratique en plein parc, à Fromont, par M. Soulange-Bodin, et en pleine forêt de Fontainebleau par MM. d'André et de Larminat.

Pivoine en arbre (*Pæonia*).

Famille des Renonculacées.

Sujet. — Pivoine en arbre, *P. Moutan*. — Pivoine herbacée de Chine, *P. sinensis* (fragment de racine).

Greffage. — Sur racine, en fente et en incrustation (*fig.* 67) (soit avril, soit juillet-août).

Observations. — La meilleure saison pour le greffage de la Pivoine est en juillet-août lorsque les tissus du greffon sont lignifiés ; on greffe en fente ou en incrustation sur des tronçons de racine longs de $0^m,10$ environ.

Quand on n'a pas suffisamment de racines de Pivoine en arbre, on prend pour sujet des racines de Pivoine herbacée. Les tronçons de Pivoine de Chine, *P. sinensis*, ont l'avantage de produire moins de bourgeons que ceux de la Pivoine officinale, *P. officinalis*.

Conserver deux folioles à chaque feuille du greffon, ou bien les couper sur leur pétiole. Ligature de raphia, pas de mastic. Opérer sous cloche, à même dans le sable, sans empotage.

Tenir les plants greffés pendant six semaines à l'étouffée. Les placer à l'ombre, dès leur sortie, rigoureusement pendant quinze jours.

Continuer à les maintenir dans un endroit ombragé jusqu'à ce qu'ils paraissent bien repris et solides.

MM. Carrière en 1854 et Modeste Guérin en 1866 ont réussi le greffage de la Pivoine, en plein air, par le moyen suivant : Planter les racines toutes greffées dans une plate-bande au nord, ou à mi-ombre, de façon que la terre recouvre la greffe. Pailler le sol et arroser aussitôt ; entretenir la fraîcheur par des bassinages.

Le greffage de la Pivoine se fait à l'abri, en chambre ou sur les genoux.

Planère (*Planera*).

Famille des Ulmacées.

Sujet. — Orme commun, *Ulmus campestris* (semis, quelquefois bouture à talon ou cépée).

Greffage. — En fente (*fig.* 45), mars-avril. — En écusson (*fig.* 76), août. — En pied.

Observations. — Dans nos contrées, le Planère greffé, particulièrement le *Planera Kaki*, est plus vigoureux qu'à l'état franc de pied. Le tuteurage n'en est pas moins indispensable.

Le *Planère pleureur* est greffé à haute tige, en écusson ou en fente, sur le *Planère crénelé*, *P. crenata* ou sur l'*Orme à petite feuille*.

Plaqueminier (*Diospyros*).

Famille des Ébénacées.

Sujet. — Plaqueminier de Virginie, *Diospyros virginiana*. — P. d'Italie, *D. Lotus* (semis).

Greffage. — En fente (*fig.* 48). — Anglaise (*fig.* 57) (avril). — Par rameau sous écorce (*fig.* 28) (mai). — En écusson (*fig.* 76 et 79) (août). — En pied ou en tête.

Observations. — Les variétés propagées par la greffe sont les *D. Kaki* et *Schi-tse* d'origine japonaise. Les procédés de greffage indiqués sont

pour le plein air. Mais on peut avoir recours à
la multiplication sous verre, pour les greffes en
placage (*fig.* 37) et en incrustation (*fig.* 96).

Choisir des greffons suffisamment lignifiés.

Au Japon et en Amérique, on emploie, en
outre, comme sujets les semis des variétés cultivées du Plaqueminier.

Les Japonais appliquent ici la *Kiri-tsugi*,
greffe en tête dans l'aubier (page 115).

Platane (*Platanus*).

Famille des Platanées.

Sujet. — Platane d'Occident, *P. occidentalis*
(bouture ; semis).

Greffage. — En incrustation (*fig.* 40), mars-
avril. — En approche par incrustation (*fig.* 20).
— Par approche en tête (*fig.* 22), mai-juin. —
En tête ou en pied.

Observations. — Le Platane se multiplie facilement par bouture ; on n'a recours à la greffe
que pour propager sur tige les variétés à feuilles
panachées, à rameaux en boule ou pleureurs.

Les plants de semis, dans une pépinière,
montant plus lentement à tige, pourront être
recépés et greffés au collet avec des greffons
sains, qui n'aient pas subi les atteintes de la
gelée.

Sous verre, on greffe le Platane par placage,
en août, en ménageant un bourgeon appelle-
sève en tête du sujet tronqué.

Poirier (*Pirus*).

Famille des Pomacées.

Sujet. — Poirier franc, *P. communis* (semis).
— Cognassier, *Cydonia* (bouture avec talon ;
marcotte par cépée). — Aubépine, *Cratægus
oxyacantha* (semis).

Greffage. — A peu près tous les systèmes.
Par écusson (*fig.* 76). — De côté sous écorce
(*fig.* 29) (juillet-août). — En fente (*fig.* 45 et 47).
— Anglaise (*fig.* 59 et 60). — En incrustation
(*fig.* 40) (mars-avril). — En couronne (*fig.* 34)
(avril-mai). — En pied ou en tête, mais en
pied pour le sujet Cognassier et l'Aubépine.

Observations. — Le sujet du *Poirier franc*
peut être écussonné dès sa première végétation
s'il est assez fort, ou greffé par rameau au
moins une année après qu'il aura été planté.
Les pépinières greffées à deux ans de plantation donnent de bons résultats.

Le Poirier franc doit être écussonné de bonne
heure, plusieurs causes étant susceptibles de
lui faire perdre vite sa sève, surtout dans les
plantations de deux ans.

Les arbres destinés à former de hautes-tiges
sont le résultat d'un greffage en pied ou en tête.
On ne peut greffer en tête que les sauvageons
robustes, droits et vigoureux. Quand la variété
à propager s'élève trop lentement à haute tige,

par exemple *de l'Assomption, Bonneserre de Saint-Denis, Bonne d'Ézée, Beurré Six, Olivier de Serres, Prévost, Royale Vendée, Van Mons,* etc., on greffe à titre intermédiaire une variété rustique et vigoureuse, comme les *duc de Nemours, Beurré d'Angleterre, Louise-Bonne d'Avranches, Beurré Hardy, Napoléon Savinien, Gloire de Cambron.* Greffée au pied du sauvageon, elle s'élève à tige ; et après deux années de végétation, au minimum, on la greffera en tête avec la variété que l'on tient à posséder définitivement en haute-tige. La nouvelle tige-sujet ne doit pas être greffée trop jeune ni trop faible.

Il convient de la choisir d'espèce qui, quoique vigoureuse, ne donne pas en pépinière une tige aussi grosse en tête qu'en pied. C'est pour éviter cet inconvénient que M. Coulombier, à Vitry, adopte le *Beurré d'Angleterre*; M. Simon, à Metz, l'*Eisgrüber Mostbirne*; M. Jeanninel, à Langres, la *Louise-Bonne d'Avranches.* M. Louis Leroy, à Angers, utilise un sauvageon à végétation luxuriante. Dans l'Aube, nous avons l'*Angoucha,* variété locale, robuste.

— Le *Cognassier* n'ayant pas avec le Poirier une liaison sans reproches, on aura soin de faciliter cette union par le choix de plants jeunes, sains, et par l'inoculation de bourgeons munis d'une assez longue plaque d'écorce purgée d'aubier.

Le Cognassier doit être écussonné en pied, assez près du sol, et sur du jeune plant.

Dans les pépinières d'Orléans, on recèpe le Cognassier en le plantant, et on greffe l'année suivante le plus beau scion qui se développe sur le tronc ; les autres pousses sont enlevées après une année de végétation pour être plantées en nourrice et fournir de nouveaux sujets.

A Troyes, nous étêtons le plant à $0^m,30$ en le plantant, et l'écussonnons au mois d'août suivant. Nous ne préparons à l'avance que juste la place pour loger l'écusson, afin de fortifier le sujet et de conserver des rameaux-boutures pour la multiplication prochaine.

Le bourgeon-écusson se soude mal au sauvageon trop gros ou trop vieux de Cognassier.

Il conviendra de remédier à la non-réussite de la greffe, en vérifiant quinze jours après le premier écussonnage et en écussonnant de nouveau les sujets manqués, soit sur le tronc, soit au talon d'un rameau de la base. Dans un champ de pépinière compliqué de variétés nombreuses, on peut greffer en second lieu des sortes à bois panaché, des *Photinia* toujours verts dont l'aspect tranche suffisamment ; mais il vaut mieux employer les mêmes sortes qui ont été greffées la première fois.

L'étêtage du sujet se fait après l'hiver. Si la greffe a manqué, on recèpe le sujet pour recommencer l'année suivante, ou bien on le dresse pour former un Cognassier ordinaire. Dans nos pépinières, nous regreffons au printemps les Cognassiers manqués à l'écussonnage, au moyen de la greffe de côté sous écorce (*fig.* 29), à l'œil poussant. Le greffon est un rameau conservé au nord, nous l'insérons sur le sujet, en avril, à la montée de la sève.

Aujourd'hui que la culture à la charrue commence à être adoptée dans les pépinières, on aura la précaution d'écussonner les Cognassiers dans le sens des rangs, afin d'éviter, pour l'année suivante, le choc de l'instrument de labour sur le dos des jeunes scions, ce qui pourrait les *décoller.*

Palisser sévèrement la greffe sur Cognassier et désongletter avec précaution, avant la chute des feuilles, assez tôt en saison.

Les variétés de Poirier qui ne sympathisent pas avec le Cognassier, comme *Arbre courbé, Beurré Bretonneau, Sucrée troyenne, B. d'Apremont, Grand-Soleil, Marie-Louise,* seront obtenues par le moyen d'un intermédiaire rustique, greffé directement sur Cognassier, *Beurré Hardy, Jaminette, Monseigneur des Hons, Curé.* Dès l'année suivante, on greffera ceux-ci avec la variété délicate. Dans les pépinières de Vitry-sur-Seine, on emploie le Poirier *Curé;* M. Jamin, à Bourg-la-Reine, préfère la *Jaminette.* Ici, nous employons l'un et l'autre.

Des variétés très vigoureuses, *P. Bon-chrétien*

d'été, Beurré d'Amanlis, Conseiller de la cour, Royale d'hiver, ont l'inconvénient de former un bourrelet proéminent sur le Cognassier ; or, un bourrelet immédiatement placé au-dessus d'un bourrelet vicieux serait une cause d'affaiblissement de l'arbre. Il faudra donc leur refuser le service d'intermédiaire.

On a recours au même procédé mixte pour obtenir des Poiriers sur Cognassier en haute-tige. Les variétés vigoureuses, à tige droite et saine, telles que *Duc de Nemours, Beurré Hardy, Louise-Bonne d'Avranches,* s'y élèvent directement. Elles recevront, à haute tige, la greffe des variétés délicates.

M. Carrière, lorsqu'il était chef des pépinières au Muséum, à Paris, nous a montré de beaux Poiriers âgés de dix ans, greffés directement en pied sur Cognassier, dans les variétés qui s'y développent difficilement. Il avait employé la greffe en fente au lieu de l'écusson. Nous ignorons si le Cognassier avait été élevé par semis ou par bouture.

A l'École nationale d'horticulture de Versailles, M. Hardy, directeur, obtient des espaliers de Poiriers *Doyenné d'hiver* et *Beurré d'Hardenpont* produisant des fruits sains, en plantant des *P. Curé* greffés sur Cognassier, et en leur appliquant, la seconde année, trois écussons, *Doyenné d'hiver* ou *Beurré d'Hardenpont,* pour établir la base de la palmette.

Les pépiniéristes ont adopté divers types ou formes du Cognassier ; on en connaît quelques-uns sous le nom de *C. de Doué, C. d'Angers, C. de Fontenay*, du pays où ils sont propagés par cépées et vendus sur le marché.

— L'*Aubépine* est rarement utilisée, sauf dans les terres incompatibles avec le Poirier franc et le Cognassier. On n'y multiplie que des variétés robustes. Nous avions imaginé de greffer le Cognassier sur Aubépine, pour le regreffer ensuite en Poirier, de telle sorte que nous pensions obtenir des Poiriers sur Cognassier dans les sols arides. Le résultat laisse à désirer. Même insuccès en substituant le Poirier franc à l'Épine, malgré les hypothèses de Sageret, en 1830, et plus récemment d'Auguste Rivière.

Nos aïeux, pépiniéristes depuis plusieurs générations, ont tenté, pour le sol de Champagne, le greffage du Poirier sur Aubépine. Les variétés à fruit ferme, *Messire-Jean, Martin-sec, Rateaugris, Catillac*, ont mieux réussi.

Pommier (*Malus*).

Famille des Pomacées.

Sujet. — Pommier franc, *M. communis* (semis). — P. doucin, *M. pusilla*. — P. paradis, *M. paradisiaca* (marcottage en cépée).

Greffage. — Écussonnage (*fig.* 76).— Par rameau sous écorce (*fig.* 29). — En couronne (*fig.*

34) (avril-mai). — En fente (*fig.* 45 et 47). —
Anglaise (*fig.* 59 et 60). — En incrustation (*fig.*
40) (mars-avril). — En tête ou en pied (*P. franc.*).
— En pied (*P. doucin et paradis*).

Observations. — La végétation tardive et prolongée du Pommier indique que l'époque du
greffage doit être plutôt tardive que précoce.

— Le Pommier destiné aux grandes formes
sera greffé sur *P. franc.* Pour l'obtenir en haute-
tige, on le greffe en tête ou en pied. Un sauvageon rustique et de bonne apparence pourrait
être greffé en tête. S'il est rabougri, on le greffe
en pied, et on élèvera la jeune greffe à tige.

Lorsqu'on greffe de forts sauvageons en pépinière, dans une situation fraîche ou ombragée,
il est prudent de les déplanter et de les replanter, une année ou deux avant de les greffer.
Sans cette précaution, il y aurait à craindre
que le refoulement de sève amené par l'opération violente de l'étêtage ne vînt occasionner
des désordres et provoquer des chancres sur la
tige. La transplantation secondée par une demi-
taille des branches préparera le sujet aux mutilations qui accompagnent le greffage.

Dans les pays à cidre, on greffe le Pommier
en tête sur sauvageon replanté depuis deux ou
trois ans et assez fort. Les pépiniéristes satis-
font au désir des planteurs en greffant en fente
ou en couronne des *P.* égrins contre-plantés
en nourrice. Assez souvent, les horticulteurs

possèdent des types vigoureux, élancés, choisis parmi les égrins, les variétés locales, les espèces à cidre, plus ou moins inconnues dans le commerce, et sur lesquelles ils greffent les variétés qui s'élèveraient trop lentement d'elles-mêmes à haute tige, par exemple les *P. Courpendu, Fenouillet, Jacquin, Reinette ananas, Reinette musquée, Borowitsky*. Les *Reine des reinettes, Transparente de Croncels, Calville de Doué* conviennent au rôle d'intermédiaire pour le greffage des variétés délicates.

Les Anglais et les Américains ont le *P. Crabstock* (égrin) pour le greffage des arbres de verger et un type productif (semis de gros fruits hâtifs) pour le greffage de Pommiers à cultiver en basse-tige dans le jardin fruitier.

En Angleterre, la greffe au galop, *Whipgraft* (*fig.* 59 et 60), est usitée au printemps, parce que la température brumeuse de l'automne n'est pas favorable à l'écussonnage du Pommier, les rameaux-greffons se lignifiant tardivement en saison.

D'après une expérience faite à l'université industrielle de l'Illinois, et que nous n'avons pu contrôler, le greffage du Pommier aurait mieux réussi sur collet de racine, avec une longue incision, le greffon ayant été choisi à la base du rameau.

— Les *P. doucin* et *paradis*, destinés à fournir des arbres en basse-tige, doivent être greffés rez terre. Le jeune plant est préférable, on l'écussonnera dès sa première année de plantation, sauf dans le cas suivant.

Dans les terrains secs, où la sève s'arrête promptement, les rameaux-greffons pourraient ne pas être assez aoûtés, alors on conservera dans une cave froide des rameaux de l'année précédente, couchés dans du sable-gravier ; on en écussonnera les yeux non développés, dès le mois de mai ou de juin, sur les sujets en sève.

Un plant vieux ou rendurci sera soumis au greffage par rameau sous écorce, à la montée de la sève (Voir *fig.* 29, page 90).

Vérifier quinze jours après les écussons non repris, et les recommencer.

Lors de la plantation, on enlève sur les racines les bourgeons qui s'y trouvent. En tout temps, il faut extirper les rejets souterrains.

Aux Pommiers doucin et paradis il convient d'ajouter les variétés intermédiaires, surtout le *Non such paradis* de Rivers, qui se propage par bouture, et le *Paradis jaune* de Plantières-les-Metz ; ces deux types conservent leur sève plus longtemps que le Paradis ordinaire.

— Les Pommiers d'ornement, *M. cerasifera, spectabilis, baccata, Ringo, sibirica*, etc., se propagent de la même façon que les espèces à fruit comestible, par le greffage en pied, sur franc et sur doucin. On greffe en tête les variétés à rameaux retombants.

Prunier (*Prunus*).

Famille des Rosinées.

Sujet. — Prunier, *P. domestica*, var. Saint-Julien, Damas (semis ; marcottage en cépée). — Prunier Myrobolan, *P. Mirobolana* (bouture ; semis).

Greffage. — Par écusson (*fig.* 76) (juillet-août). — En fente (*fig.* 45 et 47) (mars, septembre). — En incrustation (*fig.* 40). — Anglaise (*fig.* 59 et 60) (mars-avril). — En pied ou en tête.

Observations. — Les plants issus du drageonnage des racines sont impropres à la bonne multiplication du Prunier.

Le plant de semis est à préférer ; vient ensuite le plant obtenu par cépée (*fig.* 13).

Il arrive assez souvent que chez les *P. Damas* et *Saint-Julien*, dans les situations arides, ou avec de vieux sujets, la sève s'arrête au milieu de l'été ; il serait alors prudent d'arroser copieusement le sujet et de pincer des rameaux-greffons à l'avance pour qu'ils puissent être écussonnés assez tôt. S'il arrive un regain de végétation, on pourra remplacer les écussons qui n'auraient pas réussi au premier greffage.

Dans les carrés de pépinière, on opère assez souvent ce remplacement avec de l'Abricotier, du Pêcher ou de l'Amandier, lorsqu'on n'y regreffe pas la même sorte de Prunier.

L'étêtage du sujet écussonné se fait après l'hiver, mais avant la montée de la sève.

— Le *P. Myrobolan* sera écussonné assez tard en saison ; ses rameaux seront fagotés quelques jours avant le greffage, et écimés aussitôt après. Il s'agit surtout du greffage en pied (fig. 84).

Les jeunes greffes en pied sur P. myrobolan seront tuteurées dès qu'elles auront atteint environ 0^m, 50 de haut.

Ou supprimera l'onglet de la greffe avant la chute des feuilles.

Les Pruniers *d'Agen* et *Reine-Claude violette* s'adaptent mal au P. Myrobolan.

— On obtient des Pruniers haute-tige par le greffage en pied ou en tête. Mais avec un sujet rachitique, les variétés naines, touffues, comme la P. *Mirabelle*, s'élevant difficilement à tige, on emploiera l'intermédiaire d'une sorte robuste et vigoureuse : *Belle de Louvain, Mitchelson, Sainte-Catherine, Reine-Claude de Bavay, Prince Englebert*. Greffée au pied du sujet, elle sera à son tour greffée en haute-tige avec la variété délicate, au moins deux ans après le premier greffage en pied.

Les sauvageons qui doivent monter à tige seront recépés après une année de plantation.

— Les Pruniers à greffer par rameau ne souffrent pas, autant que d'autres espèces, d'une transplantation au moment du greffage.

C'est alors un greffage au coin du feu, la greffe
en fente ordinaire y est aussi certaine. On la
pratiquera dès les premiers mouvements de la
sève, en mars-avril, ou avant sa léthargie complète, en septembre.

Pour la greffe en couronne du Prunier, en
avril-mai, il faut avoir le soin d'amincir suffisamment le biseau du greffon, au delà de la
moelle, jusqu'au liber, dans l'écorce.

— Les Pruniers originaires de *Reine-Claude*,
de *Mirabelle*, de *Quetsche*, de *Damas*, se reproduisent à peu près par le semis ; mais il vaut
mieux les greffer, pour propager l'espèce, en
choisissant des greffons de bonne origine ; alors
il n'y a plus autant à redouter la dégénérescence du type.

Pruniers d'ornement. — Les espèces d'ornement : le Prunier trilobé, *P. triloba*, Lavall.,
Amygdalopsis Lindleyi, Carr. ; le Prunier du
Japon, *P. japonica*, vulg. de Chine ; le Ragouminier, *P. pumila* ; le Prunelier, *P. spinosa*,
etc., seront greffés en écusson, mieux que par
rameau, sur les Pruniers de Saint-Julien et Myrobolan, assez tard en saison.

Pour l'éducation en basse-tige, on choisit des
sujets faibles en diamètre ; l'écussonnage réussit bien sur des plants bouturés au printemps
précédent. Si la sève est abondante, on peut
employer l'écusson avec incision renversée
(*fig.* 79), puis fagoter le sauvageon (*fig.* 84).

Pour être greffés à tige, les sujets de moyenne grosseur sont préférables ; on les greffe sur le corps de l'arbre. Un gros sauvageon serait écussonné sur ses jeunes branches latérales.

Pincer les jeunes rameaux de la greffe dès qu'ils ont 0ᵐ,30 de longueur ; ils se ramifient, et leur floraison future en sera prolongée.

Le Prunier trilobé se plaît encore sur Prunier Quetsche, *P. œconomica*, par écusson. On peut même le greffer par rameau, en fente, mais sous verre.

Rhododendron (*Rhododendron*).

Famille des Éricacées.

Sujet. — Rosage ou Rhododendron pontique, *Rh. ponticum* (semis).

Greffage. — En placage (*fig*. 37). — De côté dans l'aubier (*fig*. 42).— En fente (*fig*. 94) (juillet-août). — Anglaise à cheval (*fig*. 61) (février-mars) ; sous verre. — En approche, en plein air (d'avril en août). — En pied.

Observations. — Les greffages en fente et en incrustation nécessitent l'amputation préalable du sujet, et ne valent pas les autres procédés. Toutefois, en conservant un bourgeon feuillu au sommet du tronc, en face du greffon, on obtiendra de bons résultats. Ces procédés conviennent mieux aux gros sujets et aux petits greffons des Rosages.

La greffe à cheval est décrite et figurée au chapitre de la Greffe anglaise, page 150, *fig.* 61 ; on opère à chaud, en février-mars.

La greffe en placage est la plus usitée (*fig.* 37) ; on opère à froid, en juillet-août à l'aoûtement des tissus. Le sujet n'est pas étêté préalablement, mais il a dû être recépé au printemps, pour donner une tige jeune propre au placage ; si elle est trop allongée, on en pince le sommet. Après son greffage, on étouffe le plant sous cloche pendant cinq ou six semaines, jusqu'à ce que l'agglutination en soit certaine ; alors on aère graduellement en observant la transition habituelle (Voir p. 59).

La greffe en fente dans l'aubier (*fig.* 42) offre les mêmes chances. Pratiquée en août, sous double châssis, elle est agglutinée au bout de cinq semaines.

Pour ces divers procédés, on conservera les feuilles au greffon ; cependant on peut réduire d'un tiers le limbe des plus longues.

La disposition radiculaire du Rhododendron permet de greffer le sujet à racines nues, sous cloche, et de le *repiquer en planches*, sans être empoté lorsqu'il est relevé de l'étouffée. La réussite est aussi certaine que si l'on mettait le sujet en pot au moment de le greffer.

Rhododendrons Himalayens. — M. Cavron a réussi parfaitement à l'air libre, sous le climat privilégié de Cherbourg, la culture en grand des Rosages du Sikkim, de l'Himalaya, du Boutan et de leurs hybrides.

Nous avons admiré dans son jardin la floraison des *Rh. Dalhousiæ, Edgeworthii, ciliatum, Aucklandii, fulgens, Jenkinsii, Thomsoni, Princesse Alice*, qui se reproduisent par semis, et les belles corolles des variétés greffées dont il va être parlé.

Le greffage est nécessaire pour hâter la floraison des plantes lentes à fleurir, telles sont les *Rh. Nuttalii, Falconeri, argenteum, longifolium, lancifolium*. Pour greffer ces variétés qui sont à gros bois, on choisit, comme sujet, le plant semis du *Rh. lancifolium*, tandis que ses congénères *Rh. Gibsoni superba* et *Kendicki*, de semis, également de premier mérite, seront les sujets pour le greffage des variétés à bois fin de cette tribu.

Le greffage sur sujet de *Rh. ponticum* provoquerait un bourrelet qui nuit au développement de la plante; on s'en abstiendra.

L'époque du greffage est en juillet, lorsque les pousses sont demi-ligneuses.

Les espèces à gros bois sont greffées à l'anglaise compliquée (*fig.* 57) avec fente réciproque du sujet et du greffon dans le sens des fibres du bois. Les espèces à bois fin sont greffées en placage (*fig.* 37).

On a la précaution de conserver une feuille, que l'on tronque à moitié, à la base du greffon,

et une entière au sommet du sujet, l'une et
l'autre au dos de la pointe du biseau.

Les sujets semés en pleine terre sont levés
en motte, greffés aussitôt, puis placés côte à
côte, dans un coffre sous châssis, à l'ombre, où
le soleil n'arrive pas. Un copieux arrosement
raffermit la terre.

Désormais les soins se bornent à maintenir
l'ombrage pour que les greffons ne fanent pas.

Robinier (*Robinia*).

Famille des Légumineuses.

Sujet.—Robinier commun, *R. pseudo-Acacia*,
dit Acacia blanc (semis).

Greffage. — En fente (*fig.* 45), avril. — En
pied ou en tête.

Observations. — Greffer à la hauteur projetée du branchage les variétés à bois fin ou
tourmenté, comme les R. *boule, tortueux, rose,
à feuille de lin, Van-Houtte, de Gondouin, nain
noirâtre, à rameaux pendants, volubile, à feuille
étroite, de Besson, à petite feuille*, etc.

Les variétés vigoureuses, R. *Decaisne, mono-
phylle, pyramidal, toujours fleuri, remarquable*,
pourront être greffées en pied, même lorsqu'elles sont destinées à s'élever à tige.

Le Robinier glutineux, *R. viscosa*, pourrait
être greffé en pied ; mais sa tige est plus solide
lorsque le greffage a été pratiqué en tête. Un

branchage formé par plusieurs greffes résistera moins au vent que s'il émane d'une seule greffe.

Le Robinier à fleur rose, *R. hispida*, nécessite le palissage de ses rameaux, assez cassants, et même la mutilation des feuilles du sommet, au mois d'août de sa première année, pour éviter la rupture d'une greffe trop chargée.

Le Robinier pourrait être déplanté et replanté sans inconvénient au moment du greffage par rameau.

Il est préférable de couper les greffons sur l'étalon peu de temps avant de les employer.

Dans certaines localités, le Robinier se soumet au greffage en écusson.

Le *Robinier Decaisne*, que l'on multiplie par bouture de racine, produira de belles tiges pour le greffage en tête des variétés délicates.

Rosier (*Rosa*).

Famille des Rosacées.

Sujet. — Rosier Églantier, *R. canina* (semis; bouture; drageon). — Rosier Manetti, *R. Manettii.* — R. multiflore, *R. multiflora.* — R. des quatre-saisons, *R. bifera* (bouture).

Greffage. — En écusson (*fig.* 76) à œil dormant, en juillet-août; à œil poussant, en mai-juin. — En fente (*fig.* 45). — En incrustation (*fig.* 40) (mars-avril). — En pied ou en tête.

Observations. — La principale multiplication du Rosier se fait sur Églantier.

Rosier greffé sur Églantier. — Le sujet est le résultat d'un semis en pépinière, ou de plants extraits au pied des souches d'Églantier, en haie ou en forêt.

Les semis sont plutôt employés à la propagation du Rosier en basse-tige. Les Rosiers à tige sont greffés sur Églantier de semis ou de drageon. On plante les sauvageons à demeure, ou provisoirement en pépinière. Si l'on redoute l'effet du hâle, on emboue les tiges d'Églantier et l'on englue les plaies à la plantation.

Par l'ébourgeonnement, on conservera, en tête du sujet, deux ou trois rameaux vigoureux et bien placés (*fig.* 97). On les écussonnera la première année, dès qu'ils seront assez gros et suffisamment ligneux.

Quand la sève se calme, quand la teinte verte de l'épiderme au talon du rameau blanchit sous l'incision du greffoir, il faut se hâter, *la sève passe.*

Il est préférable de ne pas écimer les rameaux d'Églantier avant de les greffer.

Le rameau-greffon en fleur ou ayant fleuri est arrivé à point pour le greffage ; plus tôt il n'est pas assez ligneux, plus tard il est durci, ou ses yeux sont développés. Cette observation est plus spéciale aux Rosiers remontants, les Rosiers non remontants fournissant de bons greffons aoûtés par le pincement.

La chute des aiguillons au froissement de la main est un signe de la maturité du greffon.

Sur les variétés à grand bois, trop peu dis-

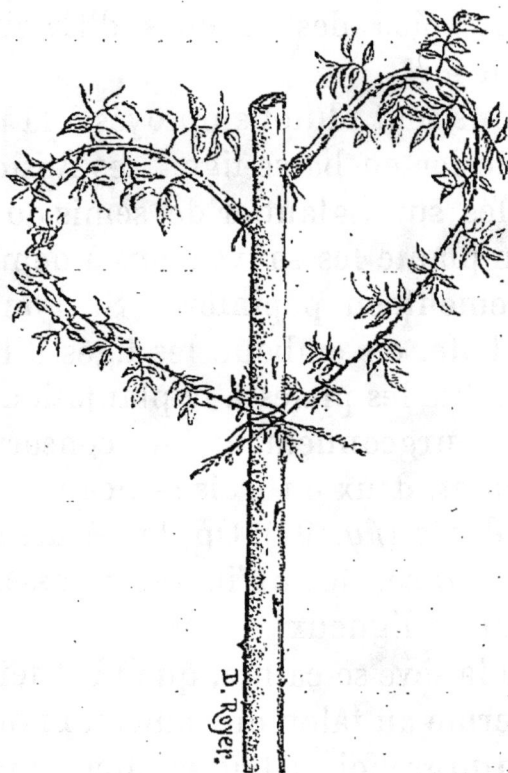

Fig. 97. — Écussonnage du Rosier sur rameau d'Églantier (arcure des rameaux pour la greffe à œil poussant).

posées à fleurir, on choisit pour greffons les yeux supérieurs des rameaux terminés par une fleur. Il est à présumer que le Rosier futur héritera des qualités florifères du greffon.

Sur les variétés à bois court, tribus de l'île Bourbon, Thé, du Bengale, on préférera les yeux de la base et du milieu du rameau ; au sommet, à l'aisselle des feuilles, l'œil est souvent remplacé par un renflement, sans gemme.

Avec un rameau fin, ténu, on peut employer le greffage par rameau sous écorce (*fig.* 28), ainsi que Pierre Cochet, rosiériste à Suines, le pratiquait au commencement de notre siècle.

Dans le Rosier, on peut utiliser, comme greffon, les yeux qui commencent à bourgeonner, mais on aura la précaution de les doubler sur le même sujet, avec un œil talon.

En préparant le greffon, on coupera la feuille sur son pétiole, et on enlèvera les stipules qui l'accompagnent.

Les aiguillons sont coupés à ras l'écorce, et non arrachés; on conserve les épines placées au coussinet de l'œil du *Rosier à bractées.* Les greffons du *Rosier moussu* n'ont pas besoin d'être complètement nettoyés de leurs aiguillons et poils ; on se borne à enlever les principaux dards qui s'opposeraient au glissement de l'œil sous l'écorce du sujet.

L'écusson se place dans la gorge même du rameau de l'Églantier, vers son empâtement sur la tige. On ligature avec deux ou trois brins de laine; plus tard on surveillera les strangulations pour *délainer* s'il le faut. La spargaine (*fig.* 11), bonne ligature économique, a l'avantage de se rompre elle-même au grossissement de la branche, la soudure étant terminée.

On reconnaît les apprentis-greffeurs au nombre de rameaux qui cassent huit jours après le
greffage, par suite de l'incision transversale
trop profonde du T. Cette rupture fait végéter
la greffe immédiatement ou
bien la tue. Pour éviter cette
rupture, certains fleuristes
anglais pratiquent l'écussonnage au moyen de l'incision
longitudinale seule, avec
sommet en faucille, appliquée sur le sujet, sans incision transversale. L'inoculation de l'écusson nécessite
un petit tour de main que
donnera l'expérience.

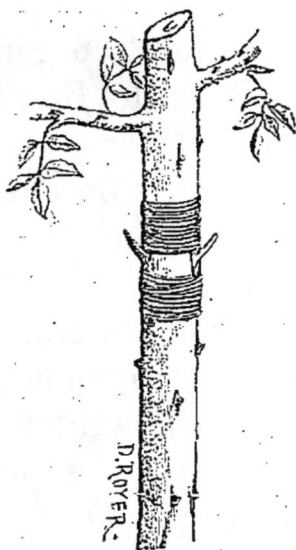

L'écussonnage du Rosier
se fait aussi sur la tige même
du sujet, assez tôt en saison,
et sous les rameaux de la
couronne (*fig.* 98). La tige ne grossissant pas
autant qu'un rameau, il faudra ligaturer assez
fortement. Ici nous emploierons du coton filé,
de la grosse laine, de la spargaine ou du raphia.

Le greffage à œil dormant se fait en juillet
et en août; à œil poussant, en mai et en juin;
il n'est cependant pas rare de rencontrer des
écussons faits de bonne heure qui ne se développent que l'année suivante, et des écussons
tardifs qui végètent immédiatement.

Fig. 98. — Écussonnage
du Rosier sur tige d'é-
glantier.

Si l'on désire que l'écusson reste *dormant*, on modère les ébourgeonnements de la tige et des racines ; de cette façon la sève ne concentre pas ses forces au sommet de l'arbuste, et ne fait ni bourgeonner ni étrangler la greffe.

Au cas de végétation anticipée, on écimera les branches du sujet comme nous allons l'indiquer à l'œil poussant.

Si le greffage est fait *à œil poussant*, on facilitera le développement de l'écusson en arquant d'abord les rameaux et en les attachant sur la tige (*fig.* 97) ; cette opération préalable sera faite dans la même journée afin de conserver la sève au sujet. Dès que le greffon atteint 0^m,10 à 0^m,15 de pousse, on écime le rameau qui le porte à 0^m,40 ou 0^m,50 de la greffe. On suivra l'ébourgeonnement de la tige, et, de temps en temps, on réduira de 0^m,10 la longueur des branches ; de cette manière, à l'automne, les onglets auront 0^m,10 environ et la greffe sera bien développée.

Le greffage à œil poussant doit être pratiqué assez tôt si l'on veut que les scions de la greffe soient suffisamment aoûtés pour passer l'hiver. On le pratique également en avril-mai sur des rameaux de l'année précédente, avec des greffons conservés au nord, dans du sable, ou avec des rameaux de l'année pris sur des Rosiers poussés en serre ou sous châssis.

La ligature sera enlevée au mois de septembre,

sauf sur les variétés gélives, pour lesquelles on attendra le printemps ; elle doit être coupée avec précaution *en dessous* du rameau, à l'opposé de l'écusson.

L'étêtage définitif des branches à $0^m,05$ ou à deux yeux au-dessus de la greffe se fait pendant l'hiver et avant la végétation. On éborgne en même temps les yeux du sauvageon qui entourent l'œil écussonné, surtout à sa base. Ceux qui se trouvent placés au-dessus serviront d'appelle-sève.

Certaines variétés : les Rosiers Thés, *R. indica*; R. moussus, *R. muscosa* ; R. du Bengale, *R. diversifolia*; les *R. Souvenir de la Malmaison*, tribu du *R. borboniana* ; *Ernestine de Barante*, tribu du *R. hybrida*, réussissent à l'écussonnage au mois d'août, mieux qu'en juin.

Le *Rosier à basse tige* reçoit le même traitement que le *Rosier à haute tige* ou *à demi-tige*.

On le greffera facilement sur sa tige (*fig.* 98), parce que l'on emploie de jeunes sujets. Sur le corps de l'arbre, la sève se garde moins longtemps, ce qui pourrait être un inconvénient pour les multiplications tardives. Cependant on y obvie dans une certaine mesure. Ainsi, dans les environs de Brie-Comte-Robert, où l'on propage le *Rosier du Roi*, tribu du *R. portlandica*, par milliers, on plante assez tard les Églantiers destinés à ce greffage, de sorte que la sève est encore active, lorsque les greffons de Rosier du Roi sont bien constitués avec des yeux saillants; ce qui n'arrive guère en première saison chez cette variété; c'est d'ailleurs le mode habituel de plantation et de greffage dans le climat assez tardif de Brie pour conserver à l'Églantier un état de sève analogue à celui du greffon.

Le meilleur système de greffage du Rosier basse tige est avec l'Églantier de semis, planté en élévation, c'est-à-dire au-dessus du niveau du sol et butté. Au moment de la greffe, on débutte et l'on introduit l'écusson sur le tronc radiculaire au-dessous du collet, soit, en terme botanique, au-dessous des cotylédons, sur la radicule et non sur la plantule.

Les frères Verdier, Eugène et Charles, rosiéristes parisiens, ont reconnu, comme Victor Verdier leur père, la supériorité du semis d'Églantier pour le greffage des Rosiers nains. Le premier, M. Guillot fils, de Lyon, a commencé, dès l'année 1850, à propager ce mode de culture. Ses confrères lyonnais, MM. Liabaud, Ducher, Levet, Pernet, Schwartz, Sisley, l'ont imité. On comprend, en effet, qu'un plant de semis drageonnera moins que s'il était pris sur drageon. La greffe s'y affranchit quelquefois, lorsqu'elle est couverte de terre. En tout cas, toutes les variétés se plaisent avec ce sujet; les Rosiers Thés, *R. indica*, et de l'île Bourbon

R. borboniana, y sont plus vigoureux que sur tout autre plant.

Nous avons également réussi le greffage du Rosier sur la bouture de branche ou de drageon de l'Églantier, l'écusson étant placé sur le corps du plant, à ras du sol.

A force de recherches, on devra trouver un type d'Églantier, *R. canina,* robuste au froid, vigoureux, peu épineux, docile au greffage du Rosier et reproduisant ces qualités par le semis de ses graines.

— Le *greffage par rameau* sur Églantier, en couronne, en fente, en incrustation, réussit au printemps, sur des sujets à écorce plus grise que verte ; on recouvre provisoirement la greffe avec une coiffe de papier qui la préservera de l'action des hâles et des agents atmosphériques.

Les Rosiers de la tribu des Portlands reprennent au greffage en fente ; on les greffe sur la tige du sujet, c'est-à-dire en tête. On peut également les greffer en fente sur racine ou tronc radiculaire, au-dessous du collet, particulièrement le *Rosier du Roi,* de cette même tribu. On réussit encore en juin le greffage en fente avec rameaux herbacés; on a le soin d'encapuchonner la greffe, et de couper les feuilles sur le pétiole du greffon.

Dès que les nouveaux bourgeons poussent, on les accole à un onglet ou à une baguette-tuteur. Quand le scion a atteint 0^m,15, on le pince, surtout lorsqu'il est seul ou trop effilé ; il buissonnera et résistera mieux au vent.

Ce résultat permet de supprimer les bourgeons d'Églantier qui naissent sur la tige, et que l'on serait tenté de ménager en partie si la greffe était solitaire. On ne conservera de rameaux pour un écussonnage ultérieur que si la première greffe paraît être délicate; et encore devrait-on contenir la fougue de ces nouveaux venus par un pincement ou un effeuillement raisonné, dès qu'ils ont 0^m,25.

Rosier greffé sur R. Manetti. — Le R. Manetti se reproduit par boutures. En le recepant on obtiendrait des sujets à tige, mais cette tige est trop maigre et manque de tenue, il vaut mieux y renoncer. Pour basse-tige, on choisira du plant d'un an et on l'écussonnera au mois d'août ou septembre qui suit sa plantation.

Le greffage est à peu près le même que celui du R. Églantier; toutefois il faudra tenir compte de la végétation prolongée du R. Manetti; on pourra écussonner plus tôt à œil poussant, si le greffon est à point, plus tard à œil dormant.

Le R. Manetti émet au-dessous du collet une trop grande quantité de jets envahissants. Il serait facile de les éviter en partie, en éborgnant la base souterraine du rameau-bouture lors de sa confection, et en ébourgeonnant, lors de la plantation, les yeux sur le tronc radiculaire des sujets enracinés.

Les R. hybrides, particulièrement à gros bois, comme *Baronne de Rothschild*, se développent bien sur le R. Manetti.

Le greffage en fente réussit mal sur ce sujet; le plant, fendu, s'ouvre totalement et se dessèche vite, la greffe meurt.

Rosier greffé sur R. multiflore, var. de la Grifferaie. — Ce sujet se prête mieux à l'écussonnage de certains Rosiers Thés, île Bourbon et des hybrides à bois délicat ou à écorce lisse, comme *Captain Christy.*

Dans le duché de Luxembourg, la végétation prolongée du Rosier multiflore le fait difficilement hiverner; alors les rosiéristes de ce pays, MM. Soupert et Notting, ont conservé le R. Manetti pour le greffage en serre, et le R. Églantier, semis, pour le greffage du Rosier basse-tige en pleine terre.

Rosier greffé sur R. polyantha. — On fonde beaucoup d'espoir sur cette espèce orientale, très vigoureuse, se propageant par bouture de branche ou de racine avec une grande facilité. Les premiers essais en sont très favorables.

Rosier greffé sur R. Indica major. — A Nice, où les Roses épanouissent en hiver, on écussonne parfois le Rosier sur ce type et il y acquiert une grande vigueur. Mais le sujet gèle, il ne serait pas prudent de l'employer, au rôle de sauvageon, sous un climat moins favorisé.

A Montpellier et à Cette, on a uttlisé au

même titre le *R. Banks* à rameaux sarmenteux, mais susceptible de geler dans un climat plus variable. On place des écussons, çà et là, sur les rameaux gourmands ; on ne les étêtera pas, et la greffe se développera ; c'est le moyen de tapisser un pignon, un mur avec des roses remontantes.

Rosier greffé sur R. de Quatre-Saisons. — Le R. de Quatre-Saisons, de tous mois ou bifère, recherché par les rosiéristes qui fabriquent des Rosiers basse-tige en serre, et principalement les variétés nouvelles du commerce, est moins employé depuis que le R. Manetti a été trouvé propre à cet usage ; quelques rosiéristes utilisent également le R. de la Grifferaie.

Le sujet, mis en pot à l'automne, sera greffé sous verre, en fente ou en incrustation, vers le mois de janvier ou de février suivant. Le sujet étant tronçonné en biais, le greffon sera inséré à la base ou au sommet de la coupe ; et l'on conservera un bourgeon au sujet, en face, ou sur le côté de la greffe.

Lorsque la soudure est complète, quand les yeux du greffon se renflent, prêts à s'ouvrir, on commence l'aérage graduel, pour arriver à transporter le Rosier sous châssis froid, c'est-à-dire en bâche froide entourée de fumier froid afin d'empêcher la gelée d'y pénétrer ; puis on aère graduellement de manière à ce que les panneaux soient enlevés fin mars ou commencement d'avril. Un mois après, le soleil aidant, les jeunes rameaux sont suffisamment durcis, et souvent en état de floraison ; alors les nouveaux sujets pourront être livrés à la pleine terre.

MM. Verdier, Lévêque, Margottin, Jamain, ont adopté cette méthode pour multiplier, dans de bonnes conditions, les Rosiers mis au commerce à l'automne afin de les livrer au printemps suivant.

Sapin (*Abies, Picea, Tsuga*).

Famille des Conifères (*Abiétinées*, § *Sapinées*).

Sujet. — Choisir le type de la variété à multiplier : ou Abies, ou Picea, ou Tsuga (semis).

Greffage. — En placage, en pied (*fig.* 93) en février ou en septembre ; sous verre. — En fente herbacée, en tête (*fig.* 51), en avril-mai ou en juillet-août; en plein air.

Observations. — La greffe sous verre se fait sous cloche en plein air, et même en serre, sur de jeunes plants vigoureux, élevés en pot.

Les autres modes de greffage pratiqués à l'air libre n'empêchent pas le sujet greffé de pousser aussi droit que s'il était venu de graine.

La greffe sur bouton terminal (*fig.* 51) est décrite page 132. On la pratique en avril quand la sève se met en mouvement, ou en août quand le cambium se lignifie.

19.

Le Sapin noble, *Abies nobilis*, est généralement plus vigoureux greffé sur le Sapin pectiné, *A. pectinata*, que s'il était élevé par semis.

Les Anglais emploient volontiers comme sujet le Sapin du Canada, *Tsuga canadensis*, vulg. *Hemlock-Spruce*, tribu des Tsuga, élevé par semis ou par bouture.

Il est préférable de fournir un sujet type à chaque groupe des Sapinées : le Sapin pectiné, *Abies pectinata*, aux *Abies*; le Sapin Épicéa, *Picea excelsa*, et la Sapinette, *Picea alba*, aux *Picea*; le Sapin du Canada, *Tsuga canadensis*, aux *Tsuga*; le Sapin de Douglas, *Pseudotsuga Douglasii*, aux *Pseudo-Tsuga*.

Saule (*Salix*).

Famille des Salicinées.

Sujet. — Les types de la variété à propager, particulièrement le Saule marceau, *S. capræa*, le S. blanc, *S. alba*, le S. à feuille de Laurier, *S. laurina* (bouture).

Greffage. — En fente (*fig.* 45). Anglaise (*fig.* 59), mars. — En écusson (*fig.* 76), août.

Observations. — La majeure partie des Saules seront greffés par rameau ; mais les variétés à rameaux effilés pourront être écussonnées, ou greffées de côté par rameau glissé sous l'écorce, soit à œil poussant, en avril ; soit à œil dormant, en août.

On pourrait également greffer le Saule en flûte et en couronne, en avril.

Les sujets, non racinés, greffés au printemps, sont des plançons-boutures ou *plantards*.

Sophora (*Styphnolobium*).

Famille des Légumineuses.

Sujet. — Sophora du Japon, *S. japonicum* (semis).

Greffage. — En écusson (*fig.* 76 et 79), juillet-août. — En fente (*fig.* 48), avril. — En pied ou en tête.

Observations. — Le Sophora végète assez tardivement pour qu'il ne soit pas nécessaire de couper à l'avance, sur l'étalon, les rameaux-greffons destinés au greffage par rameau. Si cependant on redoute les effets de l'hiver, on détachera ces rameaux avant les gelées et on les hivernera dans du sable sec, l'épiderme du Sophora étant assez délicat.

On opère par un beau temps, au moment où les bourgeons commencent à gonfler.

En ce qui concerne l'écussonnage, il est à remarquer que le pétiole coiffe totalement le bourgeon-greffon à inoculer sur le sujet.

Les sujets destinés à l'écussonnage seront à tige jeune et vigoureuse. La réussite en est tellement incertaine que, par exemple, dans les pépinières de Bollwiller, on écussonne les mêmes sujets à deux ou trois époques différentes, avec vingt jours d'intervalle environ.

Sorbier (*Sorbus*).

Famille des Pomacées.

Sujet. — Aubépine blanche, *Cratægus Oxyacantha* (semis).

Greffage. — En écusson (*fig.* 76 et 78), juillet. — En fente (*fig.* 45), mars. — En couronne (*fig.* 34), avril. — En pied.

Observations. — Rejeter des rameaux-greffons les yeux de la base qui végéteraient mal, et ceux du sommet, moins faciles à écussonner ou trop disposés à fleurir. Éviter les étalons chancrés, surtout à l'égard du *Cormier*, Sorbier domestique, *Cormus domestica*.

Avec de gros yeux à écussonner, on pratiquera l'incision cruciale sur le sujet (*fig.* 78).

Ébourgeonner sévèrement l'Aubépine, lorsque la greffe se développe.

La végétation en pépinière du Sorbier des oiseleurs, *Sorbus aucuparia*, franc de pied, est parfois tellement lente, comparée à sa vigueur lorsqu'il est greffé sur l'Aubépine, qu'il y a un réel avantage à le propager ainsi, bien qu'il soit on ne peut plus facile de l'obtenir par semis. Par contre, le greffage du *Sorbier domestique* ou Cormier ne réussit pas aussi facilement.

Le *Sorbier pleureur* se greffe sur son type, à

haute tige, en écusson, en fente, en couronne.

Nous avons vu, à Orléans, MM. Transon frères greffer la majeure partie des Pomacées sur jeune tige de Sorbier franc de pied.

Taxodier (*Taxodium*).

Famille des Conifères (*Cupressinées*, § *Taxodinées*).

Sujet. — Taxodier distique, vulg. *Cyprès de la Louisiane, T. distichum* (semis).

Greffage. — En fente (*fig.* 94), avril. — En placage (*fig.* 93), août ; sous verre. — En pied ou en tête.

Observations. — La greffe en fente ordinaire sur sujet étêté sera mieux assurée si elle est pratiquée sous verre.

La greffe en placage permet d'opérer sur un sujet entier, avec bourgeon d'appel.

Les soins seront les mêmes que pour les autres Conifères greffés sous verre.

En plein air (avril), il convient d'engluer la greffe et de l'abriter avec un cornet de papier.

Thuia. — Thuyopsis. — Biota.

Famille des Conifères (*Cupressinées*, § *Thuyopsidées*).

Sujet. — Thuia du Canada, *T. occidentalis.* — Thuia de Chine, *Biota orientalis* (semis) ; suivant que la variété à multiplier est du genre Thuia ou du genre Biota.

Greffage. — En placage, en pied (*fig.* 93) ; février, septembre. — En fente sur bifurcation (*fig.* 54), avril-mai.

Observations. — La greffe en placage se fait en serre ou en bâche, par les procédés que nous avons indiqués. Les sujets greffés en variétés dont la végétation modérée ne provoque pas l'allongement des racines, le *Biota aurea*, par exemple, pourraient être greffés et replantés sans être mis en pot. Il serait imprudent d'en agir ainsi à l'égard de variétés vigoureuses, à tige élancée, quand même elles seraient greffées sur la même espèce. Si le sujet a été greffé à racines nues, il conviendrait de l'empoter, dès qu'on le relèvera de l'étouffée.

La greffe sur bifurcation est pratiquée à l'air libre ; on insère le greffon à l'angle d'une enfourchure sur la flèche du sujet. Les frères Simon-Louis, à Plantières-les-Metz, se servent de la greffe herbacée en bifurcation pour former, sur des tiges de Thuia d'Occident, de jolies boules avec les variétés naines de Thuia, Biota, Retinospora, Chamæcyparis, etc. (*fig.* 54).

Le Thuiopsis en doloire, *Thuyopsis dolobrata*, et ses variétés, *læte-virens*, *argentea*, Conifères de médiocre stature, seront greffés, sous verre, en placage (*fig.* 93), sur le Thuia du Canada et, à son défaut, sur le Biota de Chine.

Tilleul (*Tilia*).

Famille des Tiliacées.

Sujet.—Tilleul de Hollande, *Tilia mollis* (semis).

Greffage. — En écusson (*fig.* 76 et 79). — Sous écorce par rameau simple (*fig.* 28), en juillet-août. — En pied ou en tête.

Observations. — Le sujet doit être assez gros pour recevoir la greffe ; mais la reprise du bourgeon-écusson est plus certaine sur un sujet jeune, ou sur une flèche des dernières années.

Quand l'écorce du sujet est trop épaisse, on emploie comme greffon le rameau simple de la greffe de côté sous écorce (*fig.* 28).

Les variétés de *Tilleul argenté* et de *Tilleul d'Amérique* seront greffées en pied afin d'éviter un bourrelet proéminent sur la tige.

Les non-réussites de l'écussonnage ont fait étudier des procédés plus précis de la propagation du *Tilleul argenté*; arbre recherché pour la plantation de promenades et d'avenues, et qui ne se reproduit pas identiquement par le semis. Nous avons constaté, chez MM. Desfossé à Orléans, un heureux essai du greffage sous verre de cette espèce. En juillet-août, greffage en fente sur plant en arrachis, piqué dans le sable et sous cloche ; bourgeon d'appel en tête du sujet.

Le plant de semis des T. d'Amérique et argenté n'a pas les caractères typiques, purs et vigoureux de l'arbre greffé.

Troène (*Ligustrum*).
Famille des Oléacées.

Sujet. — Troène commun, *L. vulgare.* — T. à feuille ovale, *L. ovalifolium* (semis, bouture).

Greffage. — En fente (*fig.* 94). — En placage (*fig.* 37). — En incrustation (*fig.* 96); sous verre en mars, et en août. — En écusson (*fig.* 76). — Par rameau sous écorce (*fig.* 28), en juillet. — En pied ou en tête.

Observations. — Les variétés de Troène à feuillage persistant seront greffées en pied, et à l'étouffée, sur de jeunes plants isolés ou groupés en pot. Cette opération aura lieu dès juillet-août, quand le greffon semi-herbacé est assez lignifié, jusqu'à la fin de l'hiver ; à cette dernière saison, moins favorable que la première, l'opération se fera toujours à l'étouffée, mais en serre avec des greffons ligneux.

On conservera les feuilles au greffon.

Les variétés de Troène à feuilles caduques réussissent sur le *Troène commun* par le greffage de bourgeon (*fig.* 76) ou de rameau sous l'écorce (*fig.* 28). On opère sur des plants de semis.

Quand le Troène à feuille ovale, *Ligustrum ovalifolium*, ne gèle pas comme il l'a fait en décembre 1871 et 1879, on peut l'employer à titre de sujet, car il drageonne moins que le T. ordinaire. On peut le greffer à tige, greffage en fente, avec les variétés à bois court, le

T. à feuille coriace, ou à bois grêle, le T. de
Quihou, en abritant la greffe avec un capuchon.

Tulipier (*Liriodendron*).

Famille des Magnoliacées.

Sujet. — Tulipier de Virginie, *Liriodendron
Tulipifera* (semis).

Greffage.—Par approche en placage (*fig.* 19),
mai-juin. — En fente (*fig.* 45 et 94). — En placage (*fig.* 37), sous verre, en juillet-août. — En
pied ou en tête.

Observations. — Le Tulipier est un des arbres les plus difficiles à réussir au greffage.

En toute circonstance, il faut que le greffon
soit couronné par l'œil terminal.

Avec la greffe en placage, sous cloche, au
moyen de greffons déjà lignifiés et munis de
l'œil terminal, l'opération réussit, mais une
partie des plants greffés *fond* en hiver, surtout
quand le sujet manque du bourgeon d'appel.

Si pour le greffage en placage à l'air libre
on ne se sert pas de sujets en pots, il faudrait
avoir le soin de planter de tout jeunes sujets
et assez longtemps à l'avance pour qu'ils soient
bien repris et vigoureux.

La transplantation assez difficile du Tulipier oblige à ce qu'on laisse en place,
pendant au moins une année, les sujets se-
vrés et à ce qu'on les déplante simultanément

ensuite aux premiers mouvements de la sève.

M. Octave Thomas, de Metz, a vu, dans le midi de la France, écussonner avec succès les quelques variétés du Tulipier ; mais lui-même a échoué dans le climat messin plus rigoureux.

Vigne (*Vitis*).

Famille des Ampélidées.

La multiplication de la Vigne pouvant être faite par le bouturage réduit à sa plus simple expression, c'est-à-dire à un seul œil muni de $0^m,02$ de bois, il est rare que l'on ait recours au greffage pour propager une variété de Vigne.

Cependant, nous indiquerons à la fin de cet ouvrage les principaux modes de greffer la Vigne dans un but de restauration.

Viorne (*Viburnum*).

Famille des Lonicérées ; § *Viburnées*.

Sujet. — Viorne-mansienne, *V. Lantana* (semis). Viorne obier, *V. opulus* (semis, bouture).

Greffage. — En placage (*fig.* 37), sous verre (août-septembre).

Observations. — Choisir de jeunes plants âgés d'un an et mis en pot.

Greffer à fleur de terre, plutôt au-dessous qu'au-dessus du collet des racines.

Les Viornes reprennent facilement de bouture, à l'exception de la V. à grosse tête, V.

macrocephalum; alors on la greffera sur la V. mansienne, quelquefois sur la V. obier.

Le Laurier-tin, *Viburnum tinus,* réussit sur tige de V. mansienne, en placage sous verre.

Weigelie (*Weigela*).

Famille des Lonicérées ; § *Caprifoliacées* (1).

Sujet. — Weigelie rose, *Diervilla* ou *Weigela rosæa* (semis, bouture racinée).

Greffage. — En fente (*fig.* 45 et 94), juin, sous verre. — En pied, rez-terre.

Observations. — On place dans la serre à multiplication une touffe de la variété à propager ; quand les jeunes scions commencent à durcir, ce qui peut arriver en juin, on les greffe en fente au collet du sujet. Les sujets sont des semis, élevés en pot, ou des boutures faites en avril, avec yeux souterrains, éborgnés.

Les plants greffés sont placés sous cloche, à froid, sur le sable.

L'horticulteur multiplie ainsi les raretés de Weigelie pour en tirer une plus grande quantité de rameaux qui lui serviront, plus tard, à propager ces variétés par le bouturage.

(1) Ainsi que nous l'avons dit au début de ce chapitre, nous avons observé la classification botanique de l'*Arboretum Segrezianum* qui appelle *Rosinées* les *Amygdalées* et qui range, sous le nom de *Légumineuses,* la famille des *Césalpinées* et celle des *Papillonacées* (Brongniart), ou des *Papilionacées,* de divers auteurs.

IX. — RESTAURATION DES ARBRES PAR LA GREFFE.

Il arrive souvent qu'un arbre planté ne donne pas le résultat que l'on désirait. Il vient mal. Sa charpente n'est pas irréprochable. Son aspect ornemental, la nature de son bois ou de sa fructification, ne répondent pas aux espérances que l'on avait fondées.

S'il est vieux et d'une caducité telle que l'on ne puisse le sauver, on l'abat, et on renouvelle le sol pour replanter un nouveau sujet. Mais si l'arbre est encore vivace, et s'il ne pèche pas par la base, il est préférable de renouveler sa vigueur par la taille des branches et par l'amélioration de la terre autour des racines.

Maintenant, un arbre pourrait être défectueux dans la construction de ses branches ou dans la nature de sa variété. La restauration en serait facilitée par le greffage. Dans le premier cas, c'est la restauration de la charpente; dans le second, c'est le renouvellement de l'espèce.

RESTAURATION DE LA CHARPENTE DE L'ARBRE.

La charpente irrégulière d'un arbre sera rétablie, du moins en partie, au moyen de certains procédés de greffage décrits précédemment. Nous les résumons dans le cas actuel.

Réparation de la tige. — Le sujet (X, *fig.*

99), dont la tige est chancreuse et garnie de rameaux gourmands à la base, sera réparé au moyen de ses rameaux (Y), que l'on greffera en arc-boutant sur la tige même, au-dessus de la plaie. Le cours de la sève interrompu par la meurtrissure se trouvera ainsi rétabli.

A défaut de rameaux à prendre sur l'arbre vicié, on plante un sujet robuste (Z, *fig.* 99) à proximité du premier. Après une année ou deux de bonne végétation, on coupera la tête du greffon arbre (Z) et on l'introduira au-dessus du chancre de la tige-sujet, par le greffage en arc-boutant décrit page 72.

Quand un seul arbre ne suffit pas pour cette régénération, on en plante plusieurs autour de l'ancien, et

Fig. 99. — Greffe par approche pour réparer une tige défectueuse.

on les greffe de la même façon. Par suite de cette coopération, on pourrait retrancher la base malade de la première tige.

Déjà, vers 1754, l'agronome Duhamel, dans sa propriété du Monceau, transfusait par ce système la sève de jeunes tiges dans les vaisseaux d'arbres caducs et leur donnait une vie

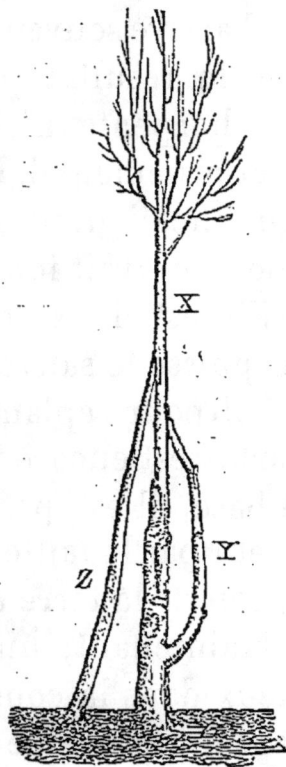

nouvelle ; à ce point qu'en 1824 Pirolle fait dire à son jardinier, en face d'un exemple semblable, cette parole sentimentale : « O mes bons parents ! pourquoi n'ai-je pu trouver aussi le moyen de prolonger vos jours ! »

De son côté, André Michaux, qui avait exploré les forêts du Nouveau-Monde, étudiait en 1780, dans les bois de Satory près de Versailles, l'application de la greffe en approche pour obtenir avec les arbres des coudes ou autres tournures utilisées par l'industrie.

Voici un autre exemple de tige défectueuse à réparer, d'après un système dit américain et signalé par M. Forney à la Société centrale d'horticulture de France :

Une décortication annulaire (*fig.* 100), survenue par accident ou par la dent des lapins ou des fauves, sera réparée ou atténuée dans son effet par l'introduction de rameaux-greffons (E) dans l'incision (D), sous écorce et sur aubier, au-dessus, d'une part, au-dessous, d'autre part, des lignes ponctuées (CC). Chaque extrémité du greffon est taillée en biseau plat aussi allongé que possible ; l'œil ménagé au revers du biseau bourgeonnera et facilitera la soudure. L'opération sera faite au début de la sève, avec des rameaux de l'année précédente, ou à la fin de l'été, avec des rameaux de l'année ; il conviendrait alors de les préserver du hâle par un badigeonnage de boue ou de lait de chaux. Les rapports entre les parties souterraines et les organes aériens ne tardent pas à être rétablis.

Il est bien entendu que les rameaux greffons sont dirigés de bas en haut.

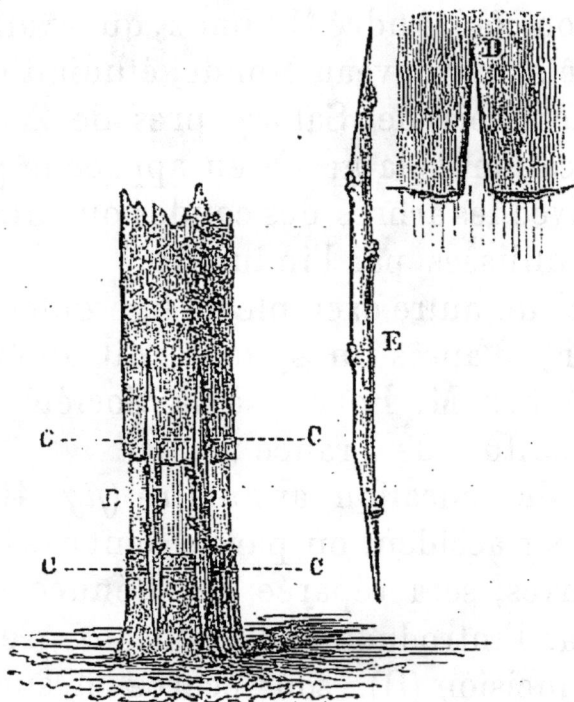

Fig. 100. — Réfection d'une tige ulcérée ou décortiquée.

Ce mode a quelque rapport avec la *greffe de raccord* (*fig.* 102) employée dans les cordons de Pommier.

Nous dirons quelques mots ici du cordon horizontal de Pommiers, bien qu'il ne s'agisse pas d'une tige viciée à réparer.

Le greffage des Pommiers en cordon simple dit horizontal, recommandé jadis, a été depuis abandonné ou à peu près ; on supposait que le sujet fort prêterait de la nourriture au faible ; le contraire s'est présenté : le fort épuise le faible, il devient *gourmand*, les Anglais diraient *voleur*, « rabber ». La greffe a été remplacée par la conservation d'un rameau d'appel en tête du sujet. M. le professeur Du Breuil en fait la recommandation ; l'expérience l'a démontré.

Cependant on peut souder des lignes de Pommiers en cordon simple lorsqu'ils sont de vi-

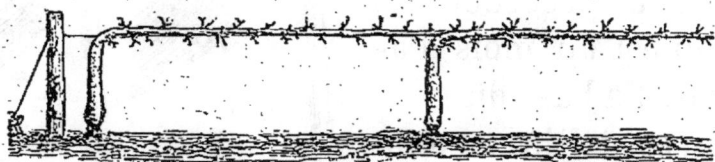

Fig. 101. — Cordon de pommiers soudés par la greffe en approche.

gueur égale et de la même variété, au moyen de la greffe par approche en arc-boutant. Chaque flèche d'un arbre sera taillée en bec de flûte, et inoculée sous l'écorce de son voisin à sa partie coudée (*fig.* 23, p. 72). On obtient ainsi une ligne continue de petits arbres assez bien équilibrés (*fig.* 101).

Il pourrait se faire que, par manque de vigueur ou par suite d'un accident, le rapprochement naturel de deux sujets devînt impossible. On remédie à cet état de choses par la *greffe en raccord* ou *en rallonge* (*fig.* 102) qui nous a été communiquée en 1860 par M. Jules

Ricaud, arboriculteur et viticulteur, propriétaire à Beaune, d'après M. Gorget, pépiniériste.

Le sujet (A), ne pouvant atteindre son voisin (B), nous prenons un rameau (C) bien constitué, de l'année courante, si nous opérons en août, et de l'année précédente si l'on est au mois d'avril. La base du greffon est taillée en double biseau (E) ; nous l'introduisons sous l'incision (D) pénétrant l'aubier du sujet par le procédé de la *greffe dans l'aubier* (*fig.* 42).

L'autre extrémité du greffon sera entamée en F, à l'endroit qui doit porter sur le second sujet, où nous pratiquerons une ablation analogue (G) avec l'encoche de la

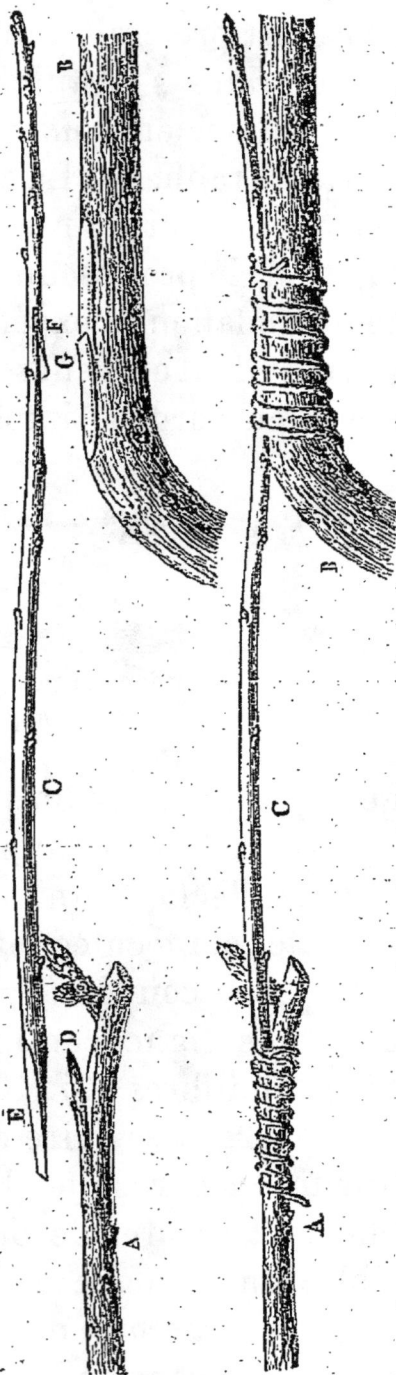

Fig. 102. — Greffe en rallonge ou de raccord, pour unir deux arbres qui ne pouvaient se joindre.

greffe par approche anglaise (*fig.* 21). Enfin nous ligaturons et nous engluons de mastic. La *greffe en arc-boutant* (*fig.* 23) nous a donné les mêmes résultats.

Ce procédé trouverait son application dans la construction de formes de fantaisie, préparées avec un seul arbre ou avec plusieurs sujets.

Nous avons greffé des Pommiers en cordons doubles ou en T ; la soudure s'établit, mais la branche greffée à rebours cesse de grossir.

Le greffage mutuel des sommités de Pêchers en cordon oblique a été abandonné, la forme en cordon simple elle-même ne rencontre plus guère de partisans.

Restauration des membres de charpente. — Chez les arbres fruitiers formés, on court le risque d'avoir des lacunes dans les constructions, alors que certains membres n'ont pu se développer et que d'autres ont disparu.

Lorsqu'il s'agit d'obtenir un membre tout entier, sans pouvoir employer un deuxième arbre, on insérera sur la tige des greffons aux endroits dénudés.

Quand la tige est jeune, l'écussonnage suffit ; mais avec des écorces épaisses, il faut recourir aux greffes par rameau : 1° en placage avec lanière (*fig.* 39) ; 2° par rameau simple sous écorce (*fig.* 28 et 29) ; en œil-de-bœuf ou en coulée (p. 89) ; 3° par rameau avec embase *fig.* 30, p. 91). Ce dernier procédé nous a permis

d'insérer des greffons ayant 0^m,50 de long, portant vingt yeux ; mais nous avons eu le soin de
les disposer à cette opération en les effeuillant
huit jours à l'avance, puis nous les avons préservés du hâle par une enveloppe de boue et de
feuilles, aussitôt la greffe posée.

S'il était impossible d'obtenir une branche
au moyen de la taille courte, du cran ou du
greffage par rameau ou par œil, on emprun-

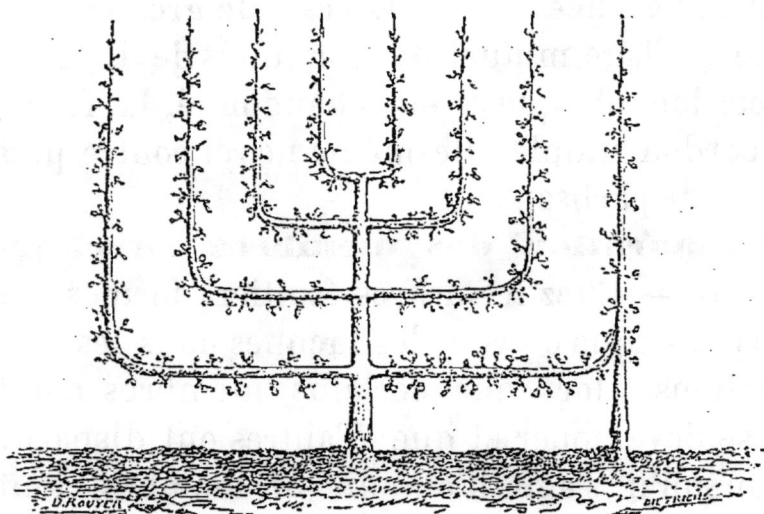

Fig. 103. — Sujet greffé par approche pour suppléer à
l'absence d'un membre de palmette candélabre.

terait des rameaux aux branches voisines, et on
les dirigerait de telle façon que la symétrie de
la charpente n'en fût pas dérangée.

Mais les branches ne fournissent pas toujours
des rameaux assez vigoureux pour constituer
un nouveau membre. Un moyen assez prompt
de réparer la perte partielle d'un membre sur

une palmette-candélabre (*fig*. 103) consiste à planter un jeune sujet de manière qu'il figure la branche charpentière absente. On le choisit de la variété de l'ancien arbre, ou d'une autre analogue par le port de la vigueur ; son branchage, disposé en fuseau-colonne, s'harmonisera avec celui des branches de l'arbre.

Quand il y a possibilité de greffer par approche en arc-boutant (*fig*. 23) les deux sujets, on pratique ce greffage au moins une année après la plantation du jeune arbre.

Enfin une branche cassée pourrait être réparée au moyen de greffages en couronne, en placage en tête, en fente, en incrustation, précédemment décrits. Des greffons seraient insérés sur le moignon de la branche meurtrie. En même temps une taille courte serait appliquée aux autres branches de l'arbre.

La greffe par approche en tête (*fig*. 22) vient aider à rétablir une tige ou une flèche brisée. Si l'on en croit Columelle, il faudrait faire remonter cette application à Varron, « le plus savant des Romains » il y a deux mille ans.

Le greffage mutuel des membres de charpente d'un arbre à forme symétrique n'a pas, dans la suite, donné les résultats promis au début : nous-même nous y avons renoncé. Des arboriculteurs habiles, MM. Hardy, à Versailles ; Lepère, à Montreuil ; Delaville, à Beauvais ; Lambin, à Soissons ; Jadoul, à Lille ;

Weber, à Dijon ; Denis, à Lyon ; Luizet, à Écully ; Morel, à Vaise ; Verlot, à Grenoble ; Faudrin, à Aix ; Robinet, à Toulouse ; Dumas, à Auch ; Glady, à Bordeaux ; Levesque, à Cherbourg ; Raquet, à Amiens ; Bazin, à Clermont ; Jupinet, à Palaiseau ; Rousseau, à Estissac, n'y attachent désormais aucune importance sérieuse. Les cas sont rares où il y a utilité à marier par la greffe les branches charpentières d'un arbre. Alphonse Mas, à Bourg, y cherchait le moyen de ne plus tailler les membres de ses pyramides ailées, et Louis Verrier unissait ainsi ses pyramides, vases et palmettes, contre l'action du vent assez violent sur le plateau de la Saulsaie.

Les dessins et les inscriptions obtenus avec des arbres torturés avant leur mariage entre voisins, mis à la mode par F. Simon, de Crécy-en-Brie, sont du domaine de la fantaisie.

Garniture de branches dénudées. — Une série de procédés permet de garnir de brindilles et de ramifications les branches principales trop dénudées.

D'abord, s'il y a des rudiments de bourgeon, nous excitons leur développement au moyen de crans ouverts à 0^m,001 ou 2 millim. au-dessus d'eux (*fig.* 31). Quand le gemme ou œil est visible, on se contente de pratiquer de petites incisions longitudinales (*i, i, fig.* 104) pénétrant l'écorce au-dessous de l'œil jusque sur le coussinet. Pendant le cours de la sève,

20.

l'incision s'est élargie et cicatrisée (I, I); les yeux sont devenus rameaux. L'incision a l'avantage sur le cran de ne pas couper l'écorce en travers, et de ne pas exposer l'aubier à nu; mais son action serait moins énergique à l'égard d'un bourgeon éteint.

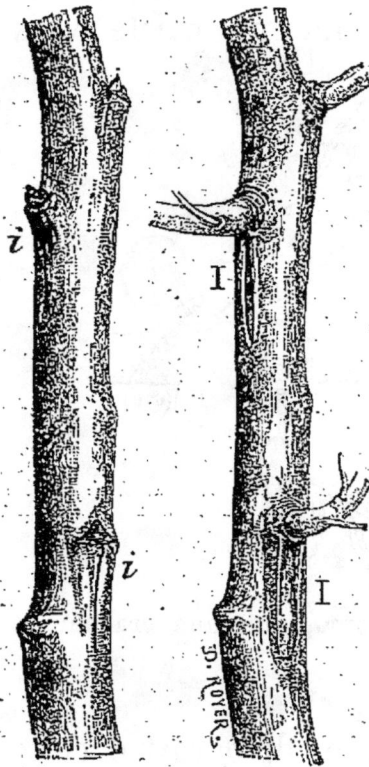

Fig. 104. — Incision sous un œil pour en exciter le développement.

A défaut d'yeux naturels, la greffe seule peut remédier à cet état de choses. Nous laissons de côté l'écussonnage, qui ne saurait convenir aux vieilles tiges; la sève ne permettrait déjà plus aux écorces de se soulever, lorsque les bourgeons-greffons seraient aoûtés pour être inoculés. Avec la greffe par approche, au contraire, on opère au printemps, avec des greffons herbacés. Si l'on tardait après le mois de juillet, l'agglutination serait moins certaine et la future branche perdrait en solidité. Nous emploierons donc indistinctement les greffes par approche ordinaire (*fig.* 19, 20, 21), ou en arc-boutant *fig.* 23 et 24), assez tôt en saison.

Le Pêcher, susceptible de se dénuder, porte habituellement des rameaux qui se prêtent au greffage par approche sur les points dégarnis. On opère de mai en juillet avec des rameaux greffons herbacés.

La figure 105 représente une branche charpentière de Pêcher. Une lacune existe vers

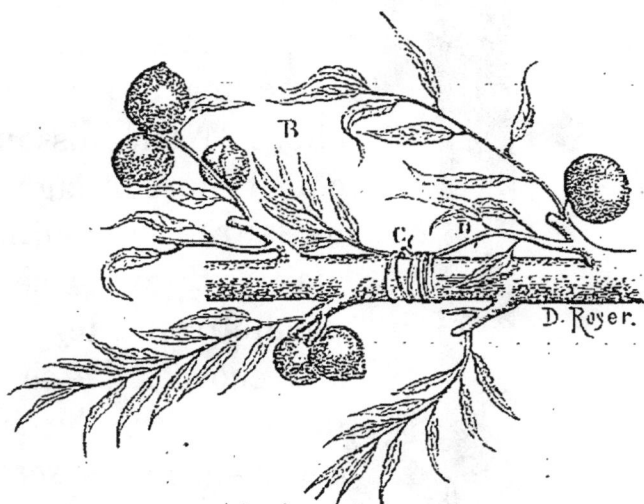

Fig. 105. — Greffe par approche pour garnir une branche de Pêcher.

la lettre C. Il s'agit de faire disparaître cette imperfection tant redoutée des arboriculteurs. Au commencement de l'été, nous prenons un rameau herbacé (D), et l'appliquons sur la branche, pour le greffer par approche en placage (voir *fig.* 19). Le greffon sera entamé en face d'un œil (C) que l'on enchâssera dans l'incision du sujet, et l'extrémité B continuera à se développer. Il en résultera une bonne branche fruitière dès qu'elle aura été sevrée, après un minimum de végétation d'une année.

Au lieu d'entamer la branche charpentière du Pêcher, on pourrait se contenter de soulever l'écorce par une triple incision (C, *fig.* 106), si l'état de sève le permet ; et l'on y applique-

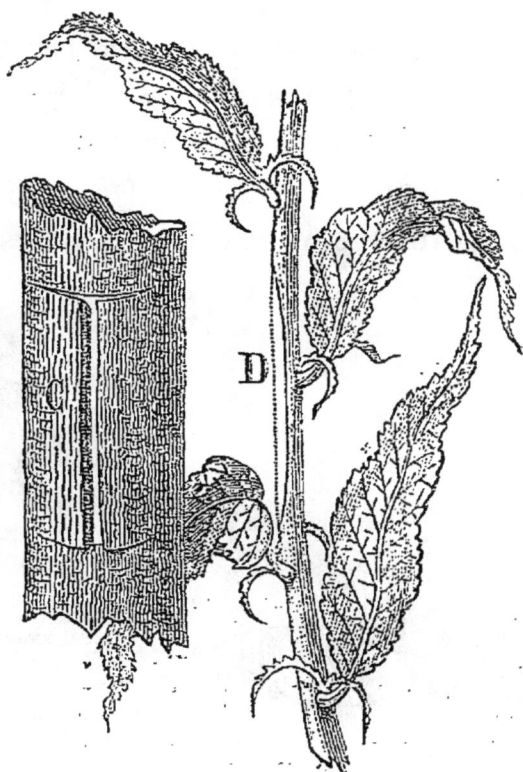

Fig. 106. — Greffe par approche du Pêcher sous l'écorce.

rait le greffon préparé en D, à l'opposé d'un œil. Le développement de ce bourgeon facilitera la *taille en crochet*, de la branche fruitière du Pêcher. En 1829, M. Leroy, jardinier à Auteuil, recommandait déjà ce moyen, pour

produire des membres de charpente sur les
Pêchers dégarnis.

A défaut d'un rameau placé dans le sens de
la branche dénudée. on peut encore insérer
obliquement celui qui pourrait y être amené,
traversant la couche d'écorce en travers, sans
pénétrer l'aubier, système Forsyth (page 66).

Le greffage en arc-boutant, par l'œil ou par
rameau, est avantageux pour la restauration
des branches dégarnies de brindilles. Par les
deux procédés, on enchâsse, sur la partie dénudée, un œil ou un rameau (*fig*. 23 et 24).
Quelquefois, nous sevrons en août des greffes

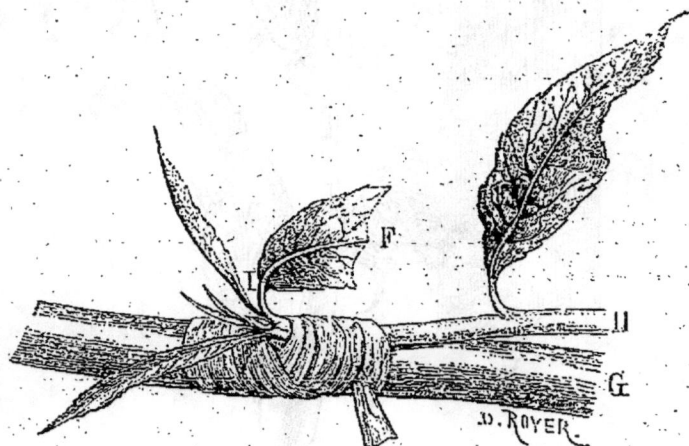

Fig. 107. — Rameau greffé par approche en arc-boutant
sur le Pêcher.

qui ont été faites au mois de juin précédent.

Avec le Pêcher, si le greffon H (*fig*. 107) est
terminé par un œil (I) commençant à bourgeonner, on mutilera la feuille (F) placée à son

empâtement, afin de forcer les premiers yeux
du nouveau rameau à rester à la base, condition essentielle à la taille en crochet de la cour-
sonne fruitière.

La vigne (*fig.* 108 se prête au greffage en
approche de sarments sur les parties dépour-

Fig. 108. — Greffe par approche pour garnir une branche
de Vigne.

vues de coursons. On réussit en mai-juin par
la greffe en approche herbacée, avec légère
encoche à l'Anglaise (voir *fig.* 21),

Nous avons appliqué avec succès sur la
Vigne, en juin 1868, le greffage par approche en arc-boutant, pour combler les espaces vides des tiges dénudées. Le sarment
greffon écimé et taillé sous l'œil (A a été
introduit sur le cep par une incision en ⊨.
Un mois après, la soudure était complète, et
le bourgeon A se développait vigoureusement.
C'est la première fois, pensons-nous, que cette

greffe en arc-boutant est appliquée à la Vigne.

En ce qui concerne les autres genres d'arbres fruitiers, par exemple le Poirier, quand la greffe en approche est impossible, nous avons recours à la greffe de côté par rameau simple (*fig.* 29) et à la greffe en placage avec lanière (*fig.* 39), qui permettent d'introduire, sous l'écorce de la tige, le point de départ des membres de charpente absents.

RENOUVELLEMENT DE L'ESPÈCE DE L'ARBRE

On hésite trop souvent de changer *par le greffage* l'espèce d'un arbre qui ne convient pas. S'il est vigoureux, sain, et dans la force de la jeunesse, on peut le greffer sans crainte; mais, s'il est dans la force de l'âge ou voisin de la caducité, il vaudrait mieux le supprimer et le remplacer sans courir les risques du greffage. Il est à remarquer que, par la greffe, quelle que soit la nature de l'ancien sujet, la nouvelle variété donnera assez promptement ses produits, sans qu'ils aient rien emprunté aux défauts des précédents, sur le même arbre.

Par cette méthode, il est facile de transformer un Pommier à cidre en Pommier à fruit de table, un Poirier d'été en Poirier d'hiver, un Prunier sauvage en Abricotier, une Vigne stérile en cépage fécond, et de récolter, à l'automne, des nèfles, des coings, même des poires, sur une Aubépine cultivée d'abord pour ses fleurs printanières.

Avec le greffage, le Marronnier blanc se couvrira de fleurs roses, le Peuplier pyramidal deviendra parasol, des Sapins rabougris pourront fournir des mâts de navire, etc., etc.

On prétend que la variété d'un arbre fruitier s'améliore par son regreffage successif et réitéré sur le même arbre. Il semblerait que chaque bourrelet de greffe constitue un filtre où la sève se raffine. Mais la Pomologie est tellement riche en bons fruits, que souvent l'on préfère greffer une autre variété moins problématique quant au résultat. D'ailleurs, cette multiplicité de bourrelets rapprochés pourrait exister sur les branches, mais non sur le corps de l'arbre qu'elle fatiguerait, à moins qu'un intervalle suffisant ne laisse un parcours libre à la sève et n'évite l'*énervement* du sujet.

Un point important est le choix des greffons. Il les faut absolument d'une origine irrécusable, ayant fourni ses preuves, et d'une constitution robuste. Nous citerons un cas à l'appui.

Le frère de l'auteur de ce livre, M. Ernest Baltet, sème des pepins de Poires depuis l'âge de douze ans, dans le but de trouver des variétés inédites. L'égrin est lent à se mettre à fruit. Voulant en connaître plus vite le produit, et en même temps augmenter les risques de la fructification, le semeur suivit les conseils de certains auteurs : il greffa quelques bourgeons de l'enfance ou de l'âge adulte du jeune égrin sur d'anciens arbres et sur de jeunes Cognassiers ; mais, à cet âge du sauvageon, l'espèce n'étant pas encore *faite* ou *caractérisée*, ses rameaux plus ou moins épineux se sont reproduits ainsi par la greffe. Les boutons à fruits ne se sont pas formés plus tôt. L'arbre franc de pied et l'arbre greffé ont dû préalablement quitter leur état sauvage pour se mettre à fruit.

C'est ainsi que les gains *Comte Lelieur* et *Docteur Jules Guyot* ont fructifié d'abord sur le type franc de pied, tandis que *Mme Lyé Baltet* et *Charles-Ernest* ont commencé leur production sur l'arbre greffé. Les chances d'études sont augmentées, mais non devancées.

Il conviendra donc de préférer les greffons de bonne apparence et de source authentique.

En ce qui concerne le sujet, le regreffage de gros arbres n'est pas encore bien compris. On a le tort de les mutiler trop sévèrement, au lieu de leur fournir un assez grand nombre de bourgeons qui répondent à la nourriture élaborée par les racines.

Plus un arbre est fort, plus on doit lui greffer de branches, plus nombreux y seront les greffons. Ainsi la figure 109 représente trois arbres à haute tige, de diverses dimensions, prêts à être greffés ou regreffés. Le nombre de branches conservées est proportionné à la force du sujet.

Il en résultera donc un branchage constitué plus promptement, la tige ayant la force de le supporter, et les racines de répondre à son alimentation.

Si l'on ne possédait pas assez de greffons, on

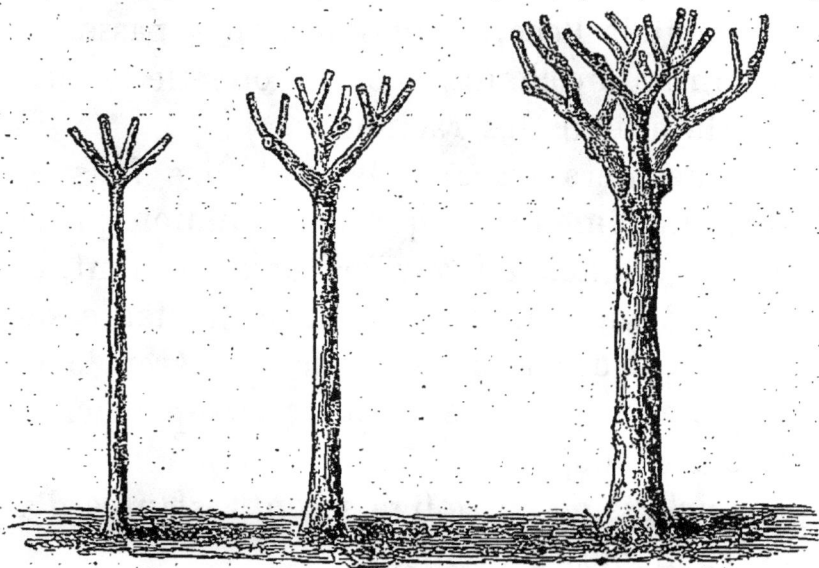

Fig. 109. — Gros arbres préparés pour être restaurés par la greffe.

grefferait déjà les branches du centre ou du sommet; les autres branches, également tronçonnées, seraient greffées sur leurs jeunes pousses en été ou au printemps suivant.

Avec de gros troncs, la greffe en couronne est à préférer; outre qu'elle facilite l'apport d'un plus grand nombre de rameaux-greffons, elle n'oblige pas à fendre le sujet. Si les couches corticales de l'arbre sont trop vieilles et rugueuses, nous employons la greffe en fente de biais (*fig.* 49 et 50, p. 128).

En même temps que l'on greffe de gros arbres, on attache des tuteurs sur les moignons pour y accoler plus tard les nouveaux rameaux qui pourraient être brisés par le vent (*fig.* 90).

On nettoie l'écorce du sujet, on y passe ensuite un lait de chaux, et on renouvelle la terre végétale autour des racines.

Ces derniers travaux devront être faits en hiver, en même temps que l'amputation provisoire des branches à greffer. Assez souvent, on pratique une année à l'avance la taille des branches et des racines, pour tempérer la vigueur de l'arbre et le disposer à supporter le nouveau greffage.

Les arbres en basse tige seront restaurés d'après les mêmes principes.

Les sujets disposés en vase, en buisson, en éventail, en cordon, en palmette ou candélabre, en pyramide, en fuseau, cultivés en plein air ou en espalier, seront regreffés sur la tige et sur les branches principales assez haut pour que l'assise de la charpente soit conservée, mais assez bas pour rendre plus considérable la partie renouvelée.

Les *buissons*, évidés par la suppression des branches inutiles ou trop rapprochées, seront greffés à la naissance des bifurcations.

Les *vases* devront être greffés sur les membres qui forment la charpente du sujet, et à une même hauteur. Il serait même facile, par suite du regreffage, de modifier la tournure ou l'étendue du vase.

L'*éventail* sera greffé sur ses ramifications principales ; le tronçonnement des branches est calculé de façon que, raccourcies, elles continuent à figurer le squelette de l'éventail.

Le *cordon vertical* ou *oblique* simple ou double pourrait être regreffé aussi bas que possible. Le *cordon horizontal* sera greffé à la hauteur du coude formé par la tige unilatérale ou bilatérale.

La *palmette à branches horizontales* ou *obliques*, simple ou double, sera restaurée sur chacun de ses membres. Quand la charpente comporte un grand nombre d'étages de branches, on en retranche environ le tiers, en tête de l'arbre, et on coupe la tige à cette hauteur. Les branches seront ensuite raccourcies par longueurs graduelles, les tronçons du sommet étant plus courts que ceux de la base.

Avec une palmette d'une certaine envergure, on sera plus certain de maintenir la force dans les membres de la base, en donnant aux nouvelles pousses de la greffe une direction verticale, de manière à transformer la palmette ordinaire en *palmette-candélabre*.

Le *candélabre* (*fig.* 110) est regreffé sur ses quatre membres (A, B, C, D). En A, le greffon

couronné par son bourgeon terminal a fourni
un rameau direct de prolongement. En B et
en D, le greffon portant deux yeux a produit
deux rameaux; par le pincement, on a rogné

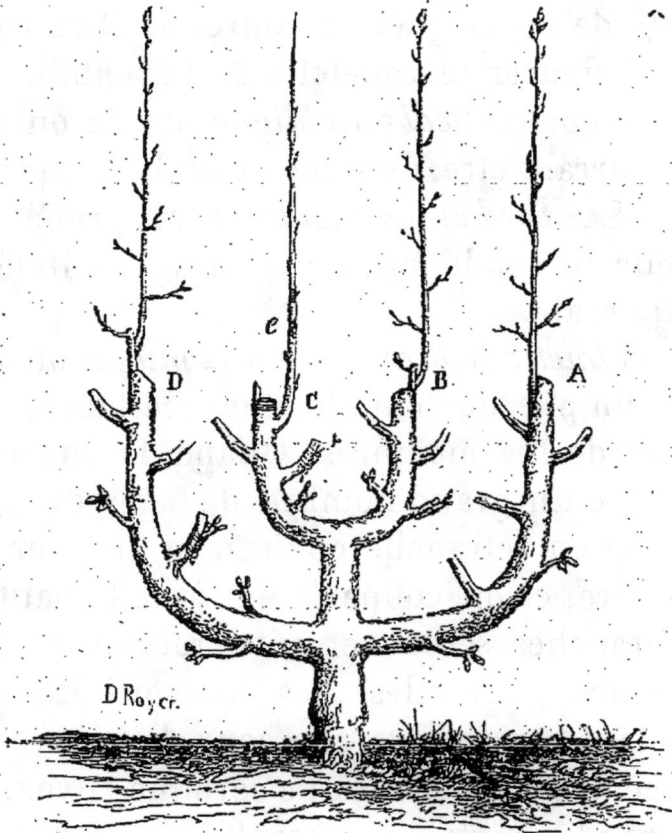

Fig. 110. — Restauration d'un arbre formé en candélabre
(Regreffage d'une autre variété).

la pousse du sommet, le bourgeon de la base
du greffon constituera donc la branche charpentière.

La greffe sur le membre C n'a pas réussi.

Dans ce cas, on a conservé et dressé un rameau (e) du sujet lors de l'ébourgeonnement et du palissage. Vers le mois d'août, un bourgeon de la nouvelle variété aura été écussonné sur ce rameau, à la hauteur présumée où la taille prochaine arrêtera les membres de charpente. Quelques yeux semblables écussonnés au-dessous constitueront les brindilles, tandis que l'écusson supérieur fournira le bourgeon de prolongement. Il est toujours prudent de doubler les chances de réussite, par l'application de plusieurs greffons. Si le bourgeon du sommet venait à manquer, un autre y suppléerait immédiatement.

En même temps que l'on étête les membres de charpente, on taille leurs brindilles et leurs ramifications destinées à la production, de manière à les *rajeunir*. Avec la végétation qui en sera la conséquence, le greffage par œil (*fig.* 76), ou par rameau sous écorce (*fig.* 28), ou avec lanière (*fig.* 39), de la variété nouvelle sera plus facile.

Quand il s'agit de changer la variété d'un arbre soumis à la forme *pyramidale* (*fig.* 111), on commence par abattre totalement le tiers supérieur de cet arbre, puis on coupe les branches charpentières, — plus court celles du sommet, plus long celles de la base, — de manière que les moignons conservent entre eux une disposition conique. Ainsi, ils pourraient

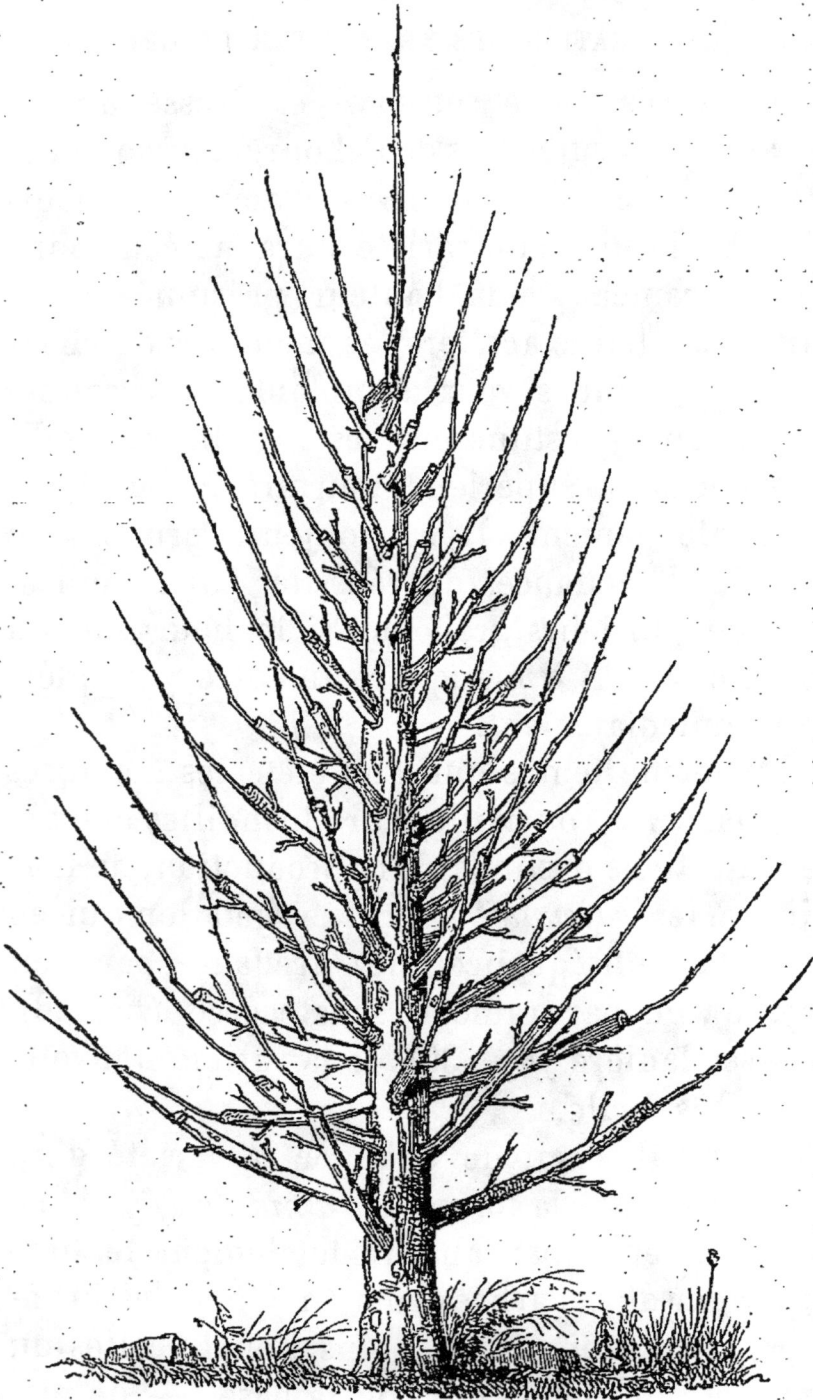

Fig. 111. — Regreffage d'un arbre soumis à la forme dite
pyramide ou cône.

avoir 0^m,40 à la base de l'arbre et 0^m,10 au
sommet. On greffera alors sur la tige et sur les
branches tronquées. Les branches de l'arbre
à haute tige surmontée d'un branchage sous ·

Fig. 112. — Regreffage d'un arbre en haute tige à branchage
pyramidal.

forme pyramidale (*fig.* 112) seront soumises à
cette mutilation graduée.

La greffe en couronne est celle qui convient
le mieux ; nous l'avons adoptée préférablement
à toute autre, lorsque nous changeons la variété de nos anciens arbres fruitiers. Il est facile
d'amincir le biseau du greffon jusqu'au liber,

de telle sorte que la soudure y gagne ; les craintes de décollement en seront diminuées. Cependant les greffes en fente ordinaire (*fig.* 45 et 47), de biais (*fig.* 49 et 50), de placage en couronne (*fig.* 38), ne sont pas sans offrir encore de bonnes garanties.

Enfin, nous répéterons que sur un arbre vigoureux, de forme symétrique, les branches quoique jeunes, mais trop fortes pour être écussonnées, seront renouvelées par le greffage de rameaux sous écorce (*fig.* 28 et 29), procédé qui, dans la circonstance, n'est pas assez vulgarisé. Depuis longtemps, les premiers greffeurs des pépinières Baltet frères, nos amis, Payn, Ruelle, Asselin, Briet, l'appliquent dans les écoles fruitières de cet établissement, particulièrement pour transformer un arbre de variété suffisamment connue, en lui insérant des greffons d'une autre qui l'est moins. Étant greffée sur un arbre déjà en production, la nouvelle venue fructifiera plus vite. Mais nos chefs de culture fort expérimentés, qui ont déjà appliqué ce système au greffage du Hêtre, du Cornouiller, du Fusain, du Marronnier, etc., ne se doutent guère que d'anciens auteurs ont vanté ce procédé vers 1730 ; de la Bretonnerie l'a répété en 1780, Calvel en 1800..., tant il est vrai que les praticiens n'ont pas toujours la facilité ou le temps d'étudier dans les livres.

RÉTABLISSEMENT DE LA VIGNE PAR LA GREFFE.

Le greffage de la Vigne a été décrit par les auteurs de l'antiquité et recommandé plus récemment par Olivier de Serres, l'abbé Rozier, Chaptal, Noisette, comte Odart, Jules Guyot, Rendu, Pellicot, Cazalis-Allut, Henri Marès, Victor Pulliat. Son but a toujours été de rajeunir une vigne épuisée ou d'en modifier l'espèce.

Rajeunir une vigne au moyen d'un sarment de race vigoureuse que l'on insère sur l'ancienne souche et qui, s'enracinant, vivra de ses propres forces après avoir accaparé la sève du sujet.

Modifier l'espèce en substituant un cépage robuste et fécond à un plant délicat ou stérile.

Cette rénovation, localisée pour ainsi dire dans le jardin de l'amateur, s'est étendue au vignoble de la grande culture.

Par suite de conditions économiques plus favorables, le commerce des vins a pris une extension telle que l'on a cherché à augmenter la quantité et la qualité du produit en transformant des champs de vigne d'un rendement moyen en producteurs vinifères largement rémunérateurs.

MM. Marès, Bazille, Vialla, de Lunaret, Sahut, Hortolès, évaluent à des centaines de mille le nombre de ceps greffés à cet effet chaque année dans le midi avant 1866, date de l'apparition du phylloxéra dans le Gard et le Vaucluse.

On sait que le phylloxéra est un puceron souterrain qui s'attaque aux racines de la Vigne. Par sa multiplication effrayante, par son mouvement de propagation du centre à la circonférence, par les bonds extraordinaires de ses colonies aphidiennes, des vignobles tout entiers ne tardèrent pas à disparaître dans cette riche région vinicole qui s'étend des Alpes aux Pyrénées, de la Méditerranée à l'Océan.

Après avoir essayé de nombreux procédés préventifs, curatifs ou insecticides, les viticulteurs ont cherché s'il n'y aurait pas possibilité de greffer nos cépages, menacés par l'insecte, sur quelque espèce qui lui résisterait par la nature de ses racines.

En août 1869, à l'apparition de notre première édition, M. Gaston Bazille, président de la Société d'agriculture de l'Hérault et lauréat de la Prime d'honneur, voulut bien nous communiquer ses recherches sur cette question. Il projetait le rapprochement des *Vitis* et des *Cissus*, de la famille des Ampélidées, famille qui comprend les Ampelopsides et les Vignes. Nous-mêmes en 1871, dans les *Annales de la Société horticole, vigneronne et forestière de l'Aube*, avons projeté le greffage sur *Vitis* indigène ou exotique résistant à l'ennemi, en même temps que nous recommandions la méthode traditionnelle champenoise du provignage annuel avec amendement préservateur, insectifuge ou insecticide, procédé qui ne laisserait guère de prise à l'ennemi, par une existence toujours jeune, toujours renouvelée.

A la suite d'essais pratiqués par les viticulteurs, ratifiés par les études savantes de MM. Planchon, Lichtenstein, Fœx, on demanda le remède au pays qui avait fourni le mal, et l'on importa les cépages du Nouveau-Monde.

MM. Laliman, de la Gironde; MM. Gaston Bazille, Fabre, Pagézy, Louis Bazille, Jules Leenhardt et Bouschet, de l'Hérault; MM. Burty, Guiraud, Lugol, de Fitz-James, du Gard; M. Villion, de Vaucluse; M. Aiguillon, du Var; M. Reich, des Bouches-du-Rhône; M. Champin, de la Drôme, etc., ouvrirent la route aux cépages recommandés par MM. Riley, Engelmann, Fuller, Berckmans, Meehan, Bush et Meissner.

Des millions de plants de vignes américaines, groupes des *Labrusca*, *Æstivalis*, *Cordifolia*, ont pénétré dans la région sud-est, sud, sud-ouest de la France, soit au titre de producteur direct, soit pour servir de porte-greffe à nos excellentes espèces cultivées pour le pressoir.

Les milieux de sol, de climat, d'orientation, d'affinité au greffage n'étant pas suffisamment étudiés, les échecs furent nombreux; mais il a suffi de quelques résultats favorables, le phylloxéra continuant son œuvre de destruction, pour exciter encore de nouvelles tentatives. Il s'agit, en effet, de sauver une de nos précieuses richesses nationales; aussi le Gouvernement s'y est-il intéressé en encourageant les recherches et la lutte contre l'ennemi.

Il ne nous appartient pas de dire si les essais ont été bien préparés et suivis, mais nous voulons indiquer les procédés de greffage qui s'adaptent le mieux à la Vigne, en tenant compte des faits acquis.

Il nous semble également difficile de dire en ce moment si l'on a raison :

1° De modifier l'existence séculaire de la Vigne par un nouveau genre de vie qui ne permet plus à la plante de se retremper dans le sol par le provignage des sarments ou par l'affranchissement de la greffe ;

2° De hâter la phase normale et productive de la Vigne en abrégeant sa vie et en forçant sa production à l'extrême, comme on le fait à l'égard du Poirier greffé sur Cognassier.

Le désastre est trop récent, les circonstances atténuantes trop nombreuses, pour qu'un verdict soit ici sans appel.

Il serait non moins téméraire de recommander le cépage indemne par excellence, expression dont on a abusé, la spéculation aidant. L'avenir est-il aux espèces indigènes, aux américaines, aux asiatiques, à quelque inconnue que le semis, les collections ou l'importation nous ménagent? Nul ne le sait?

Quoi qu'il en soit, en tenant compte des résultats effectifs, en étudiant les expériences si intéressantes dirigées à l'École nationale d'agriculture de la Gaillarde, à Montpellier, par un personnel de savants professeurs secondés par un jardinier habile, M. Berne, nous pouvons résumer les points principaux à observer dans le greffage de la Vigne.

Nos conseils s'adressent à la région franchement viticole; plus on remonte vers le nord, moins le greffage réussit. Cet effet a pour cause l'inconstance de la température printanière dans le nord-est. Ainsi le Dr Wylie, de Chester (États-Unis), dit judicieusement que le greffage d'automne est pour les climats chauds, attendu que, dans un climat tempéré, le greffon serait ébranlé par la retraite du sol sous l'influence de la gelée et du dégel. Une preuve est fournie par les greffes faites en 1879, manquées par suite de la gelée et des pluies persistantes.

Nous commencerons donc par l'époque préférable au greffage; nous parlerons ensuite des procédés à employer et des détails accessoires.

Préceptes généraux. — Les préceptes que nous résumons ici sont applicables, en général, aux divers modes du greffage par rameau.

Époque. — A la montée de la sève, alors que les bourgeons vont gonfler, soit de février en avril suivant la saison hâtive ou tardive, et d'après la végétation précoce ou tardive du sujet.

Éviter le suintement de la sève.

Température. — Calme, mais plus chaude que froide ; « temps à la sève ».

Greffage. — Greffe en approche pour les plants déjà rapprochés. Greffe en fente pour les gros sujets. Greffe en incrustation pour les sujets moyens ou gros. Greffe anglaise lorsqu'il y a analogie de diamètre entre le sujet et le greffon.

Il a été question de la greffe en bifurcation (page 141) et de la greffe en écusson (page 183) de la Vigne ; nous n'y reviendrons pas.

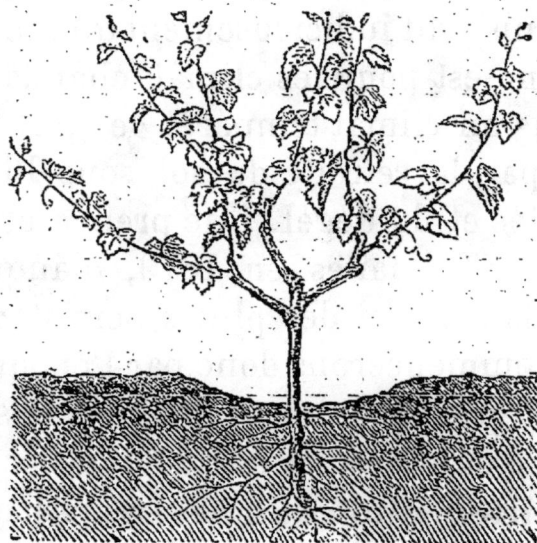

Fig. 113. — Cep de vigne pour le greffage *sur place.*

Pour tout procédé, il est bon de préparer le sujet et le greffon, de telle sorte qu'un œil sur chacun d'eux soit placé auprès du point de contact et y attire la sève pour hâter la soudure.

Sujet. — De race saine et robuste.

Suivant l'état du sujet, le greffage sera fait *sur place* ou *à l'abri*.

Le greffage sur place s'accomplit avec un

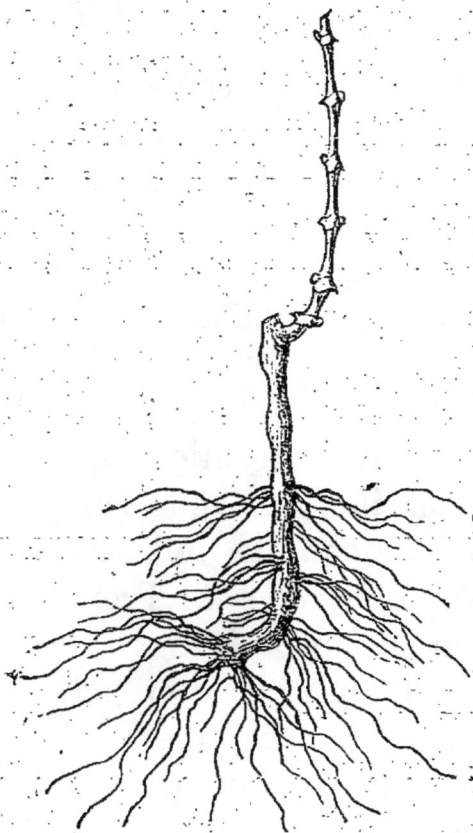

Fig. 114. — Plant raciné pour le greffage à l'abri.

Fig. 115. — Rameau-bouture de vigne.

sujet (*fig.* 113) planté depuis deux années au moins, suffisamment lié au sol.

Le greffage à l'abri, en chambre ou sur table, dit *sur les genoux* ou *au coin du feu* (voir page 47), se fait avec un plant raciné (*fig*. 114) dit barbeau, chevelée, provin, ou avec un rameau-bouture (*fig*. 115), fraction de sarment non enraciné.

Greffon. — Sarment bien constitué à mérithalle relativement court, non en sève pour le greffage d'hiver ou en sec.

Si l'on redoute son état de végétation, on détachera en hiver le sarment de l'étalon et on le conservera couché dans la terre, à l'ombre ou au nord d'un bâtiment.

Outils. — Scie, serpette, greffoir, couteau à greffer, ciseau à greffer, gouge, décrits et figurés page 11 et suivantes.

Ligature. — Lien solide, susceptible de résister pendant une année à l'humidité souterraine. La ficelle de marine, la ficelle sulfatée ou goudronnée, la ficelle enduite, telle que la corderie de MM. Rothier frères à Troyes la préparent, remplissent le but.

Engluement. — Argile pulvérisée et pétrie ; sinon onguent de saint Fiacre, mélangé de glaise et de bouse de vache, indiqué page 28.

Tuteur. — Enfoncer un échalas au pied du cep greffé, l'attacher au sujet avec un osier *au-dessous* de la greffe. Dans l'été, on y accolera les scions du greffon.

Buttage. — Élever un petit monticule au pied du sujet, couvrant la greffe jusqu'à l'œil supérieur. Pendant la végétation de première année, il faut dégager la terre, au mois de juin, couper les chevelus formés sur le greffon et rétablir le monticule. Recommencer au mois d'août, dégager la terre, couper les nouvelles racines du greffon et laisser le terrain aplani.

Il est bien entendu que cette suppression des chevelus sur le greffon n'a lieu que dans le cas où l'on redoute les attaques souterraines, lorsque l'espèce greffée ne doit pas puiser directement sa nourriture dans le sol.

Le cône de terre sera donc conservé quand on n'agit pas contre un ennemi de l'appareil radiculaire.

Les autres *soins*, suppressions des rejets sur la souche, palissage de la greffe, suppression de la ligature, rentrent dans les généralités exposées au chapitre VII (page 202).

Il nous reste à indiquer comment on pratique les procédés de greffage sur la Vigne ; nous éviterons de répéter les détails du travail, il suffira de se reporter aux procédés similaires décrits et figurés au chapitre VI.

Nous serons sobres quant aux exemples cités; en tout cas, nous ne signalerons que des faits sérieux et importants.

Greffe par approche. — Sur les treilles de Thomery, où le phylloxéra est encore ignoré, on change l'espèce d'un cep de vigne, s'il est sain et vigoureux, au moyen de la greffe par approche en tête. On tronçonne le sujet et on le greffe en approche immédiatement. Nous examinerons le cas où le greffon est un rameau-bouture ou un plant raciné. Nous verrons ensuite les systèmes adoptés dans les pays phylloxérés, avec deux sarments-bouture ou deux plants enracinés.

Greffe par approche en tête avec greffon-bouture (fig. 116). — Nous avons dit, page 152, comment on procède au greffage mixte, par greffon-bouture à basse-tige, soit en étêtant le sujet, soit en le gardant dans son entier. Pour la Vigne, nous acceptons le premier système, étêtage immédiat au moment de la greffe.

Le sujet est entaillé par la gouge (*fig.* 9), et le greffon subira l'ablation de l'écorce sur la partie qui va s'engager dans la rainure.

Une fois le greffon ajusté dans le sujet, on maintient le tout par une ligature, on enduit d'onguent, l'on butte avec de la terre, de manière à couvrir l'endroit greffé.

Après une année ou deux de végétation, on pourra, sans que cela soit indispensable, sevrer le greffon en lui retranchant la base.

Fig. 116. — Greffe par approche en tête avec sarment-bouture.

Pour enchevêtrer plus intimement les deux parties, M. Fermaud, à Montpellier, fait au sommet de la rainure du sujet un cran dans l'aubier, et il y enclave le greffon par une languette obtenue en tête de son biseau.

Greffe en approche en tête avec plant racine

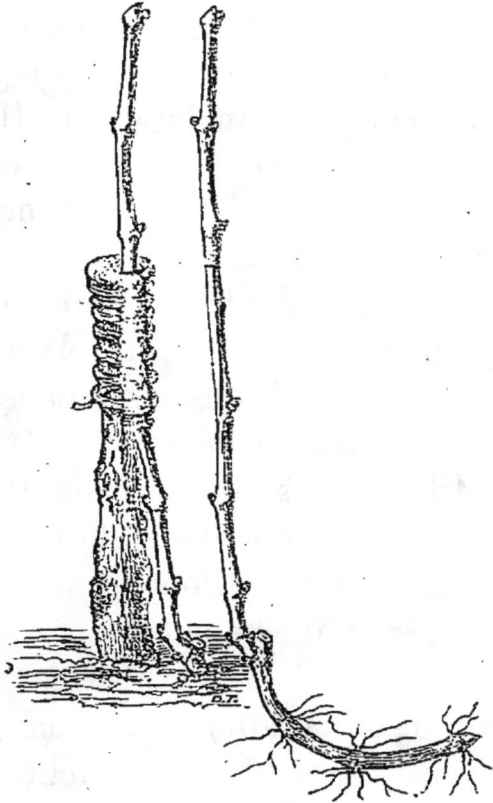

Fig. 117. — Greffe par approche en tête avec plant raciné.

(*fig.* 117). — Le cep destiné à être changé de variété sera étêté au printemps, au moment du greffage. On a planté auprès de la souche un jeune plant raciné muni d'un sarment bien constitué. A la montée de la sève, quand les yeux commencent à débourrer, on étête le cep à la hauteur fixée pour le greffage, rarement au-dessus de 0^m,50 du sol ; si la sève pleure, on l'éponge, et quelques heures après, le suintement étant terminé, on pratique la greffe.

Avec la gouge (*fig.* 9), on ouvre en tête du tronc une rainure longitudinale et on y enclave le sarment du nouveau plant, légèrement avivé sur les côtés, à son insertion. Il faut ensuite ligaturer, couvrir de mastic, couper le plant-greffon à deux yeux au-dessus de la greffe et lui supprimer les autres brins.

Le sevrage n'est pas absolument nécessaire ; mais on pourra y procéder, dès l'année suivante, ainsi que nous l'indiquons page 77.

Greffe en approche anglaise par double bouture (*fig.* 118). — Les deux sarments (A et B) d'espèce différente, ont été greffés (C) par approche à l'anglaise ; — l'opération a pu être faite *à l'abri*, sous un hangar ou « au coin du feu ».

Le détail de l'opération est à la page 69 (*fig.* 21). L'outil pénètrera la couche ligneuse du sarment sans toucher à l'axe médulaire. On fait en sorte qu'un œil soit en face de l'incision ou immédiatement au-dessus.

Ligature solide et onguent de saint Fiacre. Mettre en jauge ou dans la pépinière d'attente en couvrant de terre jusqu'aux yeux de tête (*a* et *b*). Après une année de nourrice, planter en place, après avoir retranché les chevelus formés sur la tête greffon de l'espèce vinifère.

Si la végétation est bonne, le sevrage partiel commencera en août par l'étêtage du brin résistant. Quant à la suppression du tronçon non résistant, elle est moins obligatoire, le phylloxéra se chargeant de la destruction. Le sevrage complet aura lieu à la fin de la seconde année.

Un des premiers partisans de l'utilisation des plants de l'Amérique du nord, M. Laliman, à Bordeaux, pratique ce système depuis 1861 et en est satisfait. Pour simplifier l'approche, il cordelle les deux sarments en torsade et les plante dans le même trou, laissant à la nature le soin de les unir intimement (greffe Diane).

Moins primitif est le procédé de M. Destremx, à Saint-Christol (Gard). Connaissant le rôle des bourgeons d'appel, il incise les

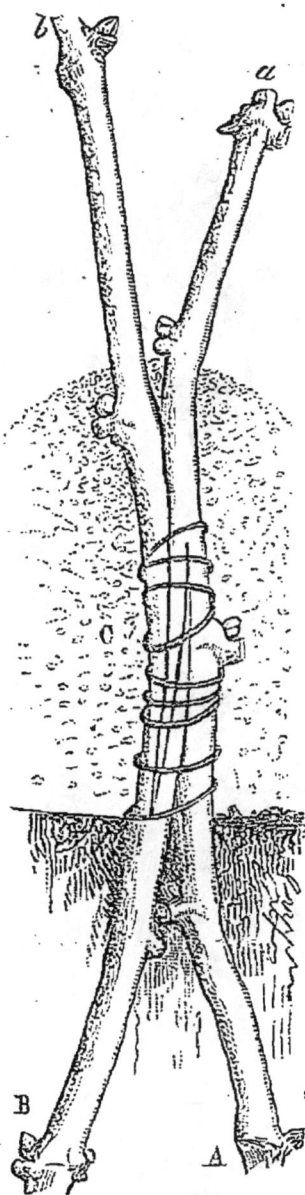

Fig. 118. — Greffe par approche, à *l'abri*, de sarments-bouture.

deux sarments en face d'un œil et les agrafe de telle sorte que les deux bourgeons ne tardent pas à favoriser la soudure : c'est ce qu'il appelle « marier par la greffe naturelle ». Le bois de la vigne est tellement coudé que notre figure 118 représente la majorité des cas ; l'agglutination y sera tout aussi prompte.

En 1878 et 1879, M. Destremx a fabriqué plus de cent mille greffes de cette nature.

Greffe en approche de plants racinés (fig. 119). — Ici nous avons des *ceps* enracinés et non des *sarments bouture* à réunir de façon à constituer une seule et même souche de Vigne. L'opération a lieu *sur place*.

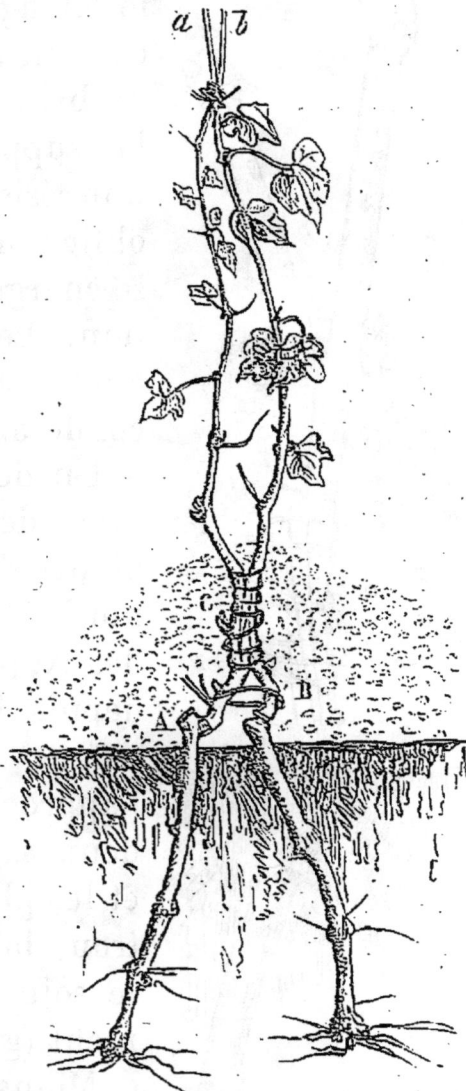

Fig. 119. — Greffe par approche, *en place*, de plants racinés.

Les deux plants ont été plantés ensemble, à 0ᵐ,10 d'écartement, l'œil supérieur au ras de la terre. Un de ces sujets (B) ne redoute pas les attaques de l'ennemi souterrain, tandis que l'autre (A) ne tarderait pas à succomber. Leur première pousse ayant été maigre, ils ont été recepés près du sol au printemps de l'année suivante. Par l'ébourgeonnement, en avril-mai, un seul brin a été conservé à chaque plant ; les soins de dressage, épamprage, etc., n'ont pas été négligés. Le tuteur est nécessaire.

Au mois de juin, les scions peuvent être greffés. On les approche pour trouver leur point de contact plus facile à opérer, aussi près que possible du sol (C). Une plaie semblable leur sera faite, ayant quelques centimètres de long et très peu profonde, l'épaisseur de l'écorce peut suffire; puis, au tiers de cette plaie, un cran à chacun en sens contraire permettra d'agrafer l'une à l'autre la jeune pousse des deux sujets. Ligaturer et engluer.

Il n'y a pas d'inconvénient à pincer aussitôt les sommités (a et b) et à les attacher en haut et en bas par un lien ; la *tille*, employée à la ligature de la greffe, convient à cet usage.

Couvrir de terre le point greffé pour être débutté à l'automne lors du sevrage.

La soudure sera assez prompte pour permettre de commencer le sevrage avant la chute des feuilles. En juillet, on a pincé successivement la tête (*b*) du plant (B) résistant, destinée à tomber, au fur et à mesure que l'on était certain de l'agglutination de la greffe. En y regardant, on supprimera les chevelus qui auraient pu se former sur le greffon (A). Au printemps suivant, on tranchera net ce sarment (*b*) au point de jonction (C). Quant au tronc (A), on pourra le supprimer à la fin de la seconde année.

La greffe en approche herbacée a été mise en pratique et propagée dans l'Illinois (États-Unis) par M. Cambre.

M. Laliman à Bordeaux a choisi la période d'opération de juin en septembre.

Préférant le greffage en vert, M. Comy, à Garons (Gard), le réussit depuis quelques années et emploie, comme ligature, une bandelette en caoutchouc plus souple pour comprimer des tissus herbacés.

Nous donnons (*fig.* 120) un exemple de rameau herbacé possédant le degré de *tendreté* pour être *greffable*, comme on disait au temps de La Quintinie. Trop tendre, il se briserait sous le greffoir, trop ligneux; la soudure pourrait ne pas être complète avant l'hiver; à moins que l'on n'adopte le procédé de M. Daudé, à Montpellier.

M. Daudé plante les deux chevelées dans le même trou, et les greffe après une année de végétation, en mars-avril. Greffage en sec et non en vert; ligature ferme et souple. La sou-

dure a lieu avant la chute des feuilles ; le sevrage sera commencé au printemps et terminé
à l'automne de l'année suivante.

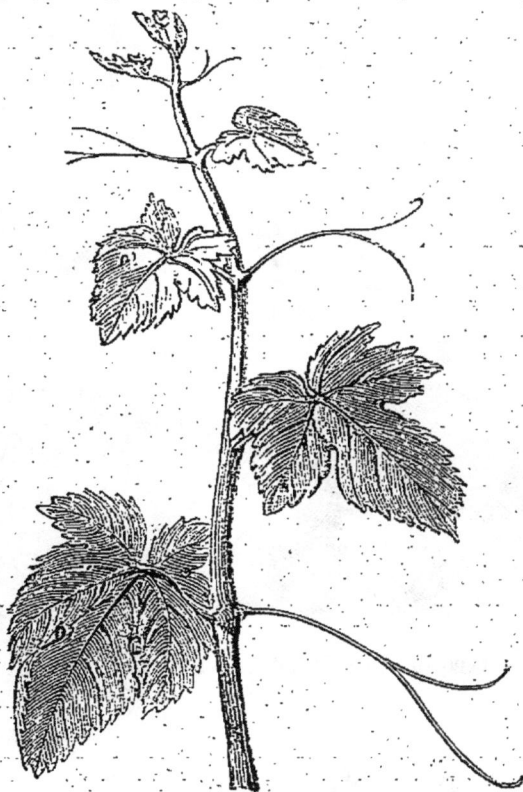

Fig. 120. — État du scion pour la greffe en approche herbacée.

Greffe mixte. — *Greffe en couchage d'un
sarment-bouture (fig. 121).* — Lorsque le tronc
de Vigne est encore jeune, ou s'il est muni de
scions robustes, à la base on a recours à la
greffe en couchage ou *greffe-provin (fig. 121).*
Un trou étant ouvert en B, le cep de vigne y
sera couché ; on étête sur le deuxième ou troisième œil, en A, la tige destinée à recevoir le

greffon. Les autres sarments de la même souche seront supprimés, ou taillés courts, ou greffés de même. Le greffon est agrafé (A) par

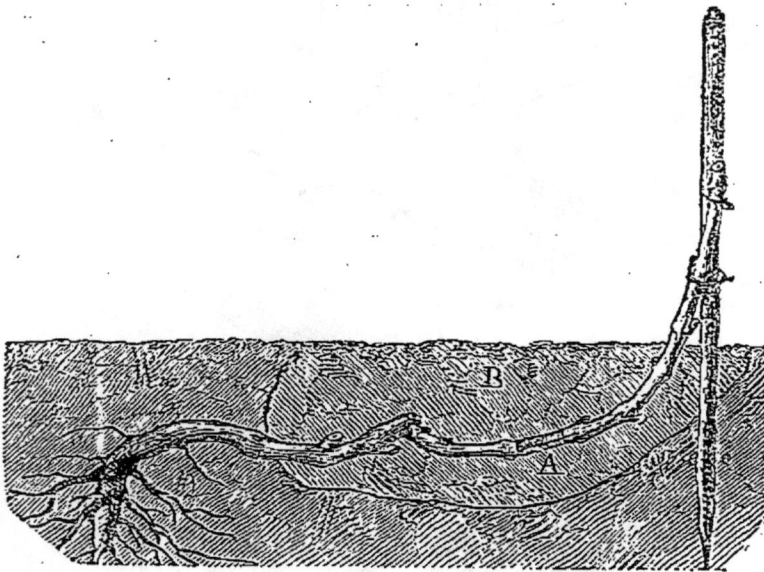

Fig. 121. — Greffe d'un sarment-bouture en couchage.

la greffe anglaise, puis taillé à deux yeux hors de terre, et attaché à un échalas.

Au lieu de la greffe anglaise, on peut recourir à la greffe en tête dans l'aubier (page 115), ou aux variantes de la greffe en fente et de la greffe anglaise, à cheval ou en coin.

Si le sujet opposait quelque résistance, on le maintiendrait également avec un crochet souterrain; l'ouverture (B) sera comblée de terre meuble amendée, facilitant l'émission du jeune chevelu. Un des premiers, Olivier de Serres a préconisé ce procédé, vers l'année 1600. Récemment, on y avait recours pour enter sur souche française un sarment étranger assez rebelle au bouturage.

Greffe en incrustation. — Nous avons suffisamment indiqué, page 110, et *fig.* 40 et 41, le procédé du greffage en incrustation. Il s'agit d'ouvrir au collet du sujet une incision cunéiforme pour y incruster le biseau du greffon taillé en coin.

Un des plus anciens auteurs, Constantin César, décrit ce mode sous le nom de « greffe de la Vigne » et conseille d'insérer deux greffons sur le tronc. Depuis, on a reconnu qu'un seul greffon était préférable.

Madame Fabre, à Saint-Clément (Hérault), emploie au greffage en incrustation les femmes chargées de la culture de ses vignes, plus habiles, nous dit-elle, que ses vignerons.

Le greffage est pratiqué sur place, à la troisième année de plantation, de février en avril. La rainure sur le sujet est assez étroite pour que le greffon s'y trouve bridé. Alors point de ligature, mais un mastic de glaise et un monticule de terre; pendant l'été, on tiendra la terre ameublie par un léger binage.

Le greffon peut porter un seul œil, ou deux ou trois yeux; la base en est taillée en biseau (*a*, *p*, *fig.* 122) assez épais, ses trois faces à peu près égales.

Nous retrouvons ce mode d'opérer dans un certain nombre de localités, sous les noms de greffe à incision, greffe à l'emporte-pièce. Cependant on semble vouloir y renoncer. La greffe en fente pour les gros sujets, et la greffe anglaise pour les autres, sont d'une pratique plus simple pour les vignerons.

Le caractère *de précision* de cette greffe a suscité l'invention d'instruments à emporte-pièce ; mais un greffeur habile préférera toujours ses outils simples, d'un entretien facile.

Au Vivier (Hérault), M. Pagézy a transformé six champs de vigne importants par la greffe en incrustation et la greffe en fente. Il opérait *sur place*, à la troisième année de plantation, il a obtenu de bons résultats.

Fig. 122. — Greffons du greffage en incrustation.

Greffe en fente. — Ce mode de greffage est un des plus anciennement connus. On opère de février en avril, quand les bourgeons se gonflent.

On dégage le collet du sujet, et on le rase à $0^m,10$ au-dessous du niveau du sol. Plus le tronc

est écailleux, plus bas on le déterre, afin de trouver une partie saine qui reçoive la greffe.

Le greffon est taillé en biseau un peu plus aminci, plus allongé que celui de la figure 122, et ou l'insère sur le sujet avec le ciseau (*fig.* 8) ou le couteau à greffer (*fig.* 6).

Si l'on ne fend pas totalement le sujet, il n'y aura pas besoin de ligature. Un engluement sur la plaie (A, *fig.* 123) n'est pas absolument nécessaire. Cependant il est plus prudent de lier et de mastiquer.

En explorant les champs de vigne soumis au greffage dans le Vaucluse, à l'automne 1879, une délégation composée de MM. Eugène Raspail, viticulteur, Coste, professeur d'agriculture, et Faucon, qui défend avec succès son vignoble de Graveson, au Mas de Fabre, par la submersion, a vu, à la Tour d'Aygues, de beaux champs de vigne, cépage *Mourvèdre*, greffés sur américain, depuis trois ans. Greffage en fente *sur place*; le sujet, ayant deux ou trois ans de plantation, est greffé à 0^m,10 en terre; *ni ligature, ni mastic*. Buttage et suppression des racines du greffon pendant une année ; réussite 96 p. 100.

MM. Émile Perre, à Avignon; Villion, à Sorgues, Giraud, à Pommerols (Gironde); Meunier, au Pradet (Var), ont réussi la greffe en fente *sur place*, au-dessous du niveau du sol.

La production du raisin *chasselas*, lucrative jadis à Villeneuve (Hérault), menaçait de disparaître à la suite du phylloxéra. M. Jullian veut l'y ramener. Il a transformé ses champs

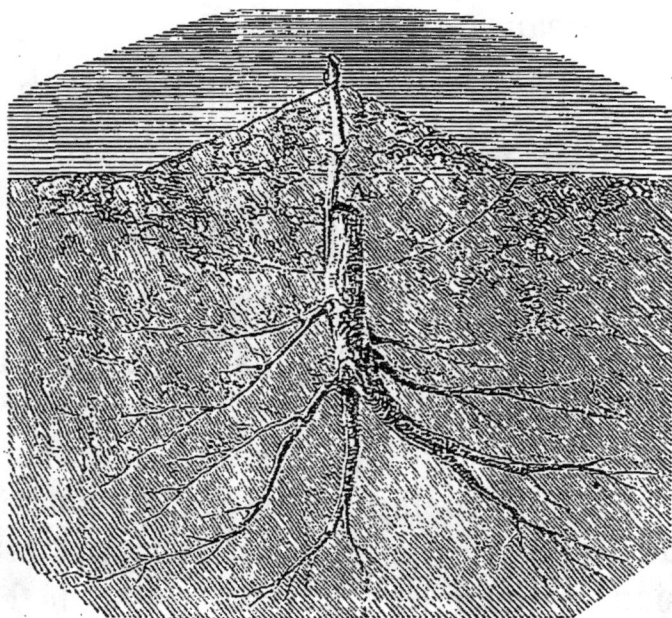

Fig. 123. — Greffe en fente buttée de terre.

de *Taylor*, cépage blanc américain, en excellent *chasselas* tant recherché par les consommateurs. Greffe en fente pour les souches de deux et de trois ans de plantation ; greffe anglaise pour les plantations récentes. La récolte ne s'est pas fait attendre. Dès la première année de greffe, en 1876, mille souches greffées produisirent 100 paniers de raisins pesant chacun 12 kilogrammes.

Greffe anglaise. — La greffe anglaise convient lorsque les sujets et les greffons sont d'un diamètre analogue ou à peu près ; au cas de différence il vaudrait mieux que le greffon fût plus étroit.

Nous avons indiqué page 145 et suivantes quelques-unes des formes applicables à la greffe anglaise. Il suffirait de parcourir les vignobles soumis au greffage à l'anglaise pour constater les variations que le praticien peut y apporter.

Le greffage à l'anglaise est plutôt applicable à la greffe *à l'abri ;* il donne également de bons résultats au greffage *sur place.*

Greffe anglaise sur rameau-bouture (fig. 124). — Le sarment d'espèce résistante (A), préparé en bouture, a reçu par la greffe anglaise le greffon (B) d'espèce non résistante au phylloxéra. Le plant greffé est planté de manière que les yeux (*a, b*) soient enfoncés dans le sol. On recouvre de terre jusqu'au greffon ; la greffe

Fig. 124. — Greffe anglaise sur rameau-bouture.

(C), ligaturée et engluée, est enterrée. L'œil (c), en tête du sujet, attirera la sève, en même temps que le bourgeon supérieur (d) du greffon.

Après une année de végétation on débutte le cep, mais dans le cours de l'année on a dû dégager la terre et couper les racines qui auraient pu se former sur le greffon, fait qui, dans le cas actuel, se présente assez rarement.

Ce mode est employé par les pépiniéristes qui livrent à la culture des pieds de Vigne tout greffés sur plant résistant. M. Duclaux, à Draguignan ; M. Gourdin, à Saint-Hippolyte (Gard), et d'autres horticulteurs font ainsi leur travail *à l'abri*, sur table, mettent les sarments greffés en jauge, suffisamment enterrés, plantent ensuite en pépinière le sujet couvert jusqu'à l'œil supérieur.

Il est important de choisir, comme sujet, un cépage s'enracinant promptement par le bouturage. M. Bouschet de Bernard, à Clermont (Hérault), plante au printemps ses boutures greffées, immédiatement en place, avec buttage jusqu'à l'œil de tête. Si le sol n'est pas prêt, il les fait stratifier sous une couche de 0^m,20 de sable dans un lieu abrité, exposé au soleil. Les racines qui naîtront à la base du greffon enterré seront rigoureusement supprimées, au moins deux fois l'an ; c'est indispensable.

Il paraît que ce mode de greffage *à l'abri*, suivi de la plantation immédiate, eut un tel succès que, dès le printemps 1874, on donnait au procédé le nom de M. Bouschet, son propagateur.

Entre des mains inexpérimentées, des lacunes se produisent dans le champ de vigne, par l'effet des greffes manquantes. M. Piola, à Libourne ; M. Saurin, à Toulon ; M. Lugol, à Campuget, y obvient par la mise en pépinière transitoire des boutures greffées. L'année suivante, ils plantent à demeure les greffes réussies.

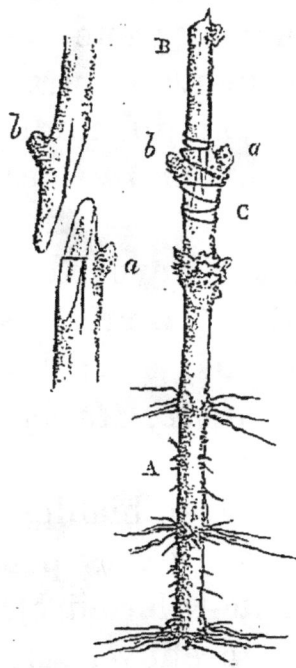

Greffe anglaise sur plant raciné (fig. 125). — Le sujet (A, *fig.* 125) est muni d'un beau scion provenant de la taille courte du cep, faite l'année précédente. L'époque du greffage étant arrivée, à peu près en mars, le sujet (A) est écimé en biseau, de manière à conserver l'œil (*a*) au sommet. Au tiers supérieur du biseau, on le fend parallèlement à l'axe, de haut en bas, sur une longueur de 0m,01. Le greffon (B) est taillé en biseau semblable, mais se terminant, au contraire, sous l'œil (*b*) ; au tiers supérieur du biseau, on le fend parallèlement à

Fig. 125. — Greffe anglaise compliquée, sur plant raciné.

son axe, de bas en haut, sur une longueur de 0ᵐ,01. On rapproche les deux parties en engageant les deux languettes dans les crans réciproques (C).

On ligature, on mastique et on butte de terre jusqu'à l'œil supérieur.

M. Louis Reich, au domaine de l'Armeillère en Camargue (Bouches-du-Rhône), greffe de cette façon depuis l'année 1875 sur plant enraciné d'un an les cépages *Aramon* du midi, *Pineau*, *Gamai* de la Bourgogne, *Riesling* des provinces rhénanes.

M. Piola, dans son vignoble de Meynard et du Pourret (Gironde), a greffé, *à l'abri*, près de 12,000 plants racinés, américains, avec les meilleurs cépages du Médoc : *Malbec*, *Merlot*, *Cabernet* ; réussite 96 p. 100.

Mêmes résultats, avec des plants semblables, greffés en *Cabernet*, *Malbec*, *la Folle*, par M. Menudier, à Plaud (Charente-Inférieure).

M. Aiguillon, à Chibron (Var), greffe *à l'abri* sur plant raciné de deux ans.

Dans l'Hérault, M. Pagézy a éprouvé peu de pertes, 3 p. 100, avec la greffe anglaise *sur place*, dans un plantier à sa troisième feuille.

Greffe anglaise modifiée par M. Champin (*fig.* 126). — M. Champin, au domaine de Salettes (Gard), a légèrement modifié la greffe anglaise, la plus modifiable de toutes.

Le biseau du sujet (A, *fig.* 126) et celui du

greffon (B), sans pénétrer profondément la couche libérienne, ne sont pour ainsi dire qu'en affleurement de l'aubier; alors la fente longitudinale n'est pas pratiquée sur le biseau mais à son opposé, et toujours parallèle à l'axe médullaire. L'agrafement des deux parties est figuré en C. Un détail : au lieu de tailler carrément le sommet du sujet (a) et la base du greffon (b), M. Champin les coupe en biais, et cette retraite (d, e) produite à la jonction extérieure est promptement cicatrisée. La preuve en est fournie depuis plusieurs années et sur une exploitation importante.

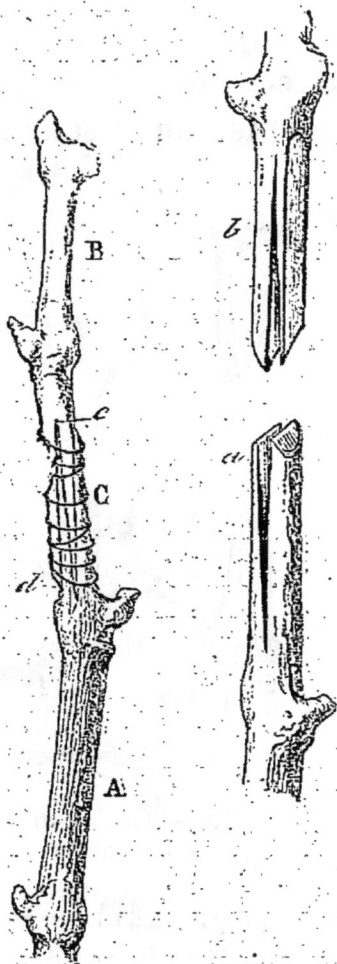

Fig. 126. — Greffe anglaise modifiée par M. Champin.

Il est à remarquer que le greffeur ne cherche pas un bourgeon d'appel au biseau des parties conjointes. La taille en est faite immédiatement au-dessous d'un œil du greffon, et immédiatement au-dessus d'un œil du sujet. L'opé-

ration se fait plus rapidement en pratiquant
d'abord la fente parallèle à l'axe, puis en ob-
tusant la pointe, enfin en avivant le côté du
biseau opposé à l'œil.

M. Champin fabrique ses sujets par le marcottage des longs bois abaissés, de toute leur
longueur, dans une rigole au pied de la souche-
mère ; chaque bourgeon
s'enracine et constitue un
plant pour le prochain
greffage, greffage *à l'abri*
ou en chambre. Les ré-
sultats généraux de l'o-
pération sont remarqua-
bles.

M. Eugène Raspail, à
Gigondas (Vaucluse), est
satisfait de la méthode
Champin. Il a opéré sur
15,000 plants de vigne
en 1878, sur 25,000 en
1879 et se propose de
continuer.

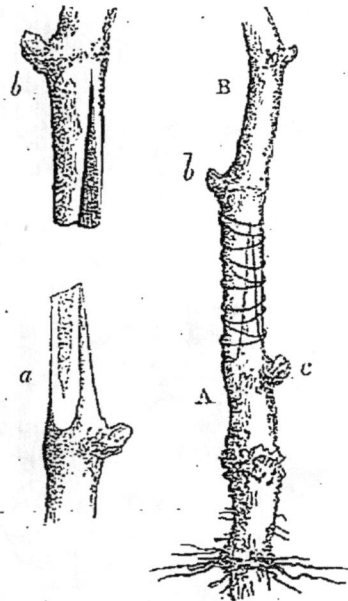

Fig. 127. — Greffe anglaise
à cheval.

Greffe anglaise à cheval (fig. 127). — Le
sujet, planté à demeure, a été recepé une
année à l'avance ; le plus beau scion a été conservé, tuteuré et pincé en été pour aider à sa
lignification. On le greffera au mois de mars
suivant, au réveil de la sève.

Le sujet (A, *fig.* 127) est écimé à 0^m,03 ou

0^m,04 au-dessus d'un œil (c), et taillé en double biseau (a) formant un angle aigu, le sommet en haut, les deux côtés commençant au coussinet d'un œil (c).

Le greffon (B) est taillé en sens contraire. D'abord coupé à 0^m,03 ou 0^m,04 au-dessous d'un œil (b), puis fendu à sa base jusqu'à cet œil inférieur, il aura les bords intérieurs de cette fente légèrement retaillés au greffoir. Il n'y a plus qu'à le mettre à cheval sur la tête biseautée du sujet ; l'œil (b) du greffon étant placé à la face opposée de l'œil (a) du sujet, la sève y sera appelée par un double courant. La soudure est plus prompte quand les deux ailes du greffon ne dépassent pas la circonférence du sujet.

Ligaturer, engluer, tuteurer, butter.

Dans ses expériences nombreuses, M. Briant, jardinier-chef à l'École normale de Cluny, donne la préférence à la greffe à cheval.

La pratique en est facile, car, manquant d'un personnel suffisant de vignerons-greffeurs, M. Gaston Bazille l'a pratiqué en 1879, sur son domaine de Saint-Sauveur. La réussite, calculée à 96 p. 100, l'engage à transformer par le même système un champ de 7 hectares de cépages américains, greffage *sur place* bien entendu.

Les *Aramon, Carignane, Clairette, Grenache,* s'implanteront sur les *Riparia, Vialla, Franklin, York's Madeira, Solonis, Taylor,* etc.

Le greffage *à l'abri* n'a pas moins de succès. Depuis janvier 1874, M. Henri Bouschet plante des plants racinés qu'il a préalablement greffés au coin du feu. Il opère à la montée de la sève, la greffe prend mieux et la terre étant échauffée en facilite l'agglutination.

Au Pradet (Var), M. Meunier a planté 29,000 greffes racinées sur 30,000 boutures greffées en pépinière, et récolte 250 hectolitres à l'hectare.

Depuis plusieurs années, M. Saurin, à Toulon, greffe ses américains indistinctement *sur place* ou *à l'abri*, sur raciné ou sur sarment, à demeure ou en pépinière, par la greffe anglaise compliquée et par la greffe à cheval, cette dernière lorsque le greffon est plus gros que le sujet; mais alors il convient de ne point laisser dépasser le talon ou les ailes du biseau de la greffe, on évite ainsi un bourrelet fâcheux.

La greffe anglaise à cheval a été décrite jadis, sous les noms de greffe *par enfourchement* (Duhamel), greffe *de Bamberg* (Sickler), greffe *Dumont de Courset* (Thouin) et recommandée pour la Vigne.

Greffe anglaise en coin. — Celle-ci est la contre-partie de la précédente; c'est-à-dire qu'ici le greffon est taillé en coin régulier et le sujet sera fendu au centre pour le recevoir. En renversant la figure 127, on aura un aperçu de la greffe en coin.

Au XVIIᵉ siècle, l'italien Ferrari greffait ainsi

les Jasmins. En 1712, Agricola, de Ratisbonne, la signala pour les arbres. En 1802, Costa la recommande dans le vignoble bordelais. En 1820, André Thouin l'indique aux viticulteurs.

De nos jours, M. Henri Bouschet de Bernard la reprend et la pratique, *à l'abri*, sur boutures ou barbeaux destinés à la pépinière ou à la plantation définitive. Il la nomme greffe en fente, bien que l'opération se rapproche autant des greffes anglaises que des greffes en fente.

Un viticulteur de la même localité, M. Fermaud, a apporté une légère modification aux greffes à cheval et en coin. Dans le but de donner plus de prise aux couches libériennes, il ménage une sorte d'oreille de chaque côté de la tête du coin; cette saillie viendra se placer sur une légère retraite préparée à la base du greffon de la greffe à cheval, ou au sommet du sujet de la greffe en coin.

Cette petite complication avait été prévue par Thouin. Il la décrit et la dédie à Riedlé, explorateur botaniste du Muséum, qui mourut à Timor, pendant le voyage de découvertes commandé par le capitaine Baudin.

Mais la greffe anglaise à cheval (*fig. 127*) est plus simple et plus pratique.

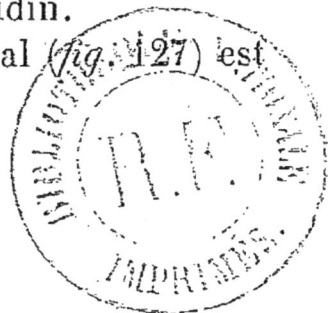

FIN.

TABLE DES MATIÈRES

FIN DE LA TABLE DES MATIÈRES.

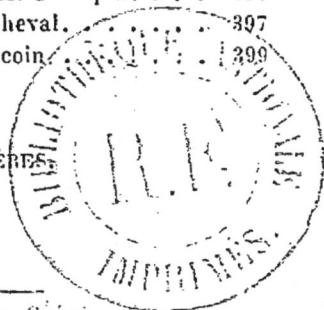

8242-79. CORBEIL. — Typ. et stér. CRÉTÉ.

L'ART DES JARDINS

TRAITÉ GÉNÉRAL

DE LA COMPOSITION

DES PARCS & JARDINS

Par Édouard ANDRÉ

ARCHITECTE-PAYSAGISTE

ANCIEN CHEF DE SERVICE DES PLANTATIONS SUBURBAINES DE LA VILLE DE PARIS
RÉDACTEUR EN CHEF DE L'*Illustration horticole*, ETC.

1 vol. très grand in-8 de 886 pages

avec 11 planches en chromolithographie et 520 figures dans le texte.

Prix : 35 fr.

Avec une reliure riche, tr. dorée, fers spéciaux, 42 fr.

Depuis longtemps, il existe, non seulement chez nous, mais encore en Angleterre et en Allemagne, et même aux États-Unis, d'excellents ouvrages sur l'art des jardins. Mais les uns sont dûs à des praticiens qui ont donné surtout le plan et la description sommaire des jardins qu'ils ont créés, sans y joindre les indications qui doivent guider l'architecte dans l'exécution ; d'autres ont envisagé la partie purement historique ; enfin, certains traités ne se sont occupés que des promenades urbaines et des grands espaces. Pour tracer un tableau complet de l'art actuel, applicable à tous les besoins publics et particuliers, il fallait une science et une pratique que peu d'hommes en Europe réunissent à un aussi haut degré que M. Ed. André. Formé de bonne heure à la grande école des paysagistes modernes, favorisé par une instruction littéraire très rare dans sa profession, auteur et rédacteur de plusieurs publications horticoles remarquables, M. André a tenu à compléter son éducation scientifique non seulement par de nombreux voyages en Europe, mais par une exploration pénible et souvent dangereuse des régions tropicales de l'Amérique du Sud. J'avoue que je me sens singulièrement prévenu en faveur de l'homme qui, secouant les préjugés de clocher, et semblable au soldat qui ne se croit pas digne de son nom, tant qu'il n'a pas reçu le baptême du feu, va compléter son instruction, soit par une mission scientifique à l'étranger, soit par des voyages et par des travaux sérieux loin de son pays. C'est pourquoi M. Ed. André, comme architecte-paysagiste et comme auteur d'un ouvrage complet sur l'art si complexe qu'il a longtemps pratiqué, nous offre des conditions exceptionnelles pour traiter son sujet avec une incontestable autorité...

L'art des jardins, par Ed. André, est un traité complet, résumant tout ce qui a été écrit sur la matière, indiquant avec clarté et précision les règles à suivre et appuyant ces règles sur les meilleurs travaux exécutés en France et à l'étranger. M. Ed. André a élevé à l'art horticole un monument qui exercera l'influence la plus heureuse pour faire aimer la nature et qui contribuera à répandre le goût du beau et du bien.

Ch. JOLY.

(Journal de la société centrale d'horticulture de France, 3e série, t. 1. Mai, 1879, p. 328-335.)

A LA MÊME LIBRAIRIE

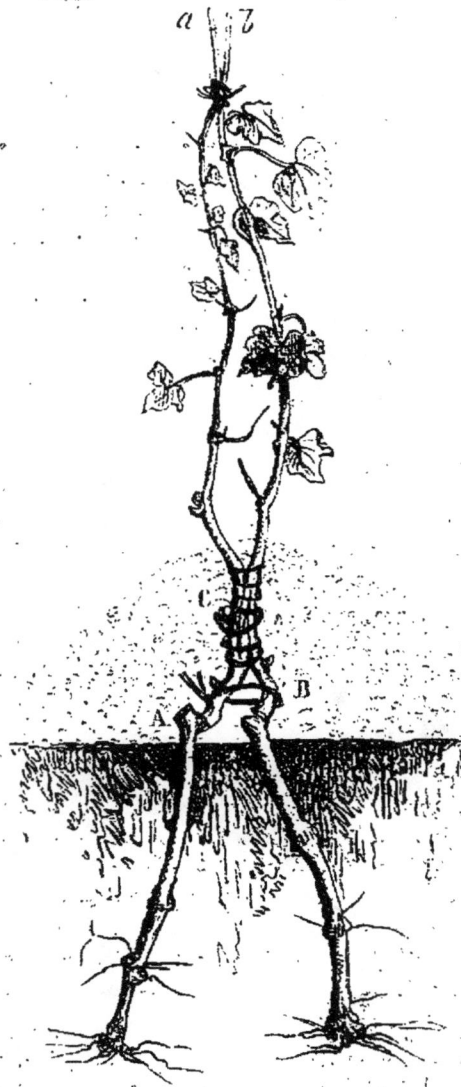

RÉTABLISSEMENT DE LA VIGNE PAR LA GREFFE.

Greffe par approche.